观光农业系列教材——

U0627916

植物生物学基础

主　编　郝玉兰
副主编　于涌鲲
参编者　丁　宁　贾光宏
　　　　郭　丹　陈之欢

气象出版社
China Meteorological Press

内 容 简 介

本书根据高等农林专业、旅游专业高职学生特点及专业特性,本着通俗易懂、深入浅出的原则将植物学、植物生理与生化等内容有机地融合,内容包括:植物细胞与组织,植物体的形态结构和发育,植物的无机营养、光合作用、生殖器官的形成及其生理变化、生长发育及其调控,植物界的基本类群、被子植物、裸子植物,植物的抗性和植物资源的利用与保护。全书除绪论外共十一章,书后附有实验指导以及思考题,有利于学生自学。

图书在版编目(CIP)数据

植物生物学基础/郝玉兰,于涌鲲主编. —北京:气象
出版社,2009.8
（观光农业系列教材）
ISBN 978-7-5029-4792-7

Ⅰ.植… Ⅱ.①郝…②于… Ⅲ.植物学:生物学—高等
学校:技术学校—教材　Ⅳ.Q94

中国版本图书馆 CIP 数据核字(2009)第 125593 号

出版发行:气象出版社
地　　址:北京市海淀区中关村南大街 46 号　　　　　邮政编码:100081
总 编 室:010-68407112　　　　　　　　　　　　　发 行 部:010-68409198
网　　址:http://www.cmp.cma.gov.cn　　　　　　　E-mail:　qxcbs@263.net
责任编辑:方益民　　　　　　　　　　　　　　　　终　审:黄润恒
封面设计:博雅思企划　　　　　　　　　　　　　　责任技编:吴庭芳
责任校对:永　通
印　　刷:北京昌平环球印刷厂
开　　本:750 mm×960 mm　1/16　　　　　　　　印　张:17
字　　数:300 千字　　　　　　　　　　　　　　　印　数:1—3000
版　　次:2009 年 8 月第 1 版　　　　　　　　　　印　次:2009 年 8 月第 1 次印刷
定　　价:28.00 元

出 版 说 明

　　观光农业是新型农业产业,它以农事活动为基础,农业和农村为载体,是农业与旅游业相结合的一种新型的交叉产业。利用农业自然生态环境、农耕文化、田园景观、农业设施、农业生产、农业经营、农家生活等农业资源,为日益繁忙的都市人群闲暇之余提供多样化的休闲娱乐和服务,是实现城乡一体化,农业经济繁荣的一条重要途径。

　　农村拥有美丽的自然景观、农业种养殖产业资源及本地化农耕文化民俗,农民拥有土地、庭院、植物、动物等资源。繁忙的都市人群随着经济的发展、生活水平的提高,有强烈的回归自然的需求,他们要到农村去观赏、品尝、购买、习作、娱乐、疗养、度假、学习,而低产出的农村有大批剩余劳动力和丰富的农业资源,观光农业有机地将农业与旅游业、生产和消费流通、市民和农民联系在一起。总而言之是经济的整体发展和繁荣催生了新兴产业,观光农业因此应运而生。

　　《观光农业系列教材》经过专家组近一年的酝酿、筹谋和紧张的编著修改,终于和大家见面了。本系列教材既具有专业性又具有普及性,既有强烈的实用性,又有新兴专业的理论性。对于一个新兴的产业、专业,它既可以作为实践性、专业性教材及参考书,也可以作为普及农业知识的科普丛书。它包括了《观光农业景观规划设计》《果蔬无公害生产》《观光农业导游基础》《观赏动物养殖》《观赏植物保护学》《植物生物学基础》《观光农业商品与营销》《花卉识别》《观赏树木栽培养护技术》《民俗概论》等十多部教材,涵盖了农业种植、养殖、管理、旅游规划及管理、农村文化风俗等诸多方面的内容,它既是新兴专业的一次创作,也是新产业的一次归纳总结,更是推动城乡一体化的一个教育工程,同时也是适合培养一批新的观光农业工作者或管理者的成套专业教材。

　　带着诸多的问题和期望,《观光农业系列教材》展现给大家,无论该书的深度和广度都会显示作者探索中的不安的情感。与此同时,作者在面对新兴产业专业知识尚存在着不足和局限性。在国内出版观光农业的系列教材尚属首次，无论是从专业的系统性还是从知识的传递性都会存在很多不足，加之各地农业状况、风土人情各异及作者专业知识的局限性，肯定不能完全满足广大读者的需求，期望学者、专家、教师、学生、农业工作者、旅游工作者、农民、城市居民和一切期待了解观光农业、关心农村发展的人给予谅解，我们会在大家的关爱下完善此套教材。

　　丛书编委会再次感谢编著者，感谢你们的辛勤工作，你们是新兴产业的总结、归纳和指导者，你们也是一个新的专业领域丛书的首创者，你们辛苦了。

　　由于编著者和组织者的水平有限，多有不足，望得到广大师生和读者的谅解。

　　本套丛书在出版过程中得到了气象出版社方益民同志的大力支持，在此表示感谢。

《观光农业系列教材》编委会

2009 年 4 月 26 日

《观光农业系列教材》编委会

主　　任：刘克锋

副主任：王先杰　　张子安　　段福生　　范小强

秘　　书：刘永光

编　　委：马　亮　　张喜春　　王先杰　　史亚军　　陈学珍

　　　　　周先林　　张养忠　　赵　波　　张中文　　范小强

　　　　　李　刚　　刘建斌　　石爱平　　刘永光　　李月华

　　　　　柳振亮　　魏艳敏　　王进忠　　郝玉兰　　于涌鲲

　　　　　陈之欢　　丁　宁　　贾光宏　　侯芳梅　　王顺利

　　　　　陈洪伟　　傅业全

前　言

　　植物生物学综合了植物学、植物生物化学和植物生理学部分知识为一体,强调课程之间的有机融合,是园艺、园林、生态旅游、林学、植物类专业的重要专业基础课,特别适合高职(大专)学生使用。本教材主要内容包括:植物细胞与组织,植物体的形态结构和发育,植物的无机营养、光合作用、生殖器官的形成及其生理变化、生长发育及其调控,植物界的基本类群、被子植物、裸子植物,植物的抗性和植物资源的利用与保护。

　　本教材编写人员分工:绪论、第三章、第四章、第五章、第十一章由北京农学院郝玉兰、丁宁编写,第一章、第二章由北京农学院于涌鲲编写,第六章、第七章、第八章由北京昌平农业职业技术学校贾光宏、郭丹编写,第九章、第十章由北京农学院陈之欢编写。实验部分由北京农学院郝玉兰、丁宁编写,全书由郝玉兰统稿。

　　本教材使用的插图大多引自国内外有关参考书籍,限于篇幅未能逐一标注。书后列有部分主要参考文献。

　　本书可作为园艺、林学、园林、生态旅游等专业的专科教材以及相关专业自学之用。由于编者水平所限,难免有疏漏之处,敬请读者批评指出,不吝赐教。

编者

2009 年 5 月

目　录

绪 论

地球上的生命诞生至今,经历了近 35 亿年漫长的发展和进化过程,存在着各种各样的生命形式(约 200 万种生物,其中植物约 50 万种)。学习植物生物学,首先需要认识什么是植物这个最基本的问题。人类对植物的认识已经很久,植物和其他生物的区别主要是,植物以含有叶绿素,可以进行光合作用,具有细胞壁,而且是固着生活为基本特征。

一、植物的基本特征与多样性

1. 植物的基本特征

首先,在营养方式上植物与动物不同。生物获取营养物质的方式归纳起来有 3 种:第一,从周围环境中摄取无机物质,利用光能或其他能制造有机物质;第二,从外界环境中直接吸收溶于水的有机营养物质;第三,直接吞食各种有机营养物质。第一种营养方式称为自养,凡具有自养能力的生物为植物。第二、三种营养方式称为异养,都是只利用现成的有机营养物质,但摄取的方式不同。凡具有第三种营养方式的生物大都为动物。真菌和某些细菌属于第二种营养方式,分属于动物界或植物界。

绿色植物由于含叶绿素,能够利用太阳光能,把简单的无机物——二氧化碳和水,合成复杂的有机物质——糖类。由于二氧化碳和水是以游离状态分布在空气或土壤中,经长期演化,植物发展成为固着生活方式,这与动物四处觅食的游走生活方式成为鲜明对照。与此相联系的是植物缺乏神经系统和排泄系统。

其次,从体态上看,植物的分枝使表面积与体积之比增大,这样就更有利于从外界环境中吸收更多的二氧化碳、水和阳光。正是由于植物同外界环境的接触面大,因此植物比较容易受环境的影响而使自身发生变异。

　　从结构上看,植物细胞一般具有由纤维素或其他物质构成的坚硬细胞壁,使植物体得以挺立,这也是同固着生活分不开的。另外,植物的生长方式也与动物不同,动物的生长限于胚胎和幼年时期,此时各个器官几乎都处于生长状态,到一定时期后,除个别系统外,身体的大部分都停止生长;而植物的生长,在一生中几乎是无限的,且生长只局限于某些称为分生组织的特殊区域。植物的这种生长方式可保证植物不断向新的土层和空间中发展,以接受更多的阳光和养料。许多植物的运动,可通过生长表现出来,如向日葵的向光运动和丝瓜的攀缘运动等。

　　植物的这些特性虽很明显,但也有一些例外,例如有许多单细胞藻类不是固着而是游动生活方式,许多寄生植物因缺乏叶绿素而不能进行光合作用;有些植物以捕捉昆虫为食等。但是如果对这些特殊的植物进行全面观察的话,还是不难确定它们应隶属于植物界的。

　　植物虽然种类繁多,受环境影响较大,但绝大多数植物仍具有共同的基本特征。如前所述,植物细胞有细胞壁,初生壁主要由纤维素和半纤维素构成,具有比较稳定的形态;绿色植物和少部分非绿色植物能借助太阳光能或化学能,把简单的无机物制造成复杂的有机物,进行自养生活;大多数植物从胚胎发生到成熟植物体的过程中,由于有分生组织的存在,能不断产生新的植物体部分或新器官;植物对于外界环境的变化一般不能迅速做出反应,而往往只在形态上出现长期适应的变化。如高山植物和极地植物,通常植株矮小,呈匍匐状,便是对紫外光和低温的形态适应。上述特征在进化地位越高的植物类群中越为明显;在种族延续上都保持了相对稳定的基因遗传以及变异带来的生物多样性。

　　2. 植物的多样性

　　(1)植物分布及形态结构的多样性　无论高山、高原、平原、丘陵、大陆、荒漠、河海,还是热带、亚热带、温带、寒温带等都有不同的植物种类生长繁衍。有的植物形体微小,是由单细胞组成的简单生物体;有的由一定数量的细胞松散联系,形成群体;有的植物细胞之间联系紧密,形成多细胞植物体,在内部维管系统逐渐完善、营养器官逐渐健全的过程中,形成了进化程度较高的一系列由低等到高等的植物类群,其中最高级的种子植物,还能产生种子繁殖后代。

　　(2)植物营养方式及生命周期的多样性　绝大多数植物,体内都有叶绿素,能够进行光合作用,自制养料,它们被称为绿色植物或自养植物;但也有部分植物,其体内无叶绿素,不能自制养料,而是寄生在其他植物体上吸取现成的营养物质而生活,例如,寄生在大豆上的菟丝子,称为寄生植物;还有些植物,如水晶兰和许多菌类,它们生长在腐朽的有机体上,通过对有机体分解而摄取生活上所需的营养物质,称为腐生植物。非绿色植物中也有少数种类,如硫细菌、铁细菌,可以借助氧化无机物获得能量而自行制造食物,属于化学自养植物。

有的细菌仅生活 20～30 分钟，即可分裂而产生新个体。一年生和二年生的种子植物分别经过一年或跨越两个生长季而完成生命周期，它们都为草本类型，如小麦、玉米、高粱；多年生的种子植物有草本（如草莓、菊）和木本（如桑、苹果、红松）两种类型，其中木本植物的树龄，有的可达数百年或上千年。

植物的多样性是植物有机体与环境长期相互作用，通过遗传和变异，适应和自然选择而形成的。植物进化仍在继续，新的种类还会出现。同时，随着科学研究和生产实践的深化，人类对植物界的进化速度和繁荣昌盛也将产生越来越深远的影响。

二、植物在生物分界中的地位

早在 18 世纪，瑞典博物学家林奈（Carl von Linne，1707—1778）就把生物分为动物和植物两界。植物包括：藻类植物、菌类植物、地衣植物、苔藓植物、蕨类植物和种子植物六大类群，这种两界系统至今仍被沿用。随着人们对生物认识的逐渐深入，发现有些低等生物既像动物又像植物，所以将它们另立为原生生物界。以后又有人主张根据细胞核的有无，将生物分为原核生物与真核生物，原核生物包括细菌、放线菌和蓝藻等；真核生物包括动物界、植物界和原生生物界。

由于病毒无细胞结构，而真菌又与植物显著不同，因此又将病毒独立为无胞生物界，真菌独立为真菌界，这样就与原核生物界、动物界、植物界和真核原生生物界并列为六界。之后，又有人主张将原核生物分为细菌界和古细菌界的七界。

所有这些分界学说都是人为的，只有相对的合理性，不可能将所有形形色色的生物截然划归在特定的界中。

三、植物在自然界和人类生活中的作用

地球上一切生命活动都必须依靠能量来维持，而能量的主要来源是太阳能。动物不能直接利用太阳能，而必须依靠绿色植物通过光合作用所制造的有机物质获取能量。植物是自然界中的初级生产者，而植物制造的有机物质，如由古代植物形成的煤炭、石油也是工业上主要的能量来源。

光合作用不仅能制造有机物质，而且还能释放出氧气。空气中的氧气主要是植物释放出来的。生物的呼吸作用和一切物质的燃烧都必须有氧气参与，否则，化学能得不到利用，生命必将毁灭。另外，游离氧的存在也加快了地球上一些物质的化学反应。

植物在维持地球上物质循环的平衡中同样也起着不可替代的作用。绿色植物不断利用无机物制造有机物，地球上的无机物质并无耗竭的危险，这主要是因为有细菌、真菌和动物将有机物质分解、矿化，变成绿色植物可利用的无机物，促使地球上的碳、氢、氮和氧等物质循环，使万物在物质循环中不断发展。物质循环是人类经济可

持续发展的主要依据。

　　总之,植物在自然界中是第一性生产者,人类的衣、食、住、行几乎都离不开植物,如人类生活所必需的粮食、果品、蔬菜和纺织用的纤维,建筑用的木材、轻工业的各种原料以及药材等都与植物有关。换句话说,植物是一切生物(包括人类)赖以生存的物质基础,为一切真核生物(包括需氧原核生物)提供生命活动必需的氧气和生存环境,维持着自然界中的物质循环和平衡,甚至可以说,没有了植物,其他的生物(包括人类)也将不能生存。所以植物也为地球上其他生物提供了赖以生存的栖息和繁衍后代的场所。此外,美化环境、防止污染、防风固沙、水土保持等也都离不开植物,因此,植物在自然界中起着非常重要的作用。

四、植物生物学的研究对象和基本任务

　　植物生物学是研究植物的一门科学,它的研究对象是整个植物界,它的基本任务是认识和揭示植物界所存在的各种层次的生命活动的客观规律,从分子、细胞、器官到整体水平的结构与功能、生长与发育、生理与代谢、遗传与进化、分布,以及与环境相互作用的规律,揭示新原理和探索新技术,并为广泛应用植物科学的理论和方法,解决人类面临的一些重大问题,如粮食短缺、能源紧张、环境污染、生态系统退化和平衡失调、生物多样性减少等;同时,还要进行植物的种类、群落、区系和应用价值等的调查、鉴定、分类和综合。

　　不同的植物分支学科其研究的具体内容和层次也是不同的,有的侧重于微观,有的侧重于宏观,而有的既包括了宏观研究又包括了微观研究,二者紧密结合,如生态学的研究就是宏观、微观结合的最明显的例子。从宏观上看,生态学可以是一个区域至整个地球和生物圈,甚至到宇宙的层次。另一方面,通过生理生态、生殖生态、遗传生态等研究进入到细胞和分子生物学的微观世界。

　　植物生物学是一门综合性的植物基础学科,它包括各植物分支学科的基本知识、基本理论和基本方法。它的内容是一个生物学工作者所应必须学习和掌握的。它也是进一步学习植物科学各分支学科的必要基础课。

　　随着人类社会的发展,对植物产品的数量和质量层次要求越来越高,这就要求挖掘更多的资源植物,了解及开发其经济价值,这就促使对植物的研究更加深入和广泛。现在植物生物学已从植物的形态、分类、生理、生化、生态、分布以及遗传和进化等方面开展研究,旨在揭示在人和自然环境影响下植物生长、发育等生命活动的规律,使其能更好地为人类所利用、控制和改造,以满足人类生活的需要。

　　植物形态学是研究植物的形态结构在个体发育和系统发育中的建成过程和形成规律。还有研究植物组织和器官的显微结构及其形成规律的植物解剖学,研究植物细胞的形态结构、代谢功能、遗传变异等内容的植物细胞学。植物生理生化是研究植物生命活动及其规律性的科学,所研究的内容包括植物体内的物质代谢和能量代谢、植物的生长发

育、植物对环境条件的反应等。植物遗传学是研究植物的遗传变异规律以及人工选择的理论和实践的科学。植物生态学是研究植物与其周围环境相互关系的科学。

五、学习植物生物学的目的和方法

植物生物学是生物学的一部分,由于种种历史原因,植物生物学的研究相对落后于动物学。相应地,农业的研究落后于医学。但这种状况正在改变,而且许多重要的生命活动规律是通过对植物的研究而揭示的,例如通过对豌豆杂交的研究而得到的遗传规律;通过对玉米子粒的研究而得到的转座因子;通过对小球藻的研究所得到的光合作用暗反应的全过程等。其他如雄性不育、杂种优势、全能性表达和基因工程等方面,植物生物学也都走在整个生命科学的前列,而且已成为巨大的生产力。因此作为整个自然科学的一部分,植物生物学是必不可少的一个重要方面。

在研究生命活动这种最复杂、最高级的运动形式时,一定要对所有生物的形态结构、物质基础、系统发育等方面做深入研究。植物生物学作为生命科学的基础科学之一,包含了广泛的生产和实践意义。因此,要学好植物学,提高分析问题和解决问题的能力,在学习中应注意五个统一:①机能和结构的统一;②局部和整体的统一;③个体发育和系统发育的统一;④植物和环境的统一;⑤理论和实践的统一。

在学习过程中,在课堂教学的基础上要充分挖掘自学能力,循序渐进并遵循以下要求:①掌握知识,理解是关键,只有真正理解所学的内容,才能在将来的生产实践中运用自如;②注意理论与实践相结合,增强感性认识;③扩大阅读面,注意对知识深度和广度的积累;④注意分析、概括和总结,找出规律性的东西,这是学习和掌握知识的深化和浓缩,有利于更好地掌握所学的内容。

总之,学无止境,大学生应以自学为主,课堂教学为辅,逐渐培养学生无师自通,更新知识的能力,这句话给现代大学生的学习指引了方向。随着生物科学的深入发展和探索生命活动的微观化,会出现一系列的交叉科学和边缘科学,但科学无论发展到什么程度,都不会脱离基础,植物生物学作为生命科学的基础学科,一定要学好,学扎实,只有对基础知识牢牢把握,充分学习,擅于积累,才有可能在未来生物学的发展过程中,充分发挥主观能动性,为满足人类生产、生活的需要发挥更大的潜力。

思考题

1. 作为生物的一部分,植物最基本的特征是什么?
2. 学习植物生物学,对人类社会的发展有些什么作用?
3. 人们怎样认识植物?并如何将植物学推进到创新时期?
4. 你认为知识的融合对科学的发展有哪些作用?

第一章　植物的细胞和组织

　　细胞是植物体最基本的功能单位,大至上百米高的树木,小至微小的藻类植物,都是由细胞构成。细胞包括细胞膜、细胞质、细胞核等基本的组成部分,植物细胞在细胞膜之外还有细胞壁。植物体的一切生命活动,都发生在细胞内。

第一节　植物细胞的化学组成

　　构成细胞的生活物质为原生质,它是细胞活动的物质基础。原生质有着相似的基本成分,主要有 C、H、O、N、S、P、K、Ca、Mg、Mn、Zn、Fe、Cu、Mo、Cl 等。其中,C、H、O、N 四种元素占 90% 以上,它们是构成各种有机化合物的主要成分,除此以外的其他化学元素含量很少或较少,但也非常重要。各种元素的原子或以各种不同的化学键相互结合而形成各种化合物,或以离子形式存在于植物细胞内。

　　组成细胞的化合物分为有机物和无机物两大类,无机物包括分子质量相对较小的水和无机盐,分子量较大的有机物主要包括核酸、蛋白质、脂类和多糖等物质。

一、无机物

1. 水

　　水是生命之源,水生植物的含水量可以达到鲜重的 90% 以上,草本植物的含水量为 70%～85%,种子(成熟的)含水量为 10%～14%,休眠芽为 40%,而根尖、嫩稍、幼苗和绿叶的含水量为 60%～90%。凡是植株生命活动比较旺盛的组织和细胞,其水分含量都较多。生命活动中各项化学反应和酶促反应都须溶解在水中才能进行;植物的大部分物质及由根吸收的矿质元素也须溶解在水中才能被运输到植体的各部位；叶片所含水分还可以降低叶温，免受炙热阳光的灼伤。

2. 无机盐

除水之外，原生质中还含有无机盐及许多呈离子状态的元素，如 Fe、Zn、Mn、Mg、K、Na、Cl 等。这些无机元素可以作为植物细胞结构物质的组成部分，也可以是植物生命活动的调节者和作为酶的活化因子；同时，有些离子可以起电化学作用，在离子的平衡、胶体的稳定和电荷的中和等方面起作用。

植物细胞中的金属离子，可以与一些无机物的阴离子或有机物的阴离子结合成盐，有些难溶的盐类，如草酸钙可以沉淀在液泡中，从而降低草酸对细胞的伤害。

二、有机化合物

1. 蛋白质

在植物的生命活动中，蛋白质是一类极为重要的大分子有机物，蛋白质分子由20 种氨基酸组成，由于氨基酸的数量、种类和排列顺序的不同，可以形成各种蛋白质。蛋白质除了作为细胞的主要构成成分外，还参与植物的光合作用、物质运输、生长发育、遗传与变异等过程。另外，作为植物生命活动重要调节者的酶，其绝大多数都是蛋白质（如使物质分解的淀粉酶、脂肪酶和蛋白酶等）。

2. 酶

酶是生活细胞产生的具有催化活性的蛋白质，也称为生物催化剂。生物有机体内的一切物质代谢都必须在酶的催化下进行，并受酶的调节和控制。

生活细胞的物质代谢是由一系列生物化学反应组成的。这些化学反应在生物体内进行的异常迅速而有秩序。例如：蛋白质、脂肪和糖可在体内迅速水解为相应的产物：氨基酸、脂肪酸、甘油、单糖等。而这些物质在体外需要在强酸条件下沸腾数小时才能分解。在体内的化学反应如此之快，就是因为生物体内存在着一类高效生物催化剂——酶。它可以催化生物体内的各种生物化学反应。

3. 核酸

植物细胞都含有核酸，核酸是载有植物遗传信息的一类大分子。核酸由核苷酸构成，单个的核苷酸由 1 个含氮碱基、1 个五碳糖和 1 个磷酸分子组成，根据所含戊糖的不同，核酸可以分为脱氧核糖核酸（DNA）和核糖核酸（RNA）两大类。其中，DNA 分子是基因的载体，它可以通过复制将遗传信息传递给下一代，也可以通过将所携带的遗传信息转录成 mRNA，再翻译成蛋白质，通过蛋白质使遗传信息得以表达，从而使生物表现出相应的性状。

4. 脂类

凡是经水解后产生脂肪酸的物质均属于脂类,包括油、脂肪、磷脂、类固醇等。脂类的主要构成元素是 C、H、O,但 C、H 含量很高,有的脂类还含有 P、N。在植物体内,脂类除作为构成生物膜的主要成分外,另外脂类也是重要的贮藏物质,例如花生等植物的种子中都贮存有大量的脂类物质,有些脂类还形成角质,木栓质和蜡,参与细胞构成。

5. 糖类

糖类是光合作用的同化产物,主要由 C、H、O 元素组成,分子式为 $C_n(H_2O)_m$,故又称为碳水化合物。其功能除参与构成原生质和细胞壁外,还作为细胞中重要的贮藏物质。细胞中最重要的糖可分为:单糖(如葡萄糖、核糖等)、双糖(如蔗糖、麦芽糖等)及多糖(如纤维素、淀粉等)。另外,植物体内有机物运输的主要形式也是糖;植物生命活动所需的能量,也主要是来自糖氧化分解所释放出的能量。

第二节　　植物细胞的基本结构

细胞是构成生物有机体形态结构和生理功能的基本单位,植物细胞的形态多种多样,有球形、星形、多面形、长柱形等(图 1-1)。植物细胞一般都很小,直径约几十微米,就植物整体而言,生长旺盛部位的细胞(如茎尖的分生组织)较小,而具有贮藏功能的果肉细胞(如成熟的番茄果实)较大。植物的细胞虽然在形状、结构和功能方面有各自的特点,但一般都具有相同的基本结构,即都由原生质体和细胞壁两部分组成。原生质体是由生命物质原生质所构成,它是细胞各类代谢活动进行的主要场所,是细胞最重要的部分;细胞壁则是包围在原生质体外面的坚韧外壳,细胞壁和原生质体之间有着结构和机能上的密切联系,尤其是在幼年的细胞中,二者是一个有机的整体。

一、原生质体

细胞内具有生命活动的物质,称为原生质,它是细胞结构和生命活动的物质基础。原生质具有极其复杂的化学成分、物理性质和特有的生物学特性,具有一系列生命活动的特征。在光学显微镜下,可以观察到原生

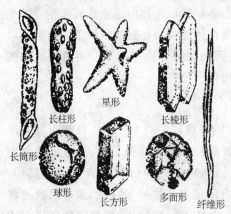

长柱形　　星形　　长棱形

长筒形

球形　　长方形　　多面形　　纤维形

图 1-1　细胞的形状

质体的外围是细胞质膜,原生质体可以明显地分为细胞核和细胞质。细胞核为球状体,与细胞质有明显的分界;除了细胞核以外的剩余原生质体部分称为细胞质。细胞质和细胞核结构内部还分化出一定的细微结构,须借助电子显微镜才能观察到,人们把须在电子显微镜下看到的更为精细的结构称为亚显微结构或超显微结构(图1-2)。

1. 细胞核

植物中除了最低等的细菌和蓝藻外,所有的生活细胞都具有细胞核,它是生活细胞中最显著的结构。维管植物的成熟筛管细胞无细胞核,但在其早期发育过程中是有核的,只是核后来消失了。在高等植物的细胞中,每个细胞通常只具有一个细胞核,但在低等的菌类植物和藻类植物的细胞中具有双核和多核。细胞核内具有遗传物质 DNA 控制着蛋白质的合成,控制着细胞的生长和发育,因此,细胞核是细胞的遗传、控制中心。此外,细胞核对细胞的生理活动,也起着重要的控制作用。

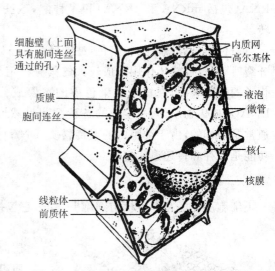

图 1-2　植物细胞亚显微结构立体模式图

细胞核在细胞中的位置随植物细胞的生长而变化,在幼期植物细胞中,细胞核体积较大,位于细胞中央,形状近似球形;随着细胞的生长和中央液泡的形成,细胞核被挤成半圆形,在成熟的植物细胞中,细胞核靠近细胞膜,而液泡则占据了细胞中央的位置。细胞核包括核被膜、核仁和核基质等结构。

(1)核被膜　简称核膜,是物质进出细胞核的门户,起着控制核与细胞质之间物质交流的作用。电子显微镜下可以看到核膜为双层膜,包在核的外围,外膜面向细胞质,其外面附有核糖体,常可见外膜与内质网相通,内膜则与染色质紧密接触,两层膜之间为膜间腔。两层膜在一定间隔愈合形成小孔,称为核孔。核孔是控制细胞核与细胞质之间物质交换的通道。核孔很小,随着植物的生理状况不同,核孔可以“开”或“闭”。例如,分蘖盛期的小麦核孔相当大,随着温度的降低,抗寒品种小麦的核孔逐渐关闭,而不抗寒品种小麦的核孔却依然张开。

(2)核仁　是核内合成贮藏 RNA 的场所,为椭圆形或圆形的颗粒状结构,没有膜包围,它的大小随细胞生理状态而变化。代谢旺盛的细胞,如分生区的细胞,往往核仁较大;代谢缓慢的细胞,则核仁较小。大多数细胞的核内有 1 个或几个核仁,其组成成分为颗粒、纤维、染色质和蛋白质。核仁富含蛋白质和 RNA,核糖体中的

RNA（rRNA）来自核仁。

（3）核基质 核仁以外、核膜以内的物质是核基质。核基质分为核骨架和染色质。染色质附着于核基质上。近年来的研究提出，核基质是由蛋白质构成的纤维状的网，布满于细胞核中，构成核的支架，网孔中充容的是液体，液体中含有蛋白质、RNA（包括 mRNA 和 tRNA）和多种酶，这些物质保证了 DNA 的复制和 RNA 的转录。

染色质易被碱性染料染色，在通常情况下以极细的细丝分散在核基质中，到细胞分裂时，通过螺旋化作用形成较大的具有特定形态结构的染色体。细胞化学和生物化学的研究表明，真核细胞染色质的主要成分是 DNA 和蛋白质，也含少量 RNA。DNA 是遗传物质，同一生物的各种细胞虽然形态和机能各有不同，但 DNA 的含量通常是一样的，由于细胞内的遗传物质（DNA）主要集中在核内，因此，细胞核的主要功能是贮存和传递遗传信息。

2. 细胞质

细胞质充满在细胞核与细胞壁之间，它包括质膜、细胞器和细胞基质三部分。

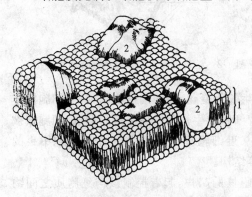

图 1-3 生物膜结构的流动镶嵌模型
1. 脂质双分子层 2. 膜上的蛋白质

（1）质膜 是包围在细胞质表面的一层薄膜。质膜主要是由脂类物质和蛋白质组成，此外还有少量的糖类等。脂质双分子层构成膜的骨架，蛋白质结合在脂质双分子层的内外表面，嵌入脂质双分子层中或者贯穿整个双分子层（图 1-3），脂质和蛋白质都有一定的流动性，使膜的结构处于不断变动状态。

质膜的主要功能是控制细胞与外界环境物质交换，质膜具有"选择透性"，此种特性表现为对不同物质的透过能力不同，可以选择性地使细胞不断从周围环境取得所需要的水分、盐类和其他必需物质，而又阻止有害物质的进入；同时，细胞也能把代谢废物排泄出去，却不使内部有用的成分任意流失掉，从而使细胞具有一个适宜而又相对稳定的内环境。这种特性是生活的生物膜所特有的，一旦细胞死亡，膜的选择透性也就随着消失，物质便能自由地透过了。此外，质膜还具有接受胞外信息及细胞识别的功能。

（2）细胞器 一般认为细胞器是细胞质中具有一定形态结构和生理功能的亚单位或微器官，植物细胞中有多种细胞器。

①质体。是植物细胞所特有的细胞器，该细胞器与碳水化合物的合成与贮藏密

切有关,根据所含色素及生理机能的不同,可将质体分成三种类型:叶绿体、有色体(或称杂色体)和白色体。

a. 叶绿体:是进行光合作用的细胞器,存在于植物所有绿色部分的细胞里,高等植物细胞中叶绿体通常呈椭圆形,数目较多,少者 20 个,多者可达 100 个,它们在细胞中的分布与光照有关。叶绿体含叶绿素和类胡萝卜素两类色素,由于叶绿素的含量较高,叶绿体呈绿色。

叶绿体的主要功能是吸收太阳光能进行光合作用,光合作用的实质是将光能转化为化学能的过程。叶绿体之所以能完成这一功能,是与它的结构密切相关

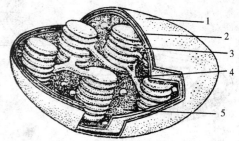

图 1-4　叶绿体立体结构图解
1. 外膜　2. 内膜　3. 基粒　4. 基粒间膜　5. 基质

的,叶绿体外部包有两层膜,内部充容的是基质,其间悬浮着复杂的膜系统,有扁平的囊,称类囊体。一些类囊体有规律地垛叠在一起,称为基粒(图 1-4)。基粒类囊体之间靠基质中的基质类囊体彼此贯通。光合作用的色素和电子传递系统都位于类囊体膜上,基粒和基质分别完成光合作用中不同的化学反应。叶绿体基质中有环状的双链 DNA,能编码自身的部分蛋白质;具有核糖体,能合成自身的蛋白质;叶绿体中通常含有淀粉粒。

b. 有色体:主要存在于植物体的花瓣、果实或根中,含有胡萝卜素和叶黄素。有色体的形状多种多样,例如,红辣椒果皮中有色体呈颗粒状,旱金莲花瓣中的有色体呈针状。有色体能积聚淀粉和脂类,在花和果实中具有吸引昆虫和其他动物传粉及传播种子的作用。

c. 白色体:不含色素,呈无色颗粒状,存在于植物体各部分的贮藏细胞中。白色体结构简单,虽然也有双层膜包被,但基质没有膜的结构,不形成基粒,仅有少数不发达的片层。白色体的功能是积累贮藏营养物质,根据其贮藏物质的不同分为三类:当白色体特化成淀粉储藏体时,便称为淀粉体,如马铃薯块茎及小麦、水稻种子中的造粉体;当它形成脂肪时,则称为造油体;积累蛋白质的白色体称造蛋白体。

②线粒体。是动、植物细胞中普遍存在的一种细胞器,除了细菌、蓝藻和厌氧真菌外,生活细胞中都有线粒体。线粒体很小,在光学显微镜下,需进行特殊的染色,才能加以辨别;在电镜下可以看到线粒体是由双层膜构成,外膜光滑无折叠,其内膜向中心腔内折叠,形成许多隔板状或管状突起,称为嵴。细胞中线粒体的数目以及线粒体中嵴的多少,与细胞的生理状态有关。当细胞代谢旺盛,能量消耗多时,细胞就具有较多的线粒体,其内有较密的嵴;反之,代谢较弱的细胞,线粒体较少,内部嵴也较稀疏。在内膜与嵴的内表面上均匀分布着许多电子传递粒,能催化 ATP 的合成。

在二层被膜之间及中心腔内,是以可溶性蛋白为主的基质(图 1-5),基质中含有许多与呼吸作用有关的酶、脂类、蛋白质、核糖体等。

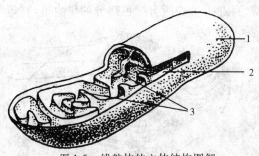

图 1-5　线粒体的立体结构图解
1. 外膜　2. 内膜　3. 嵴

线粒体的主要功能是细胞进行呼吸作用的场所,它具有 100 多种酶,分别位于膜上和基质中,其中绝大部分参与呼吸作用。细胞内的糖、脂肪和氨基酸的最终氧化是在线粒体内进行的,释放的能量能透过膜转运到细胞的其他部分,提供各种代谢活动的需要,因此,线粒体被比喻为细胞中的"动力工厂"。

③内质网。是分布于细胞质中由一层膜构成的网状管道系统。管道以各种形状延伸和扩展,成为各类管、泡、腔交织的状态。在电镜下,内质网为二层平行的膜,中间夹有一个窄的腔。

内质网有两种类型,一类在膜的外侧附有许多小颗粒,这种附有颗粒的内质网,称为粗糙型内质网,这些颗粒是核糖核蛋白体,核糖核蛋白体是合成蛋白质的细胞器,所以推测粗糙型内质网与蛋白质(主要是酶)合成有关;另一类在膜的外侧不附有颗粒,表面光滑,称光滑型内质网,其功能主要合成和运输脂类和多糖。所以作为内质网的功能而言,一般认为它是一个细胞内的蛋白质、类脂和多糖的合成、贮藏及运输系统。

④高尔基体。是由一系列扁平的囊和小泡组成,扁平囊由单层膜围成,中央似盘底,边缘或多或少出现穿孔,当穿孔扩大时,囊的边缘便显得像网状的结构,在网状部分的外侧,局部区域膨大,形成小泡,通过缢缩断裂,小泡从高尔基体囊上可分离出去。

高尔基体主要是对粗糙内质网运来的蛋白质进行加工、浓缩、贮存和运输,排出细胞。高尔基体参与细胞壁的形成,即高尔基体能合成纤维素、半纤维素等构成细胞壁的物质,在有丝分裂时,参与新壁的构成。高尔基体还具有分泌作用,有实验证明,根的根冠细胞能分泌黏液,松树的树脂道上皮细胞可分泌树脂,都与高尔基体活动有关。一个细胞内的全部高尔基体,总称为高尔基器。

⑤核糖核蛋白体(也称核糖体、核蛋白体)。存在于所有生活细胞中,每一细胞中核糖体可达数百万个。核糖体主要分布在糙面内质网上或分散在细胞质中,叶绿体基质中或线粒体基质中也有核糖体。

核糖体是细胞中蛋白质合成的中心,核糖体的蛋白质合成是与 mRNA 结合在一起,mRNA 携带了从 DNA 上转录下来的遗传信息,蛋白质的合成就是在遗传信息的指导下进行的。在蛋白质合成活动旺盛的细胞中,常可在电子显微镜下见到核糖体串在一起形成多聚核糖体，是由多个核糖体结合在一个 mRNA 分子上。附在内质网上的核糖体所合成的蛋白质将被分泌到细胞外，游离在细胞质中的核糖体合成细胞内部蛋白质。

⑥液泡。具有一个大的中央液泡是成熟植物生活细胞的显著特征，也是植物细胞与动物细胞在结构上的明显区别之一。幼小的植物细胞（分生组织细胞），具有许多小而分散的液泡，它们在电子显微镜下才能看到。以后，随着细胞的生长，液泡也长大，相互并合，最后在细胞中央形成一个大的中央液泡，它可占据细胞体积的 90% 以上。这时，细胞质的其余部分，连同细胞核一起，被挤成为紧贴细胞壁的一个薄层。有些细胞成熟时，也可以同时保留几个较大的液泡。

液泡的生理功能，主要是贮藏作用。液泡是被一层液泡膜包被，膜内充满着细胞液，并含有多种有机物和无机物，液泡膜具有特殊的选择透性，能使许多物质积聚在液泡中，这些物质中有的是细胞代谢产生的储藏物，包括糖、有机酸、蛋白质、磷脂、生物碱、丹宁、色素等。甜菜根和甘蔗的茎液泡含有大量蔗糖，许多果实含有大量的有机酸，茶叶和柿子含有大量单宁而具涩味；许多植物含丰富的植物碱，如烟草的液泡中含有烟碱，咖啡中含有咖啡碱。有的则是排泄物，包括草酸钙、花色素等，许多植物细胞液中溶解有花色素，如花瓣、果实的细胞液含有花色素，花色素的颜色随着细胞液的酸碱性不同而有变化，酸性时呈现红色，碱性时呈现蓝色，中性时呈现紫色。这种液泡成为存储细胞代谢废物的场所，能减轻草酸等对细胞的毒害。

细胞液中各类物质的富集，使细胞液保持相当的浓度，这对于细胞水分的吸收有着很大的关系；同时，高浓度的细胞液，使细胞在低温时，不易冻结，在干旱时，不易丧失水分，提高了抗寒和抗旱的能力。

液泡中的代谢产物不仅对植物细胞本身具有重要的生理意义，而且，植物液泡中丰富而多样的代谢产物是人们开发利用植物资源的重要来源之一。例如，从甘蔗的茎、甜菜的根中提取蔗糖，从罂粟果实中提取鸦片，从盐肤木、化香树中提取单宁作为烤胶的原料等。近年来，开发新的野生植物资源也正在引起人们越来越大的兴趣，如刺梨、酸枣等果实被用作制取新型饮料；从花、果实中提取天然色素，用于轻工、化工，尤其是食品工业的着色。天然色素的开发已成为当前国内外十分重视的一个研究领域。

⑦溶酶体。是由单层膜围成的泡状结构，数目可多可少，大小相差较多，存在于动物、真菌和一些植物细胞中。

溶酶体的功能是消化作用。溶酶体内含多种水解酶，如蛋白酶、脂酶、核酸酶等，它可以通过膜的内陷，把进入细胞的病毒、细菌及细胞内原生质的其他组分吞噬掉，在溶酶体内进行消化，也可以通过本身膜的分解，把酶释放到细胞质中而起作用。催化蛋白质、多糖、脂类以及 DNA 和 RNA 等大分子的降解，分解细胞中受到损伤或失去功能的细胞结构的碎片，使组成这些结构的物质重新被细胞所利用。种子植物的导管、纤维等细胞在发育成熟过程中的原生质体解体消失,与溶酶体的作用有一定的关系。这样,溶酶体对于细胞内贮藏物质的利用,以及消除细胞代谢中不必要的结构和异物都有很重要的作用。植物细胞中还有其他含有水解酶的细胞器,如液泡、圆球体、糊粉粒等,因此有人认为植物细胞中的溶酶体应是指能发生水解作用的所有细胞器,而不是指某一特殊的形态结构。

⑧圆球体。是膜包裹着的圆球状小体,它是一种贮藏细胞器,是积累脂肪的场所。当大量脂肪积累后,圆球体变成透明的油滴,在油料植物种子中含有很多圆球体。在圆球体中也检出含有脂肪酶,在一定条件下,圆球体中的脂肪酶能将脂肪水解成甘油和脂肪酸,因此,圆球体具有溶酶体的性质。

⑨微体。是由一层膜包围的小体,它的大小、形状与溶酶体相似,二者的区别在于含有不同的酶。微体主要有两种:过氧化物酶体和乙醛酸循环体。过氧化物酶体存在于高等植物叶肉细胞内,它与叶绿体、线粒体相配合,执行光呼吸的功能;乙醛酸循环体主要存在于油料植物种子、玉米及大麦、小麦种子的糊粉层中,含有乙醛酸循环酶系,能在种子萌发时将子叶等贮藏的脂肪转化为糖。

⑩微管和微丝。是细胞内呈管状或纤丝状的二类细胞器,它们在细胞中相互交织,形成一个网状的结构,成为细胞内的骨骼状的支架,称为微梁系统。

a. 微管:普遍存在于植物细胞中,是中空的长管状结构。微管的化学组成是微管蛋白,它是一种球蛋白,细胞中的微管不是一成不变的,它们经常处于不断聚合和解聚的动态平衡状态,在细胞中能随着不同的条件迅速地装配成微管,或又很快地解聚,因而,微管成为一种不稳定的细胞器。在低温、压力、秋水仙碱、酶等外界条件的作用下,微管也很容易被破坏。

微管的主要功能是:第一,在细胞中起支架作用,使细胞维持在一定的形状;第二,与染色体、鞭毛、纤毛的运动有关;第三,参与细胞壁的形成和生长;第四,与细胞的运动及细胞内细胞器的运动有密切关系。植物游动细胞的纤毛和鞭毛,是由微管构成的;细胞内细胞器的运动方向,也受微管的控制。

b. 微丝:比微管更细的纤维,在细胞呈纵横交织的网状,常连接在微管和细胞器之间,与微管共同构成细胞内的支架,维持细胞的形状,并支持各类细胞器,使细胞内细胞核与细胞器有序地排列和运动。

微丝的主要成分为肌动蛋白,微丝的功能除了起支架作用外,还要配合微管,控制细胞器的运动。微管的排列为细胞器提供了运动的方向,而微丝的收缩功能,直接导致了运动的实现。另外,微丝与胞质流动也有密切的关系。

(3)细胞基质 细胞质中除细胞器以外的无定形部分称为细胞基质,是具有弹性和黏滞性的透明胶体溶液。胞基质的化学成分很复杂,含有水、无机盐和溶于水中的气体等小分子,以及脂类、葡萄糖、蛋白质、氨基酸、酶、核酸等,细胞基质中蛋白质的含量尤其丰富,这些蛋白质中有多种酶,细胞多种代谢活动是在细胞基质中进行的。生活细胞中细胞基质总处于不断的运动状态,而且它还可以带动其中的细胞器,在细胞内作有规律的持续的流动,这种运动称胞质运动。胞质运动是一种消耗能量的生命现象,它的速度与细胞生理状态有密切的关系,一旦细胞死亡,流动也随着停止。胞质运动对于细胞内物质的转运具有重要的作用,它促进了细胞器之间生理上的相互联系。细胞基质是细胞内进行各种生化活动的场所,同时还不断为细胞器行使动能提供必需的营养原料。

二、细胞壁

细胞壁是包围在植物细胞原生质体外面的一个坚韧的外壳,是植物细胞特有的结构,它与液泡、质体一起构成了植物细胞与动物细胞相区别的三大结构特征。它是由原生质体分泌的物质所形成,具有一定的硬度和弹性,细胞壁的功能是对原生质体起保护作用。它支持和保护其中的原生质体,同时还能防止细胞因吸涨而破裂。在多细胞植物体中,细胞壁能保持植物体的正常形态,有人将细胞壁比喻成植物的皮肤、骨骼和循环系统,因此细胞壁对于植物的生活有重要的意义。它影响植物的很多生理活动,并与植物的吸收、蒸腾、运输和分泌等方面的生理活动有很大的关系。

1. 细胞壁的化学成分

高等植物和绿藻等细胞壁的主要成分是多糖,包括纤维素、果胶质和半纤维素,由于这些物质都是亲水性的,因此,细胞壁中一般含有较多的水分,溶于水中的任何物质都能随水透过细胞壁。植物体不同细胞的细胞壁成分可以不同,这是由于细胞壁中还渗入了其他各种物质的结果,常见的物质有角质、木栓质、木质素、矿质等,它们渗入细胞壁的过程分别称为角质化、栓质化、木质化和矿质化。由于这些物质的性质不同,从而使各种细胞壁具有不同的性质,例如茎、叶表面细胞的细胞壁常角质化或栓质化,使植物在烈日下减少体内水分的丧失,加强了保护作用;树木木质部的细胞强烈木质化,使茎秆能承受大的压力,加强了支持功能等。

在构成细胞壁时,许多链状的纤维素分子有规则地排列成分子团(微团),由分子团进一步结合成为生物学上的结构单位,称为微纤丝;许多微纤丝再聚合成为光学显微镜下可见的大纤丝。所以,高等植物细胞壁的框架,是由纤维素分子组成的纤丝系统。其他组成壁的物质,如果胶质和半纤维素等,都充填在"框架"的空隙中,从而在纤维素、微纤丝之间形成一个非纤维素的间质。由于这些物质都是亲水性的,因此,细胞壁中一般含有较多的水分,溶于水中的任何物质,都能随水透过细胞壁。

2. 细胞壁的结构

在光学显微镜下可看到植物细胞壁具有一定的层次(图 1-6),这些层次也与细胞壁形成的时间有关,各层次的化学成分也有差别,细胞壁的结构可分三层:胞间层、初生壁、次生壁。

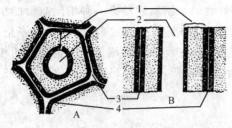

图1-6　细胞壁的分层

A. 横切面　B. 纵切面

1. 三层次生壁　2. 细胞腔　3. 胞间层　4. 初生壁

(1)胞间层　又称中层,是相邻两个细胞间所共有的部分,位于细胞壁最外面,主要由果胶类物质组成,有很强的亲水性和可塑性,多细胞植物依靠它使相邻细胞粘连在一起;同时又能缓冲细胞间的挤压而不致影响细胞的生长。果胶很容易被酸或酶等溶解,从而导致细胞的相互分离,果实成熟时产生果胶酶将果胶质分解,细胞彼此分开,使果实变软。一些真菌侵入植物体时也是分泌果胶酶以利菌丝侵入;麻类植物的茎浸入水中的沤麻过程,也是利用微生物分泌酶分解纤维的胞间层使其相互分离。

胞间层与初生壁的界限往往难以辨明,当细胞形成次生壁后尤其如此。当细胞壁木质化时,胞间层首先木质化,然后是初生壁,次生壁的木质化最后发生。

(2)初生壁　在细胞停止生长前所形成的细胞壁都是初生壁,初生壁较薄,约1～3 μm,质地较柔软,有较大的可塑性,能随着细胞的生长而延展。细胞壁的主要成分是纤维素、半纤维素和果胶质,在初生壁中也含有少量结构蛋白,这些蛋白质与壁上的多糖紧密结合。分裂活动旺盛的细胞、进行光合作用的细胞和分泌细胞等都仅有初生壁,许多细胞在形成初生壁后,如不再有新壁层的积累,初生壁便成为它们永久的细胞壁。这些不具有次生壁的生活细胞在合适的条件下,可以改变其特化的细胞形态,恢复分裂能力并分化成不同类型的细胞,因此,这些细胞与植物愈伤组织的形成、植株和器官再生有关。

(3)次生壁　细胞停止生长后,初生壁内侧继续发育,使壁增厚形成的细胞壁为次生壁。厚度一般约5～10 μm,质地较坚硬,主要成分是纤维素,少量的为半纤维素,并常常含有木质,果胶质极少,也不含有糖蛋白和各种酶,因此大大增强了次生壁的硬度。次生壁还能再划分层次,在光学显微镜下,厚的次生壁层可以显出折光不同的三层:外层、中层和内层。这是由次生壁的微纤丝排列的方向性决定的。不是所有的细胞都具有次生壁,植物体内一些具有支持作用的细胞和起输导作用的细胞会形成次生壁,大部分具有次生壁的细胞,在成熟时原生质体都死亡,残留的厚的细胞壁起支持和保护植物体的功能。

(4)纹孔和胞间连丝　在细胞生长过程中,次生壁的增厚是不均匀的,有的地方不增厚,形成了许多凹陷的区域,称为纹孔。纹孔是细胞壁比较薄的区域,因此有利于细胞间的沟通和水分的运输。

在细胞壁上还存在着胞间连丝(图 1-7),胞间连丝是穿过细胞壁,沟通相邻细胞的原生质细丝,胞间连丝较多地出现在纹孔的位置上,它是细胞原生质体之间物质和信息直接联系的桥梁,它将植物体所有的原生质体连接在一起,使所有细胞成为一个有机的整体,是多细胞植物体成为一个结构和功能上统一的有机体的重要保证。

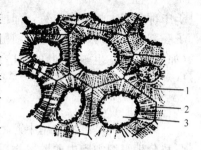

图 1-7　光学显微镜下的胞间连丝
1. 胞间连丝　2. 细胞壁　3. 细胞腔

第三节　植物细胞后含物

后含物是细胞原生质体代谢作用的产物,包括贮藏的营养物质、代谢废弃物和植物次生物质。有的存在于液泡中,有的存在于细胞器内,有的则分散于细胞质中或存在细胞壁上,它们可以在细胞生活的不同时期产生和消失,许多后含物对人类具有重要的经济价值。

后含物的种类很多,一般有碳水化合物、蛋白质、脂肪及角质、栓质、蜡质、磷脂,还有成结晶状的无机盐和其他有机物,如丹宁、树脂、树胶、橡胶和植物碱等。这些物质有的存在于原生质体中,有的存在于细胞壁上。下面介绍几类重要的贮藏物质和常见的盐类结晶。

一、淀粉

在植物的贮藏组织中往往含有大量淀粉,在细胞中以颗粒状态存在,称为淀粉粒淀粉,是细胞中糖类最普遍的贮藏形式,是植物界最常见的一种贮藏物质。光合作用过程中产生的葡萄糖,可以在叶绿体中聚合成淀粉,暂时贮藏,以后又可分解成葡萄糖,转运到贮藏细胞中,由造粉体重新合成淀粉粒,一个造粉体可含一个或多个淀粉粒。所有的薄壁细胞中都有淀粉粒存在,尤其在各类贮藏器官中更为集中,如种子的胚乳和子叶中,植物的块根、块茎、球茎和根状茎中都含有丰富的淀粉粒,淀粉粒的形态、大小和结构可以作为鉴别植物种类的依据之一。

二、蛋白质

植物细胞内的贮藏蛋白质常以无定形或结晶状态(称为拟晶体)存在于细胞中,形成糊粉粒。与构成细胞原生质的蛋白质不同,贮藏蛋白质是没有生命的,呈比较稳定的状态,较多地分布于植物种子的胚乳或子叶中。在蓖麻、豆类和禾谷类作物的种子中都含有大量的糊粉粒,有时它们集中分布在某些特殊的细胞层中。例如谷类种子胚乳最外面的一层或几层细胞中,含有大量糊粉粒,特称为糊粉层。许多豆类种子(如大豆、落花生等)子叶的薄壁细胞中,也普遍具有糊粉粒。

三、脂肪

脂肪与油是植物细胞中贮藏的含能最高而体积小的化合物。它们常成为种子、胚和分生组织细胞中的贮藏物质,在常温下为固体的称为脂肪,液体的称为油类。脂肪常存在于一些油料植物种子的胚乳或子叶中,有时在叶绿体内也可看到,食用的以及医药和工业上用的植物油都是由某些植物种子中榨取的。脂肪和油类在细胞中的形成有多种途径,质体和圆球体都能积聚脂质物质,发育成油滴。

四、晶体

在植物细胞的液泡中,常存在各种形状的晶体。晶体在植物体内分布很普遍,在各类器官中都能看到,常见的有草酸钙晶体。这些晶体大多为原生质体代谢过程中的副产品,并且常是对原生质体有害的,如草酸和钙,在细胞内含量过多时都对原生质体有毒害作用,但当它们化合成为草酸钙结晶,成为不溶于水的物种时对原生质体则无损害,从而降低了草酸的毒害作用。不同植物或同一个植物体内不同部分的细胞中含有的晶体,在大小和形状上有时有很大区别,根据晶体的形状可以分为单晶、针晶和晶簇三种。

第四节　　植物组织类型及其特征

单细胞植物是仅由一个细胞构成的完整植物体,在单个细胞中发展了全部结构功能,其细胞分裂后彼此分开,独立生活,独立完成各种生命活动;在多细胞植物的个体发育是从受精卵开始的,细胞分裂后子细胞并不分开,而分化成为多种不同的形态结构。细胞分化的结果直接导致了植物组织的形成。其中每一种组织具有一定的分布规律和行使一种主要的生理功能,这些组织的功能相互依赖和相互配合,合作完成植物体的生命活动。

一、植物组织的概念及生长分化

由具有分裂能力的细胞逐渐至外形伸长,细胞分裂,以至形成各种具有一定功能和形态结构的细胞的过程,就叫做细胞的分化。细胞分化导致植物体中形成多种类型的细胞的过程就是组织的形成过程。我们把形态结构相似、生理功能相同、在个体发育中来源相同(即由同一个或同一群分生细胞生长、分化而来)的细胞群组成的结构和功能单位称为组织。由一种类型细胞构成的组织,称简单组织;由多种类型细胞构成的组织,称复合组织。植物各个器官——根、茎、叶、花、果实和种子等,都是由某几种组织构成的,其中每一种组织具有一定的分布规律并行使一种主要生理功能,而这些组织的功能又是相互依赖和相互配合的。组成器官的这些组织,在整体条件下分工协作,共同保证器官功能的完成。例如叶是植物进行光合作用的器官,其中主要是大量的同化组织进行光合作用;但在它的周围覆盖着保护组织,以防止同化组织丢失水分和机械损伤;此外,输导组织贯穿于同化组织中,保证水分的供应和把同化产物运输出去,这样,三种组织相互配合,保证了叶的光合作用正常进行。所以,组织是植物进化过程中复杂化和完善化的产物,在个体发育中,组织的形成是植物体内细胞分裂、生长和分化的结果,其形成过程贯穿由受精卵开始,经胚胎阶段,直至植株成熟的整个过程。

细胞分化为组织的过程主要由遗传所控制,但也受环境条件的影响。在作物栽培中可以看到由于水肥处理不当,同一品种作物(可以说遗传上是一样的),它们的叶片大小、茎秆粗细、细胞的大小和细胞壁的厚薄都有着很大的差别;同时,分化过程也受一些化学药剂,如 2-4D 赤霉素、矮壮素的影响。如果深入了解细胞分化为组织过程中的生理生化和形态结构的变化,并利用外界条件对分化过程加以控制,那么,就能够控制农作物的根、茎、叶以及花和果实的形成,在农业生产上无疑能够得到更好的收成。

二、植物组织的类型

在细胞的分化过程中,形成了各类组织,它们组成了植物的营养器官(根、茎、叶)和生殖器官(花、果实、种子)。种子植物的组织结构是植物界中最为复杂的,按照其发育特点,植物组织分成分生组织和成熟组织两大类。种子植物在胚胎发育时期,细胞都有强的分裂能力,在后来的生长发育过程中细胞陆续分化而失去分裂能力,成为有特定功能的细胞,即成熟组织,按其发育程度、主要生理功能不同以及形态结构特点,又可以分成营养组织、保护组织、输导组织、机械组织、分泌组织等。成熟组织具有一定的稳定性,也称为永久组织,但组织的成熟是相对的,成熟组织并非一成不变,有些分化程度较低的组织,有时能随植物体的发育进一步转化为另一种组织,如分化程度较低的薄壁细胞可以脱分化为分生细胞或特化为石细胞。

1. 分生组织

(1)分生组织的概念　植物的分生组织是指种子植物中具有分裂能力的细胞限制在植物体的某些部位,这些部位的细胞在植物体的一生中持续地保持强烈的分裂能力,一方面不断增加新细胞到植物体中,另一方面自己继续"永存"下去,这种具有持续分裂能力的细胞群称为分生组织。它是分化产生其他各种组织的基础,由于分生组织的存在,种子植物的个体总保持生长的能力或潜能,它们位于植物体生长的部位,如根与茎的顶端生长和加粗生长都与分生组织的活动有直接关系,分生组织的活动直接关系到植物体的生长和发育,在植物个体成长中起着重要作用。

分生组织细胞的主要特征是:细胞代谢活跃,有旺盛的分裂能力;细胞排列紧密,一般无细胞间隙;细胞壁薄,不特化,由果胶质和纤维素构成;原生质体分化程度低,虽有较多细胞器和较发达的膜系统,但通常缺乏贮藏物质和结晶体;质体处于前质体阶段。但有的分生组织也会出现一些变化,如维管形成层细胞有较多液泡等。

(2)分生组织的类型　　根据分生组织在植物体内的分布部位、起源和产生的组织以及它们的结构、发育阶段和功能等不同,可将分生组织分为不同的类型。

①根据位置分类。根据分生组织在植物体内的位置不同,可以分为顶端分生组织、侧生分生组织和居间分生组织(图 1-8)。

a. 顶端分生组织:存在于根和茎的主轴及其分支顶端部分,由胚性细胞构成的分生组织,称为顶端分生组织。从根顶端分生组织分裂产生的细胞中,有的继续分裂,保持着很强的分裂能力,虽然也有休眠时期,但环境条件适宜时,又能继续进行分裂;有的生长并渐渐发生分化,最终失去分裂能力成为成熟组织。顶端分生组织分裂活动的结果使根和茎不断伸长,并在茎上形成侧枝和叶,使植物体扩大营养面积;有花植物由营养生长进入生殖生长时,茎顶端分生组织发生质的变化,产生生殖器官,形成花或花序。

顶端分生组织细胞的特征是:它们是从胚胎中保留下来的,其细胞体积较小,近于等直径,具有薄壁,细胞核位于中央并占有较大的体积,细胞质浓厚,液泡不明显,细胞内通常缺少后含物。顶端分生组织的细胞多为横分裂,即子细胞沿根或茎的长轴方向排列,沿根与茎的长轴方向增加细胞的数目。

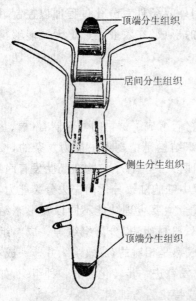

图 1-8　分生组织在植物体中的分布位置图解
(密线条处是最幼嫩的部位,无线条处是成熟的或生长缓慢的部位,外侧纵线条为木栓形成层,内侧纵线为维管形成层)

b. 侧生分生组织:在一些植物根茎等器官中,靠近表面的,与器官长轴平行的方向上,也有呈桶形分布的分生组织,称为侧生分生组织。侧生分生组织包括维管形成层、木栓形成层。维管形成层活动时期较长,分裂出来的细胞分化为次生韧皮部和次生木质部,使根和茎不断增粗,以适应植物营养面积的扩大。木栓形成层由薄壁细胞脱分化而来,为一层长轴状细胞,分裂活动时间较短,产生的细胞分化为木栓层和栓内层,使长粗的根、茎表面或受伤的器官表面形成新的保护组织周皮。

侧生分生组织的细胞与顶端分生组织的细胞有明显的区别,其形成层细胞大部分呈纺锤形,细胞与器官长轴平行,细胞分裂方向与器官的长轴方向垂直,液泡明显,细胞质不浓厚,而且它们的分裂活动往往随季节的变化具有明显的周期性。

侧生分生组织并不普遍存在于所有种子植物中,为裸子植物和双子叶植物所具有。草本双子叶植物中的侧生分生组织只有微弱的活动或根本不存在,单子叶植物中一般没有侧生分生组织,因此,草本双子叶植物和单子叶植物的根和茎没有明显的增粗生长。

c. 居间分生组织:是夹在已经有一定分化程度的组织区域之间的分生组织,它是顶端分生组织衍生而遗留在某些器官中局部区域的分生组织,居间分生组织属于初生分生组织,在种子植物中并不是普遍存在的,且只能保持一定时期的分生能力,以后则完全转变为成熟组织。

典型的居间分生组织存在于许多单子叶植物的茎、叶、子房柄、花梗以及花序等器官的成熟组织之中,例如水稻、小麦等禾谷类作物,在茎的节间基部保留居间分生组织,所以当顶端分化成幼穗后,仍能借助于居间分生组织的活动,进行拔节和抽穗,使茎急剧长高,也能使茎秆倒伏后逐渐恢复直立;韭菜和葱的叶子基部也有居间分生组织,割去叶子的上部后叶还能生长;落花生由于雌蕊柄基部居间分生组织的活动,而能把开花后的子房推入土中。有一些植物的居间分生组织是由已分化的薄壁细胞恢复分裂能力而形成的,如枣花在传粉后,靠花柱一侧的花盘组织细胞恢复分裂,参与了果实的增大生长。

居间分生组织与顶端分生组织和侧生分生组织相比,细胞核大,细胞质浓;主要进行横分裂,使器官沿纵轴方向增加细胞数目;细胞持续活动时间较短,分裂一段时间后,所有细胞完全分化为成熟组织。

②根据来源和性质分类。根据组织来源的性质划分,分生组织也可分为原生分生组织、初生分生组织和次生分生组织。

a. 原生分生组织:原生分生组织位于根、茎生长锥的最顶端部分,它们是直接从胚胎遗留下来的,一般具有持久而强烈的分裂能力。原生分生组织细胞的特征:细胞分裂能力强,细胞体积小,细胞核大,细胞质浓厚,为等直径多面体形状。

b. 初生分生组织:初生分生组织由原分生组织的细胞分裂衍生而来,它们的特点是一方面细胞已开始分化,另一方面仍具有分裂的能力,不过分裂活动没有原生分生组织那样旺盛,是发育成初生成熟组织的主要分生组织。因此,它是一种边分裂边分化的组织,逐渐向成熟组织过渡。

c. 次生分生组织:次生分生组织往往是已分化的细胞又恢复了分裂能力,转变为分生组织的。次生分生组织细胞的特征:细胞呈扁平长形或为近短轴的扁多角形,细胞明显液泡化,分布部位与器官长轴平行。次生分生组织与根、茎的加粗和重新形成保护组织有关,不是所有植物都有。

如果把二种分类方法对应起来看,则广义的顶端分生组织包括原生分生组织和初生分生组织,而侧生分生组织一般讲是属于次生分生组织类型,其中木栓形成层是典型的次生分生组织。

2. 成熟组织

(1)成熟组织的概念　分生组织衍生的大部分细胞,逐渐丧失分裂能力,进一步生长分化形成的其他各种组织,称为成熟组织,有时也称永久组织。不同成熟组织的细胞分化程度是有差别的,有些组织的细胞与分生组织的差异极小,具有一般的代谢活动,并且也能进行分裂;而另一些组织的细胞则有很大的形态改变,功能专一,并且完全丧失分裂能力。因此,组织的"成熟"或"永久"程度是相对的,而且成熟组织也不是一成不变的,尤其是分化程度较浅的组织,有的成熟细胞中的一些分化程度低的细胞还会发生脱分化,重新转为分生组织。

(2)成熟组织分类　成熟组织可以按照功能分为保护组织、薄壁组织、机械组织、输导组织和分泌组织。

①保护组织。覆盖于植物体表,起保护作用的组织。它的作用是减少植物失水,防止病原微生物的侵入和机械损伤,还能控制植物与外界的气体交换。保护组织可分为表皮和周皮。

a. 表皮:表皮细胞由初生分生组织(原表皮)发育而来,是幼嫩的根和茎、叶、花、果实等的表面层细胞,是植物体与外界环境的直接接触层。表皮一般都是一层细胞,但它不只是由一类细胞组成,通常含有多种不同特征和功能的细胞,其中表皮细胞是最基本的成分,其他细胞分散于表皮细胞之间;表皮有时也可由多层细胞所组成。例如在干旱地区生长的植物,叶表皮就常是多层的,这就有利防止水分的过度蒸发。叶的表皮上有气孔,是气体出入的门户,气孔由两个保卫细胞组成,保卫细胞内有叶绿体。保卫细胞有调节气孔开关的能力,从而调节植物水分蒸腾和气体交换。

表皮与外界相邻的一面,在细胞壁外表覆盖着一层角质层,角质层是由疏水物质组成,水分很难透过角质层;角质层也能有效地防止微生物的侵入。叶、茎等的角质层上还可覆盖一层蜡质,可防止过分失水,也可以保护植物免受侵害。

表皮细胞形状扁平,排列紧密,无细胞间隙,是生活细胞,一般不含叶绿体,无色透明含有较大液泡。

b. 周皮:在裸子植物、双子叶植物的根、茎等器官在加粗生长开始后,表皮渐被周皮替代,由周皮行使保护功能。周皮是次生保护组织,由多层细胞组成,木栓形成层参与周皮的形成。周皮的木栓层具有多层细胞,细胞扁平,无胞间隙,细胞壁高度栓化,最后细胞的内含物消失成为死细胞——木栓形成层具有抗压、隔热、绝缘等特性,起到很好的保护作用。

②薄壁组织。广泛分布于植物体的各个器官中,根、茎、叶、花、果实以及种子中都含大量薄壁组织,构成了植物体的基础,具有同化、贮藏、通气和吸收等功能,是进行各种代谢活动的主要组织。光合作用、呼吸作用、贮藏作用及各类代谢物的合成和转化都主要由它进行,是植物体生活中所必不可少的,因此也叫基本组织。薄壁组织虽有多种形态,但都是由薄壁细胞组成。这类细胞含有质体、线粒体、内质网和高尔基体等细胞器,液泡较大,排列疏松,细胞间隙发达,细胞壁薄,仅有初生壁而无次生壁,因此得名薄壁组织。薄壁组织分化程度较低,具有潜在的分裂能力,在一定条件下,如创伤愈合、再生作用形成不定根和不定芽,以及嫁接愈合等时期,薄壁组织细胞能发生反分化,转变为分生组织,这对于植物体创伤的愈合、扦插、嫁接的成活和进行组织离体培养等有实际意义。根据薄壁组织的主要生理功能可将其分为同化组织、吸收组织、贮藏组织、通气组织和传递细胞等。

a. 同化组织:在基本组织中最主要的一类是同化组织,这类组织除具有基本组织的一般特点外,在原生质体中充满了大量叶绿体,能进行光合作用,合成有机物,所以又称为绿色组织。同化组织分布于叶肉、嫩茎和发育中的果实和种子中,当然在叶片中它是最主要的组织。

b. 吸收组织:具有从外界吸收水分和营养物质的生理功能。例如位于根尖的根毛区(包括表皮细胞和由表皮细胞外壁向外延伸形成的管状结构根毛),根毛数目很多,角质层薄,与土壤紧密接触,有利于根吸收水分和养料。

c. 贮藏组织:贮藏大量营养物质的薄壁组织,称为贮藏组织。它主要存在于果实、种子、块根、块茎以及根茎的皮层和髓中,细胞中常贮藏营养物质,如淀粉、糖类、蛋白质、脂质、单宁和草酸钙等。水稻、小麦等禾本科植物种子的胚乳细胞就是贮藏组织,甘薯块根、马铃薯块茎的薄壁细胞贮藏淀粉粒或糊粉粒;花生种子的子叶细胞贮藏脂质;柿胚乳是一种特殊的贮藏组织,其细胞壁厚,为半纤维素物质构成,在萌发时被分解。

肉质植物如仙人掌、芦荟、景天、龙舌兰等生于干旱环境,其中有些细胞具有贮藏水分的功能,这类细胞较大,液泡中含有大量的黏液性汁液,这种黏稠物质明显增加了细胞的持水能力,使植物能适应干旱环境生长,这类细胞为贮水组织。

d. 通气组织:水生与湿生植物体内薄壁组织中的细胞间隙发达,形成气道或气腔,在体内形成了一个发达的通气系统,使生于水下的根等器官能得到氧气,这种具有明显胞间隙的薄壁组织称为通气组织。如水稻、莲、睡莲等的根、茎、叶中气腔和气道内蓄积大量空气,有利于器官中细胞呼吸和气体的交换。同时,像蜂巢状系统的胞间隙可以有效抵抗植物在水生环境中所面临的机械压力,这是植物对湿生条件的适应。

e. 传递细胞:20 世纪 60 年代,运用电子显微镜新发现一类特化的薄壁细胞。这种细胞最显著的特征是具有内突生长的细胞壁和发达的胞间连丝,质膜沿其表面分布,表面积大大增加。这种细胞能迅速地从周围吸收物质,也能迅速地将物质向外转运,这类细胞称为传递细胞。后来发现,在植物体内这一类特化的薄壁细胞都是出现在溶质短途密集运输的部位,例如普遍存在于叶的小叶脉中,在输导分子周围,成为叶肉和输导分子之间物质运输的桥梁。在许多植物茎或花序轴节部的维管组织中,在分泌结构中,在种子的子叶、胚乳或胚柄等部位也有分布。

③机械组织。机械组织为植物体内的支持组织,它有很强的抗压、抗张和抗曲挠的性能。植物能有一定的硬度,枝干能挺立,树叶能平展,能经受狂风暴雨及其他外力的侵袭,都与这种组织的存在有关,只有具有机械组织的植物体才能长得高大。在植物从水生过渡到陆生环境后,植物比在水中需要较强的支持力量,能很好地适应陆生生活的种子植物体内机械组织十分发达。植物器官的幼嫩部分机械组织不发达,随着器官的成熟,器官内部逐渐分化出机械组织。机械组织的细胞也大都为细长形,但其典型的特性是细胞局部或全部不同程度加厚,根据细胞结构的不同,机械组织可分为厚角组织和厚壁组织二类。

a. 厚角组织:是支持力较弱的一类机械组织。厚角组织细胞最明显的特征是细胞壁具有不均匀的增厚,而且这种增厚是初生壁性质的;壁的增厚通常在几个细胞邻接处的角隅上特别明显,故称厚角组织,但也有些植物的厚角组织是细胞的弦向壁特别厚。厚角组织是长轴形的细胞,其细胞都具有生活的原生质体,常含叶绿体,可进行光合作用;厚角组织细胞亦具有分裂的潜能,在许多植物中,它们能参与木栓形成层的形成。因此,也有人将它归类于特殊的薄壁组织。

细胞壁的成分除纤维素外,还含有较多的果胶质,也具有其他成分,但不木质化,因此具有一定的坚韧性、可塑性和伸展性,即可支持器官的直立,又可适应器官的迅速生长,多分布于在幼嫩植物的茎或叶柄、叶片、花柄等部分,起支持作用。一方面是由于厚角细胞为长柱形,相互重叠排列,初生壁虽然比较软,但许多细胞壁的增厚部分集中在一起形成柱状或板状,因而使它有较强的机械强度;另一方面则是厚角组织分化较早,但壁的初生性质使它能随着周围细胞的延伸而扩展。因此,它既有支持作用,又不妨碍幼嫩器官的生长。大部分植物的茎和叶柄在继续发育时,在较深入的部位发育出次生壁并木质化,转变成厚壁组织,如芹菜叶柄中的厚角组织有支撑叶子的功能。

b. 厚壁组织:厚壁组织支持能力比厚角组织强,是植物体的主要支持组织,厚壁细胞比厚角细胞更进一步特化,细胞壁均匀增厚,木质化。木质化是细胞壁纤维素微纤丝间沉积了木质素,木质素是一种多聚大分子,很坚硬,细胞成熟时,原生质体分解,成为只留有细胞壁的死细胞。

根据细胞的形状,厚壁组织可分为两类。一类是纤维。纤维细胞是两端尖细成棱状的细胞,如木纤维,细胞壁木质化,坚硬有力,支持力很强。韧皮纤维,存在于韧皮部,细胞壁不木质化或只轻度木质化,韧性强。纤维通常在植物体内互相重叠排列,紧密地结合成束,称为纤维束,以此增加组织的强度,如黄麻纤维、亚麻纤维等。另一类是石细胞。这类细胞形状不规则,但多为等直径的,是死细胞,细胞壁大大加厚。梨果肉中的白色硬颗粒就是成团的石细胞;各种坚果和种子的硬壳中也主要都是石细胞。茶树、桂花的叶片中,具有单个的分枝状石细胞,散布于叶肉细胞间,增加了叶的硬度,与茶叶的品质也有关系。

④输导组织。输导组织是植物体内长距离输导水分和有机物的管状结构,其中输导水分和无机盐的结构为导管和管胞,输导有机物的主要有筛管和伴胞。在整个植物体的各器官内形成一个连续的输导系统。发达的输导组织使植物对陆生生活有了更强的适应能力,根从土壤中吸收的水分和无机盐,由它们运送到地上部分;叶光合作用的产物,由它们运送到根、茎、花和果实中去;植物体各部分之间经常进行物质的重新分配和转移,也要通过输导组织来完成。

a. 导管:导管普遍存在于被子植物的木质部分中,是由一连串顶端对顶端的细胞连接而成的,总称为导管,其中每个细胞叫做导管分子。导管分子为长形细胞,幼时细胞是生活的,在成熟过程中细胞的次生壁不均匀加厚,成为各种花纹(环纹、螺纹、梯纹、网纹和孔纹等),细胞壁木质化。成熟的导管分子为长管状的死细胞,当细胞成熟后,原生质体瓦解、死去,由死的导管分子完成输水功能。

然而,管胞和导管分子在结构上和功能上是不完全相同的。导管在发育过程中伴随着细胞壁的次生加厚与原生质体的解体,导管分子两端的初生壁被溶解,形成了穿孔。多个导管分子以末端的原穿孔相连,从而形成了导管,因此植物体内水溶液的运输,不是由一根导管从根部直达上端,而是经过许多导管曲折连贯地向上运输的。导管比管胞的输导效率高得多,在种子植物中,多数裸子植物仅以管胞输导水分及无机盐,在被子植物这一植物界最高等的类群中,不仅具有管胞,还出现了导管,并成为输导水分的主要结构,这也是被子植物更能适应陆生环境的重要原因之一。导管的输水功能并不是永久保持的,其有效期的长短因植物的种类而异。

b. 管胞:管胞是单个细胞,是一个两头尖的长形死细胞,在细胞成熟过程中细胞壁次生壁加厚并木质化,细胞成熟后死去,在两管胞间不形成穿孔,而是靠细胞壁上的纹孔相通连。在器官中纵向连接时,上、下二细胞的端部紧密地重叠,水分通过管胞壁上的纹孔,从一个细胞流向另一个细胞,同时细胞口径小,因此输导水分的能力比导管要小得多。由于管胞的细胞壁在发育中形成厚的木质化的次生壁,在发育成熟时原生质体消失,所以它们除运输水分与无机盐的功能外,还有一定的支持作用。次生壁加厚不均匀也形成了环纹管胞、螺纹管胞、梯纹管胞、孔纹管胞等类型。环纹、螺纹管胞的加厚面小,支持力低,多分布在幼嫩器官中,其他几种管胞多出现在较老的器官中,水分及溶解在水中的无机盐的运输主要是通过未加厚的细胞壁进行。在系统发育中,管胞向二个方向演化,一个方向是细胞壁更加增厚,壁上纹孔变窄,特化为专营支持功能的木纤维;另一个方向是细胞端壁溶解,特化为专营输导功能的导管分子。

c. 筛管:筛管是运输有机物的结构,其组成单位是长形活细胞,称为筛管分子。多个筛管分子以顶端相连而成筛管,它是被子植物中长距离运输光合产物的结构。筛管分子只具初生壁,壁的主要成分是果胶和纤维素。筛管分子长成后,细胞核退化,细胞质仍保留,其末端的细胞壁称筛板,其上有较大的孔,称筛孔。穿过孔的原生质丝比胞间连丝粗大,称联络索,联络索沟通了相邻的筛管分子,能有效地输送有机物。成熟的筛管分子虽是生活细胞,但没有细胞核,液泡与细胞质的界线也消失,在被子植物的筛管中,还有一种特殊的蛋白,称P-蛋白。有人认为P-蛋白是一种收缩蛋白,与有机物的运输有关。

d. 伴胞:筛管分子的侧面通常与一个或一列伴胞相毗邻。伴胞与筛管分子是从分生组织的同一母细胞分裂而来的薄壁细胞,伴胞有明显的细胞核,细胞质浓厚,具有多种细胞器,有许多小液泡,尤其是含有大量的线粒体,说明伴胞的代谢活动活跃。伴胞与筛管侧壁之间有胞间连丝相通,它对维持筛管质膜的完整性,进而维持筛管的功能有重要作用。研究表明,筛管的运输功能与伴胞的代谢紧密相关,筛管分子中没有细胞核,其代谢、运输过程中所需的能量、纤维素或调控信息均由伴胞来提供,两者共同完成有机物的运输。

⑤分泌组织。某些植物细胞能合成一些特殊的有机物或无机物,并把它们排出体外、细胞外或积累于细胞内,这种现象称为分泌现象,这些细胞称为分泌细胞。分泌细胞来源各异,形态多样,分布方式也不尽相同,有的单个分散于其他组织中,也有的集中分布或特化成一定结构,由分泌细胞所组成的组织统称为分泌组织。植物分泌组织产生的分泌物种类繁多,有糖类、挥发油、有机酸、生物碱、丹宁、树脂、油类、蛋白质、酶、杀菌素、生长素、维生素及多种无机盐等,这些分泌物在植物的生活中起着多种作用。另外,许多植物的分泌物具有重要的经济价值,例如橡胶、生漆、芳香油、蜜汁等。

根据分泌物是否排出体外,分泌组织可分成外部的分泌结构和内部的分泌结构两大类。

a. 外分泌结构:大多分布在一些植物体的表面(气生部分)的表皮层内,其细胞能分泌物质到植物体的表面,常见的类型有腺表皮、腺毛、蜜腺和排水器等。腺表皮即植物体某些部位的表皮细胞具有分泌的功能,如矮牵牛、漆树等许多植物花的柱头表皮即是腺表皮,能分泌出含有糖、氨基酸、酚类的化合物,有利于黏着花粉和控制花粉萌发;腺毛则存在于烟草、番茄、泡桐和棉等的幼茎或叶表面上;蜜腺是一种分泌糖液的外部分泌结构,存在于许多虫媒花植物的花部,分泌花蜜,提供传粉昆虫所需的食物,以适应虫媒传粉的特征;排水器是植物将体内过剩的水分排出到体表的结构,它们排水的过程称为吐水,如旱金莲、卷心菜、番茄、草莓、慈姑和莲等植物的吐水现象。

　　b. 内分泌结构:分泌物不排到体外的分泌结构,称为内部的分泌结构,包括分泌腔、分泌道以及乳汁管。分泌腔和分泌道是植物体内贮藏分泌物的腔或管道,如柑橘叶和果皮中透亮的小团点就是典型的分泌腔,松柏类木质部中的树脂道和漆树韧皮部中的漆汁道就是典型的分泌道。乳汁管是分泌乳汁的管状细胞,如夹竹桃科、桑科、大戟属植物、橡胶树、菊科、芭蕉科、旋花科等植物都具有乳汁管。乳汁管中乳汁的成分极端复杂,往往含有碳水化合物、蛋白质、脂肪、单宁物质、植物碱、盐类、树脂及橡胶等。其中,含胶多的植物种类成为天然橡胶的来源,最著名的有橡胶树、印度橡胶树、橡胶草、银色橡胶菊等。

思考题

1. 构成细胞的有机物主要有哪些? 其主要功能是什么?
2. 原生质体可以分为哪两部分? 各包含哪些主要结构?
3. 什么是细胞器? 植物细胞的细胞器主要有哪些?
4. 哪一种细胞器是成熟植物生活细胞的显著特征,也是植物细胞与动物细胞在结构上的明显区别之一?
5. 植物细胞与动物细胞相区别的三大结构特征是什么?
6. 细胞壁的结构可分哪三层?
7. 成熟组织可以按照功能分为哪几类? 各执行什么样的功能?

第二章　植物的形态结构和发育

第一节　种子的结构和类型

种子是种子植物特有的结构,是植物的繁殖器官。种子在适宜的条件下萌发,突破种皮的限制,生成胚根、胚芽,进一步发育成植物的根系、茎叶系统,从而长成新的植物体。当植物体生长发育到一定时期,在茎上形成花,经过开花、传粉、受精等过程,又会形成新的种子。新种子成熟后与母体分离,在适当的条件下,又会萌发形成幼苗,开始生命的又一轮循环。种子植物在地球上之所以如此繁茂,与种子的形成是密不可分的。

一、种子的结构

不同植物的种子,虽然其形态、大小、颜色各异,但其基本结构却是一致的,都由胚、胚乳和种皮三部分组成。有些种子具有外胚乳和假种皮。其中最重要的部分是胚。

1. 胚

胚是新一代植物的幼体,在成熟的种子中,胚已发育成一幼小植物的雏形,植物器官的形态发生从胚开始。胚由胚根、胚轴、胚芽、子叶四个部分组成。胚的各部分由胚性细胞组成,胚性细胞具有很强的分裂增生能力,在种子萌发时,能使胚迅速形成幼苗。

2. 胚乳

胚乳位于种皮和胚之间,含有大量的营养物质,主要是淀粉、脂类和蛋白质。在种子萌发时,供种子萌发时利用。如玉米、小麦的种子。胚乳体积较大,占种子的大部分,这类种子叫有胚乳种子。而像花生、豆类等植物的种子,胚具有肥厚的子叶,在成熟的种子中并无胚乳,而只有一层膜状遗迹,这是因为在种子的发育过程中,胚乳的贮存养料转移到子叶中去了。

少数植物种子在形成过程中,胚珠中的一部分珠心组织保留下来,在种子中形成类似胚乳的营养组织,称外胚乳。外胚乳虽与胚乳起源不同,但执行相同的功能。

3. 种皮

种皮是种子最外面的包被部分,有些植物的种皮厚而坚硬,可以保护种子免受外力损伤和防止病虫害侵入;有些植物的种皮比较薄,其外有坚韧的果皮包被,如核桃等;有些植物的种皮不但厚,而且有短绒覆盖,并含有蜡质和油质,以至水分难以进入,所以在播种前必须进行处理,才能加速种子的萌发,如棉花等。

二、种子的类型

根据种子成熟后是否具有胚乳,将种子分为两种类型。一种是有胚乳的,称为有胚乳种子;另一种是没有胚乳的,称为无胚乳种子。有胚乳种子其内有种皮、胚、胚乳三部分结构。其中胚乳占种子的大部分,胚相对较小。大多数单子叶植物(如小麦、玉米等)和部分双子叶植物(如蓖麻、烟草、桑树等)及裸子植物的种子都是有胚乳种子。无胚乳种子在种子成熟时只有种皮和胚两部分结构,无胚乳,通常具有两片肥厚的子叶。如双子叶植物中的大豆、花生、蚕豆、油菜等及单子叶植物中的慈姑等种子都属于这一类。

第二节　种子的萌发和幼苗的形成

种子是有生命的,胚已经完全发育成熟的种子,给以合适的外界条件,种子内部经过一系列的生理、生化变化,种子开始萌发,长成幼苗。种子的生命是有一定时限的,不同植物种子的生命长短除了与植物本身的遗传特性有关外,也与种子的贮藏方式有关。

一、种子的寿命和贮藏

1. 种子的寿命

种子的寿命是维持种子的生命力不丧失的最长时限。超过这一时限,种子则丧失萌发力。不同的植物种子,其寿命长短不一。短则仅能存活几周,如柳树的种子;

长则可以维持几百年,甚至上千年,如挖掘出的埋藏于地下的千年古莲子,若给以适宜的条件,仍能萌发。就栽培作物而言,种子的寿命一般只能维持一年到两年的时间。种子的寿命是种子自身的成熟度、种皮厚薄以及母体植株生命力旺盛与否、是否患有病虫害等多种因素相互作用的结果。植物种子寿命的长短除了与这些植物自身的遗传性有关以外,还取决于种子的贮藏条件。

2. 种子的贮藏

种子贮藏的关键是采取降低种子呼吸作用的手段,减少有机物的消耗。其一,采取低温的方法,低温可以抑制呼吸链中某些酶的活性,减缓呼吸作用的进行。其二,采取通风的方法,降低湿度。对贮藏种子的地方要经常进行通风,及时疏散种子呼吸产生的热量。其三,采取氮气填充法。降低贮藏间氧气的含量,减少种子的有氧呼吸,降低种子内有机物的消耗。把种子的呼吸降到最低限度,减少种子内养料的消耗。但是,在贮藏种子时,也要注意不能使种子处于完全干燥状态,完全干燥会使呼吸作用停止,导致种子的死亡。

二、种子的休眠

植物的种子在成熟后,如果给以适宜的条件,仍不能萌发,而需经过一段相对静止的时期才能萌发,这一特性称为种子的休眠。休眠状态的种子其新陈代谢十分微弱。

不同植物的种子其休眠原因不同。主要原因有如下几方面:其一,有些植物的种子脱离母体后,种子内的胚尚未完全发育成熟。如银杏的种子,需经过一段相对静止的休眠期,使胚发育完全后才能萌发。其二,是植物的种子种皮比较坚硬,透水和透气能力相对较差。如某些豆科植物的种子,可以采用机械方法擦破种皮或采用浓硫酸处理,使种皮软化,使之通气、透水,从而打破休眠。其三,是某些植物的胚、种皮或果实内存在抑制种子萌发的物质。如激素、有机酸、植物碱等物质均阻碍了种子的萌发。

休眠是植物种子在进化过程中形成的一种对环境的适应。休眠减少了种子对有机物的消耗,使种子以低代谢状态度过寒冷的冬天,而等到第二年春天条件适应时再萌发。从而避免了像小麦等作物,种子成熟后,没有及时收获,遇阴雨天在植株上萌发,导致粮食减产的发生。

三、种子萌发必备的三个条件

没有适宜的外界条件时,成熟干燥的种子是处于休眠状态的,这时,种子胚的生长几乎完全停止。一旦外界条件满足,种子解除了休眠,由处于休眠状态的胚转入活动状态,开始生长。这一过程称为种子的萌发。种子萌发必备的外界条件:充足的水分、适宜的温度和足够的氧气。有些种子萌发时,还需要一定的光照条件。

1. 水分

干燥的种子含水量很低,一般只占种子总重量的 5%～10%,在这样的状况下,种子内部的细胞质成凝胶状态,代谢活动低。所以种子萌发首先要满足对水的需求。水分在种子的萌发中所起的作用是多方面的:其一,种子浸水后,水使种皮软化,透气性提高,胚能利用的氧气增多,呼吸作用增强,代谢旺盛。其二,随着种子吸水量的增加,细胞质由凝胶状态变为溶胶状态,酶活性开始增强,把贮存的养料进行分解,供胚利用。其三,水分参与了有机物的分解反应,并能促进分解产物的运输,提供种子萌发所需的养分和能源。

不同种子萌发的吸水量不同,这主要取决于种子内贮藏养料的性质。若贮藏的养料中蛋白质含量较多,则种子萌发时吸水量较大,这主要是由于蛋白质亲水性极强所致。若贮藏的养料中脂肪类物质含量较多,因脂肪物质是疏水性的,则种子萌发时吸水量较小。若贮藏的养料中淀粉含量较大,种子萌发时吸水量一般也不大。

2. 氧气

一切生理活动都需要能量,种子萌发需要的能量同样来源于呼吸作用。氧气含量的多少是限制呼吸作用的重要因子。在种子萌发初期,种子的呼吸作用旺盛,需氧量很大。所以氧气是种子萌发的必备条件之一。作物播种前的松土,就是为种子萌发提供呼吸所需的氧气。

3. 温度

种子萌发时其内部物种要发生一系列的变化,包括胚乳或子叶内有机物种的分解,以及产物合成新的细胞物质的过程。这些过程需要多种酶的催化作用才能完成,而酶的催化作用必须在一定的温度范围内才能实施。

一般来讲,一定范围内温度的提高,可以增强酶的活性,提高其催化能力。当温度增高到一定值时,酶的催化活性达到最高,之后,随温度的降低,酶的催化活性降低。当降到最低点时,酶的催化活动几乎完全停止。所以种子萌发对温度的要求表现出三个基点,即最低温度、最高温度、最适温度。低于最低温度或高于最高温度,都会使种子丧失萌发力,只有最适温度才是种子萌发的最理想的条件。

不同种子萌发时,需要的温度不同。这主要是植物长期生长在某一地区,对当地条件适应的一种结果,是由植物的遗传特性决定的。一般来讲,水稻等原产于我国南方的植物,种子萌发所需的温度较高,而小麦等原产于北方的植物,其种子萌发所需的温度较低。

四、种子萌发和幼苗的形成

种子萌发成幼苗的过程非常复杂,首先,干燥的种子从外界吸收了足够的水分,干燥坚硬的种皮开始变软,酶的活性开始增强,呼吸作用加速,有机物被分解成简单的物质运往胚,胚发育,胚根和胚芽相继顶破种皮。以后,胚根继续向下生长,形成主根,进而形成根系,这一主根发育成为植株根系的主轴,并由此生出各级侧根。小麦、玉米等须根系的植物,在胚根伸出不久,又有数条与主根粗细相仿的不定根从胚轴基部伸出,组成须根系。而胚芽则向上生长,发育为茎叶系统。至此,一株独立生活的幼苗已经长成。种子萌发和幼苗的形成过程所需的营养,主要来自于种子内贮存的有机物。

第三节　根

在植物体中,由多种组织构成,具有显著形态特征和特定生理功能的部分称为器官。植物器官可分为营养器官和生殖器官。被子植物营养器官包括根、茎和叶,它们共同担负着植物体的营养生长。

一、根和根系

根是植物体的地下营养器官,是植物适应陆上生活在进化中逐渐形成的器官,它具有吸收、固着、输导、合成、贮藏和繁殖等功能。可分为主根、侧根和不定根。种子萌发时,胚根最先突破种皮,向下生长,这种由胚根生长出来的根叫做主根。主根一直垂直向地下生长,当生长到一定长度时,就生出许多分枝,这些根叫做侧根。在茎、叶或老根上生出的根为不定根。

根系是一株植物地下部分所有根的总称。可分为直根系和须根系(图 2-1)。有明显的主根和侧根区别的根系,称为直根系。如松、柏、棉、油菜、蒲公英等植物的根系;无明显的主根和侧根区别的根系,或根系全部由不定根和它的分枝组成,粗细相近,无主次之分,而呈须状的根系,称为须根系,如禾本科的稻、麦以及鳞茎植物的葱、

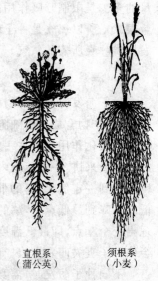

直根系　　　　须根系
(蒲公英)　　　　(小麦)

图 2-1　根 系

韭、蒜、百合等单子叶植物的根系和某些双子叶植物的根系,像车前草等。

二、根的结构

1. 根尖

根尖是指从根的顶端到着生根毛的部分,是根生命活动最活跃的部分。根的生长、组织的形成以及根对水分和矿质元素的吸收,主要是依靠根尖完成。从顶端起,根尖可依次分为根冠、分生区、伸长区和根毛区四个部分(图 2-2)。

(1)根冠 位于根尖的最前端,它像一顶帽子套在分生区的外方,具有保护根尖的作用。根冠一般成圆锥形,由许多排列不规则的薄壁细胞组成。有些根冠的外层细胞能分泌黏液,可减少根尖穿越土粒缝隙时的摩擦,因而有利于根尖在土壤中的生长。

根冠与根的向地性反应有关。根冠前端的细胞中含有具淀粉的淀粉体,起着平衡石的作用。当根被水平放置时,能使淀粉体原有位置发生转变,结果使根向下弯曲,恢复正常的垂直生长。内质网、高尔基体或生长激素等可能也参与根的向地性生长。

(2)分生区 位于根冠内侧,由分生组织细胞组成,分生能力强,不断地进行细胞分裂,使根尖的细胞数目不断增加。分生区不断地进行细胞分裂增生细胞,除一部分向前方发展,形成根冠细胞,以补偿根冠因受损伤而脱落的细胞外,大部分向后方发展,经过细胞的生长、分化,逐渐形成根的各种结构。

(3)伸长区 是由分生区分生组织细胞分裂的新细胞,距分生区较远的一部分细胞逐渐停止细胞分裂,体积扩大,细胞显著地沿根的长轴方向延伸,细胞向纵向伸长,并且开始分化。根的生长主要是分生区细胞的分裂、增大和伸长区细胞

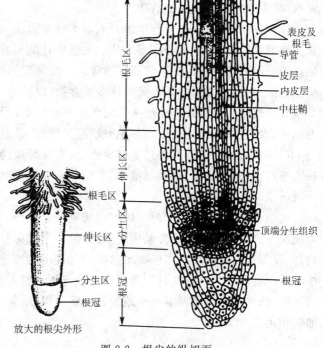

放大的根尖外形

图 2-2 根尖的纵切面

的延伸共同活动的结果。

(4)成熟区(根毛区)　位于伸长区上方,根的各种细胞已停止伸长,并且多已分化成熟。成熟区表皮常产生根毛,因此,也称为根毛区。这些根毛伸入到土壤颗粒的间隙中,使根的吸收面积大为扩张。

2. 根的初生生长和初生结构

由根尖的顶端分生组织,经过分裂、生长、分化而形成成熟的根,这种植物体的生长,直接来自顶端分生组织的衍生细胞的增生和成熟,整个生长过程,称为初生生长。初生生长过程中产生的各种成熟组织属于初生组织,它们共同组成根的初生结构。由根毛区作横切,可见根的初生构造由外至内为表皮、皮层和维管柱三个部分。

(1)表皮　根的成熟区的最外面具有表皮,来源于初生分生组织的原表皮。表皮细胞略呈长方形,其长轴与根的纵轴平行,在横切面上近似于长方形,其细胞壁薄,由纤维素和果胶组成,水和无机盐可以自由通过。外壁通常没有或仅有一薄层角质层,无气孔分布。有些表皮细胞特化形成细管状的根毛,扩大了根的吸收面积,因此根毛区的表皮细胞吸收作用比保护作用更重要。水生植物和个别陆生植物根的表皮及某些热带兰科附生植物的气生根表皮不具有根毛,但具有由表皮细胞来源的根被,具有吸水、减少蒸腾和机械保护的功能。

(2)皮层　来源于初生分生组织的基本分生组织,由许多层薄壁细胞组成,位于表皮和维管柱之间,是水分和溶质从根毛到中柱的运输途径。一些水生植物和湿生植物的皮层中可发育出气腔和通气道等。皮层薄壁细胞的体积比较大,排列疏松,有明显的细胞间隙,细胞中常贮藏着许多后含物(以淀粉为最常见)。

有些植物的皮层最外一层或数层细胞形状较小,无细胞间隙,称为外皮层。当根毛枯死,表皮破坏后,外皮层的细胞壁增厚并栓化,起临时保护作用。

皮层最内的一层细胞排列整齐紧密,无细胞间隙,称为内皮层。在内皮层细胞的径向壁(两侧的细胞壁)和横向壁(上下的细胞壁)有一条木化和栓化的带状增厚,称为凯氏带(图 2-3)。

电镜观察表明,在凯氏带处内皮层细胞质膜较厚,并紧紧地与凯氏带连在一起,即使质壁分离时两者也结合紧密不分离,阻止了水分和矿物质通过内皮层的壁进入内部,使得水及溶解在其中的物质只能通过内皮层细胞的原生质体进入维管柱。土壤溶质由皮层进入维管柱只能通过内皮层选择透性的细胞质膜,这样可以减少溶质的散失,使水分与溶质源源不断地进入导管,同时质膜的选择性也能起到控制物质运输的作用。

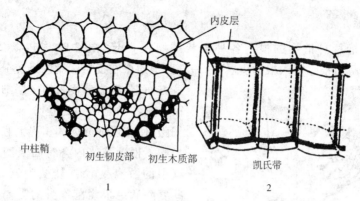

图 2-3　内皮层的结构

1. 田旋花根的部分横切面,示内皮层的位置
2. 三个内皮层细胞的立体图解,示凯氏带的位置(细胞排列方向同1)

(3)维管柱　维管柱过去也称中柱,由原形成层发育而来。它是根的中心部分,结构复杂,由中柱鞘、初生木质部、初生韧皮部和薄壁细胞四部分组成(图 2-4)。

3. 根的次生生长和次生结构

一年生双子叶植物和大多数单子叶植物的根,都由初生生长完成了它们的一生。可是,大多数双子叶植物和裸子植物的根,如大豆、棉花、苜蓿、杨树和松树等,却经过次生生长,形成次生结构。

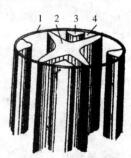

图 2-4　根的维管柱初生
结构的立体图解

1. 中柱鞘　2. 初生木质部
3. 初生韧皮部　4. 薄壁组

就根的次生生长而言,在初生生长结束后,也就是初生结构成熟后,在初生木质部和初生韧皮部之间,有一种侧生分生组织,即维管形成层(简称形成层)发生并开始切向分裂的活动,活动的过程中,经过分裂、生长、分化而使根的维管组织数量增加,这种由维管形成层的活动结果,使根加粗的生长过程,称为次生生长。由于根的加粗,使表皮撑破,因此,又有另外一种侧生分生组织,即木栓形成层发生,它形成新的保护组织——周皮,以代替表皮,这也被认为是次生生长的一部分。次生生长过程中产生的次生维管组织和周皮,共同组成根的次生结构。

三、根瘤与菌根

根瘤和菌根是种子植物和微生物间的共生关系现象。

1. 根瘤

根瘤是指豆科植物的根上各种形状的瘤状突起（图 2-5）。土壤内的一种细菌——根瘤菌由根毛侵入根的皮层内，一方面根瘤菌在皮层细胞内迅速分裂繁殖；另一方面，受根瘤菌侵入的皮层细胞，因根瘤菌分泌物的刺激也迅速分裂，产生大量新细胞，使皮层部分的体积膨大和凸出，形成根瘤。根瘤菌体内含有固氮酶，它能把大气中的游离氮（N_2）转变为氨（NH_3）。这些氨除满足根瘤菌本身的需要外，还可为宿主（豆科等植物）提供生长发育可以利用的含氮化合物。一般植物的生活中，需要大量的氮。尽管大气中含氮量高达 79%，但植物不能直接利用游离态的氮。所以根瘤菌的存在，使植物得到充分的氮素供应。同时，根瘤菌能从植物根内摄取它生活上所需要的大量水分和养料。

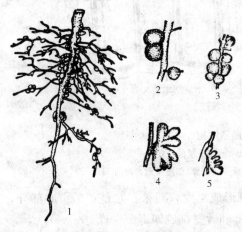

图 2-5　几种豆科植物的根瘤
1. 具有根瘤的大豆根系　2. 大豆的根瘤
3. 蚕豆的根瘤　4. 豌豆的根瘤　5. 紫云英的根瘤

利用豆科的根瘤菌，在我国已有悠久的历史，它不论在理论上或实践上，都已证明是农业上增产的有效措施。

2. 菌根

和真菌共生的种子植物的根，称为菌根。主要有外生菌根和内生菌根两种类型。外生菌根是真菌的菌丝包被在植物幼根的外面，有时也侵入根的皮层细胞间隙中，但不侵入细胞内。在这样的情况下，根的根毛不发达，甚至完全消失，菌丝就代替了根毛，增加了根系的吸收面积。松、云杉、鹅耳枥等树的根上，都有外生菌根。内生菌根是真菌的菌丝通过细胞壁侵入到细胞内，在显微镜下，可以看到表皮细胞和皮层细胞内分布着菌丝，例如胡桃、桑、葡萄、李、杜鹃及兰科植物等的根内，都有内生菌根。此外，除这两种外，还有一种内外生菌根，即在根表面、细胞间隙和细胞内都有菌丝，如草莓的根。

菌根和种子植物的共生关系是：真菌将所吸收的水分、无机盐类和转化的有机物质，供给种子植物，而种子植物把它所制造和储藏的有机养料，包括氨基酸供给真菌。此外，菌根还可以促进根细胞内储藏物质的分解，增进植物根部的输导和吸收作用，产生植物激素，尤其是维生素 B_1，促进根系的生长。

很多具菌根的植物，在没有相应的真菌存在时，就不能正常地生长或种子不能萌发，如松树在没有与它共生的真菌的土壤里，就吸收养分很少，以致生长缓慢，甚至死亡。同样,某些真菌,如不与一定植物的根系共生,也将不能存活。在林业上,根据造林的树种,预先在土壤内接种需要的真菌,或事先让种子感染真菌,可以保证树种良好地生长发育,这在荒地或草原造林上有着重要的意义。

四、植物根系的功能

根是植物适应陆上生活在进化中逐渐形成的器官,它具有吸收、固着、输导、合成、贮藏和繁殖等功能。

1. 吸收功能

根的主要功能是吸收作用,它吸收土壤中的水、二氧化碳和无机盐类。水为植物所必需,因为它不仅是原生质的组成成分之一,也是植物体内一切生理活动所必需。植物一生需要大量的水,如生产 1 kg 的稻谷需要 800 kg 的水,1 kg 小麦要 300~400 kg 水。植物所需要的水基本上靠根系吸收;根还吸收土壤溶液中离子状态的矿质元素、少量含碳有机物、可溶性氨基酸和有机磷等有机物,以及溶于水中的 CO_2 和 O_2。

2. 贮藏和运输

根吸收的物质可通过根中的输导组织运往地上部分,又可接受地上部分合成的营养物质,以供根的生长和多种生理活动的需要。如由根毛、表皮吸收的水分和无机盐,通过根的维管组织输送到枝,而叶所制造的有机养料经过茎输送到根,再经根的维管组织输送到根的各部分,以维持根的生长和生活的需要。另外,由于根内薄壁组织较发达,常作为物质贮藏的场所。

3. 固着和支持作用

根在地下反复分枝形成庞大的根系,其分布范围和深度与地上部分相对应,足以支持庞大的地上部分的茎叶系统。

4. 合成功能

根能合成多种有机物,如氨基酸、生物碱(如尼古丁)、激素及"植保素"等物质;根还参与一些维生素和促进开花的代谢物的制造。如在根中能合成蛋白质所必需的多种氨基酸,合成后,能很快地运至生长的部分,用来构成蛋白质,作为形成新细胞的材料。

5. 繁殖功能

不少植物的根能产生不定芽,有些植物的根,在伤口处更易形成不定芽,在营养繁殖中的根扦插和造林中的森林更新,常加以利用。

除上述生理功能外,根还有多种用途,它可以食用、药用和作工业原料。甘薯、木薯、胡萝卜、萝卜、甜菜等皆可食用,部分也可作饲料。人参、大黄、当归、甘草、乌头、龙胆、吐根等可供药用。甜菜可作制糖原料,甘薯可制淀粉和酒精。某些乔木或藤本植物的老根,如枣、杜鹃、苹果、葡萄、青风藤等的根,可雕制成或扭曲加工成树根造型的工艺美术品。在自然界中,根有保护坡地、堤岸和防止水土流失的作用。

第四节　茎

茎是联系根和叶,输送水、无机盐和有机养料的轴状结构。除少数生于地下外,一般都生长在地上,多数植物茎的顶端能无限向上生长,与着生的叶形成庞大的枝系。高大的乔木和藤本植物的茎,往往长达几十米,甚至百米以上;而矮小的草本植物,如蒲公英、车前草等的茎,短缩得几乎看不见,被称为莲座状植物。种子植物中无茎的植物是极罕见的。无茎草属植物是重寄生植物,它寄生在寄生植物桑寄生科植物的枝干上,茎完全退化,直接从寄主的组织内生出花序。

一、茎的基本形态

大多数植物的茎是圆柱形,有些植物的茎外形发生了变化,可为三棱形(莎草科植物的茎)、四棱形(薄荷、益母草等唇形科植物的茎)、多棱形(芹菜的茎)或扁形(仙人掌的茎)。

茎具有节和节间,茎上着生叶的部位称为节;相邻两个节之间的部分称为节间。有些植物如玉米、甘蔗、高粱等的节非常明显,形成不同颜色的环。但一般植物的节只是在叶柄着生处略为突起,表面没有特殊的结构。

茎的顶端和叶腋处着生有芽,着生叶和芽的茎称为枝条。植物在生长中,茎的伸长有强有弱,因此节间也就有长有短。节间显著伸长的枝条,称为长枝。节间短缩,各个节紧密相接的枝条,称为短枝。一般短枝着生在长枝上,如银杏,长枝上生有许多短枝,叶簇生在短枝上。果树中的梨和苹果,短枝是开花结果的枝条,故又称为花枝或果枝。

木本植物的枝条落叶后,在茎上留下的叶柄痕迹,称为叶痕。叶痕内的点线突起是叶柄和茎内维管束断离后留下的痕迹,称为维管束痕或叶迹。有些植物茎上还可以见到有规律分布的芽鳞痕,这是鳞芽开展时,其外的鳞片脱落后留下的痕迹。顶芽开放后抽出的新枝段,其顶端又生有顶芽。一般情况下,顶芽每年春季开放一次,这样,便在枝条上又留下新的芽鳞痕。因此,根据芽鳞痕的数目和相邻芽鳞痕的距离,可以判断枝条的生长年龄和生长速度。在生产上,需要采取一定生长年龄的枝或茎,作为扦插、嫁接或制作切片等的材料时,芽鳞痕就可作为一种识别的依据。枝条外表往往可以看到一些小的皮孔,这是枝条与外界进行气体交换的通道。皮孔的形状、颜色和分布的疏密情况,也因植物而异。因此,落叶乔木和灌木的冬枝,可按叶痕、芽鳞痕、皮孔等的形状,作为鉴别植物种类、植物生长年龄等的依据。

二、茎尖及分区

茎尖通常指茎的顶端分生组织到组织分化接近成熟区之间的一段。茎尖可分为分生区、伸长区和成熟区三个部分。

1. 分生区

分生区位于茎尖的最顶端,为圆锥形,由原分生组织及其衍生的初生分生组织构成。它的最主要特点是细胞具有强烈的分裂能力,茎的各种组织均由此分出来。

2. 伸长区

位于分生区的下面。本区的特点是细胞迅速伸长,这是茎伸长的主要原因。伸长区可视为顶端分生组织发展为成熟组织的过渡区。

3. 成熟区

成熟区紧接伸长区。成熟区细胞的有丝分裂和伸长生长趋于停止,内部各种成熟组织的分化基本完成,已具备幼茎的初生结构。

三、茎的生长习性和分枝

1. 茎的生长习性

不同植物的茎在长期进化过程中,有各自的生长习性,以适应各自的环境条件。茎可分为直立茎、缠绕茎、攀缘茎、匍匐茎四种(图 2-6)。

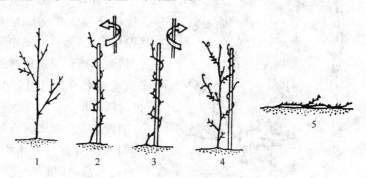

图 2-6　茎的生长方式

1. 直立茎　2. 左旋缠绕茎　3. 右旋缠绕茎　4. 攀缘茎　5. 匍匐茎

(引自陆时万等)

（1）直立茎　大多数植物的茎为直立茎,茎的生长方向与根相反,是背地性的,一般垂直向上生长。如杨树、蓖麻、向日葵等。

（2）缠绕茎　茎幼时柔软,不能直立,以茎本身缠绕于其他物体上升。缠绕茎的缠绕方向,可分为右旋或左旋。按顺时针方向缠绕称为右旋缠绕茎;按逆时针方向缠绕称为左旋缠绕茎,如牵牛花、菟丝子、菜豆等。

（3）攀缘茎　茎幼时较柔软,不能直立,以特有的结构攀缘他物上升。如黄瓜、葡萄、丝瓜的茎以卷须攀缘,常春藤以气生根攀缘,白藤、猪殃殃的茎以钩刺攀缘,爬山虎的茎以吸盘攀缘,旱金莲的茎以叶柄攀缘等。

（4）匍匐茎　茎细长柔弱,沿地面蔓延生长,如草莓、甘薯等。匍匐茎一般节间较长,节上能生不定根,芽会生长成新的植株,栽培甘薯和草莓就是利用这一习性进行营养繁殖的。

2. 茎的分枝

分枝是植物生长时普遍存在的现象,每种植物有一定的分枝方式,种子植物常见的分枝方式有单轴分枝、合轴分枝和假二叉分枝三种类型(图 2-7)。

（1）单轴分枝　具有明显的顶端优势,由顶芽不断向上生长形成主轴,侧芽发育形成侧枝,主轴的生长明显并占优势。这种分枝方式称为单轴分枝。如松、杨、杉、银杏等。

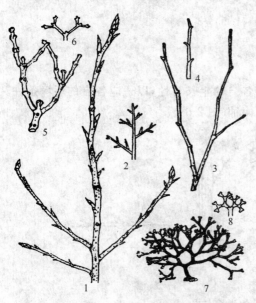

图 2-7　分枝的类型

1、2. 单轴分枝　3、4. 合轴分枝　5、6. 二叉分枝

7、8. 假二叉分枝(7. 网地藻　8. 一种苔类)

（2）合轴分枝　合轴分枝没有明显的顶端优势,顶芽只活动很短的一段时间后便死亡或生长极为缓慢,紧邻下方的侧芽开放长出新枝,代替原来的主轴向上生长,生长一段时间后又被下方的侧芽所取代,如此形成分枝称为合轴分枝。这种分枝方式使茎的主轴和侧枝都呈曲折形状,而且节间很短。使树冠呈开展状态,更利于通风透光。大多数种子植物都是合轴分枝,如马铃薯、番茄、桑、桃、苹果等。

（3）假二叉分枝　是合轴分枝的一种特殊形式,具有对生叶的植物,当顶芽停止生长后,或顶芽是花芽,在花芽开花后,由顶芽下的两侧腋芽同时发育成二叉分枝,这种分枝方式称为假二叉分枝。如丁香、石竹、茉莉、接骨木等。

四、茎的内部结构

茎的顶端分生组织中的初生分生组织所衍生的细胞,经过分裂、生长、分化而形成的组织,称为初生组织,由这种组织组成了茎的初生结构。双子叶植物茎和裸子植物茎的初生结构,包括表皮、皮层和维管柱三个部分,但裸子植物茎没有双子叶植物茎的那种一生只停留在初生结构中的草质茎类型。单子叶植物的茎和双子叶植物的茎在结构上有许多不同。双子叶植物和裸子植物茎发育到一定阶段,茎中的侧生分生组织便开始分裂、生长和分化,使茎加粗,这一过程称为次生生长,次生生长产生的次生组织组成茎的次生结构。大多数单子叶植物的茎,只有初生结构,所以结构比较简单。少数的虽有次生结构,但也和双子叶植物的茎不同。

1. 双子叶植物茎的结构

(1)双子叶植物茎的初生结构　茎的顶端分生组织经细胞分裂、伸长和分化所形成的结构,称为初生结构。可分为表皮、皮层和维管柱三部分(图 2-8)。

①表皮。是幼茎最外面的一层细胞,由原表皮发育而来,具有保护作用,是茎的初生保护组织。在横切面上表皮细胞多为长方形,排列紧密,没有细胞间隙,细胞外壁较厚形成角质层。有的还有蜡被,如蓖麻、甘蔗等。有的表皮上还分化出表皮毛和腺毛,加强保护作用。表皮的这些特点,既有保护作用,又可控制蒸腾的功能。表皮有气孔,它是进行气体交换的通道。有些植物上还有表皮毛或腺毛,具有分泌和保护功能。

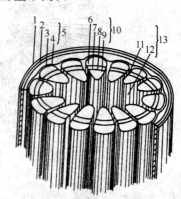

图 2-8　双子叶植物茎初生结构的立体图解
1. 表皮　2. 厚角组织　3. 含叶绿体的薄壁组织　4. 无色的薄壁组织　5. 皮层　6. 韧皮纤维　7. 初生韧皮部　8. 形成层　9. 初生木质部　10. 维管束　11. 髓射线　12. 髓　13. 维管柱
(引自陆时万等)

②皮层。位于表皮和维管柱之间,主要由薄壁组织所组成。细胞排列疏松,有明显的胞间隙。紧接表皮的几层细胞常分化为厚角组织,一般连成筒状,环绕在表皮内方,在横切面上呈圆环状,如向日葵。也有呈束状分布,如蚕豆的方茎、芹菜的多棱茎。薄壁组织和厚角组织细胞中常含有叶绿体,能进行光合作用,幼茎因而常呈绿色。有些植物茎也可以看到石细胞。

③维管柱。是皮层以内的柱状部分,占较大体积。多数双子叶植物的维管柱包括维管束、髓和髓射线三部分。

(2)双子叶植物茎的次生结构　多年生双子叶植物的茎与裸子植物的茎,在初生结构形成以后,侧生分生组织活动使茎增粗。侧生分生组织包括维管形成层与木栓形成层两类。维管形成层和木栓形成层细胞分裂、生长和分化,产生次生结构的过程叫次生生长,由此产生的结构叫次生结构。

　　双子叶植物茎的次生结构(图 2-9)自外向内依次是:周皮(木栓层、木栓形成层、栓内层)、皮层(有或无)、初生韧皮部、次生韧皮部、形成层、初生木质部。

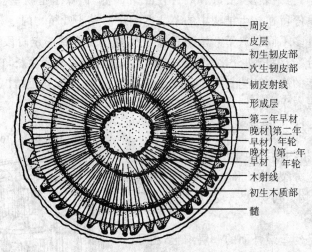

图 2-9　木本植物三年生茎横切面图解
(引自陆时万等)

2. 单子叶植物茎的结构

　　一般单子叶植物茎只有初生结构,没有次生结构,所以整个茎的构造比双子叶植物简单。现以禾本科植物的结构来说明。

　　(1)表皮　在茎的最外方,是一层生活细胞,排列整齐,由长轴形细胞和短轴形细胞纵向初生木质部、髓。在维管束之间还有髓射线,维管柱内有维管射线,相间排列而成。长形细胞是角质化的表皮细胞,短细胞包括栓质细胞和硅质细胞。有的植物表皮覆盖蜡质,表皮上还有气孔的分布。

　　(2)基本组织　表皮以内为基本组织,由厚壁细胞和薄壁细胞组成。在靠近表皮处常有几层厚壁组织,彼此相连成一环,具有支持作用。在厚壁组织以内为薄壁组织,充满在各维管束之间,因此不能划分出皮层和髓部。基本组织兼具皮层和髓的功能。有的植物如小麦等,当茎幼嫩时,在近表面的基本组织的部分细胞中含有叶绿体,呈绿色,能进行光合作用。

　　(3)维管束　散生在茎内,且数目很多,它们分有两类:一类如水稻、小麦等,维管束排成两环,外环维管束小,分布在靠近表皮机械组织中;里环维管束较大,分布在靠近髓腔的薄壁组织中。另一类如玉米、高粱、甘蔗等,茎内充满薄壁组织,无髓腔,各维管束散生于其中。靠茎边缘的维管束小，排列紧密；靠中央的维管束较大，排列较稀，维管束属有限维管束。韧皮部向着茎的外面，木质部向着茎的中心，呈"V"字形。"V"字形的上部，有两个较大的孔纹导管，在两个孔纹导管之间有一、二个较小的环纹或螺纹导管，在这些导管的下面有一气腔。每一维管束的外面常有一圈厚壁组织包围着，叫维管束鞘，它能增强茎的支持作用。

禾本科植物的小麦、水稻等茎秆中央的薄壁组织由于在发育初期就已解体，形成空腔，叫髓腔。抗倒伏的品种，一般髓腔较小，茎秆壁较厚，周围机械组织发达，维管束数目也较多。水稻在基部节间的薄壁组织里，分布着许多大型孔道，叫气腔。它是水稻长期生活在淹水条件下，适应水生的一种通气组织。

第五节　叶

叶是种子植物进行光合作用和蒸腾作用的重要器官。光合作用和蒸腾作用的进行，与叶的形态结构有着紧密联系。因此，要理解叶的功能，首先就要充分认识叶的结构。

一、叶的形态

1. 叶的组成

植物的叶一般由叶片、叶柄和托叶三部分组成（图2-10）。

（1）叶片　是叶的最重要的组成部分，一般呈绿色的扁平体，有利于光能的吸收和气体的交换。在叶片内分布着叶脉，叶脉有支持叶片伸展和疏导水分与营养物质的功能。叶片最主要的功能是进行光合作用和蒸腾作用。

（2）叶柄　是叶片与茎的连接部分，是两者之间的物质交流通道。叶柄具有支持叶片并安排叶片在一定的空间以接受较多阳光的功能。叶柄通常为细长的形状，内部有发达的机械组织和疏导组织。

有些植物的叶没有叶柄，叶片直接生在茎上，叫做无柄叶；有些植物叶的基部扩大，包围着茎，叫做叶鞘。在单子叶植物中，禾本科和兰科植物叶具有叶鞘。叶鞘往往包围着茎，保护茎上的幼芽和居间分生组织，并有增强茎的机械支持力的功能。在叶片和叶鞘交界处的内侧常生有

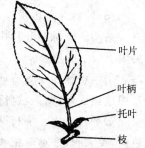

图2-10　叶外形，示完全叶

很小的膜状突起物，叫叶舌，能防止雨水和异物进入叶鞘的筒内。在叶舌两侧，有由叶片基部边缘处伸出的两片耳状的小突起，叫叶耳。叶耳和叶舌的有无、形状、大小

和色泽等,可以作为鉴别禾本科植物的依据。

(3)托叶　是叶柄基部两侧所生的小型的叶状物,通常成对着生。托叶的形状随植物的种类不同而异,像梨树的托叶是线状的;豌豆的托叶很大,呈叶片状,也可进行光合作用;洋槐和酸枣的托叶可变为刺;萝科的托叶包围着茎节间基部,叫做托叶鞘。

植物的叶如果具有叶片、叶柄和托叶三部分的叶,叫完全叶,如桃、梨、月季等。仅具有其一或其二的叶为不完全叶。在不完全叶当中,无托叶的最为普遍,如丁香、茶、白菜等。还有一些不完全叶,既无托叶,又无叶柄,如荠菜、莴苣,这样的叶又称为无柄叶。不完全叶中只有个别种类缺少叶片,如我国台湾的相思树,除幼苗时期外,全树的叶都不具有叶片,但它的叶柄扩展成扁平状,能够进行光合作用,称为叶状柄。

2. 叶片的形态

各种植物叶片的形态多种多样,但就一种植物来讲,叶片的形态还是比较稳定的,可作为识别植物和分类的依据。植物叶片的大小差别也极大,例如柏的叶细小,呈鳞片状,长仅几毫米;芭蕉的叶片长达 1~2 m;王莲的叶片直径可达 1.8~2.5 m。

就叶片的形状来讲,一般指整个单叶叶片的形状。叶尖、叶基、叶缘的形态特点,甚至于叶脉的分布情况等,都表现出形态上的多样性,可作为植物种类的识别指标。

(1)叶形　常见的有下列几种:松、云杉类植物的针形叶;稻、麦、韭、水仙和冷杉等植物的线形叶;柳、桃等植物的披针形叶;向日葵、芝麻等植物的卵形叶;樟等植物的椭圆形叶;紫荆等植物的心形叶;银杏等植物的扇形叶;天竺葵等植物的肾形叶。

(2)叶缘　叶片的边缘叫叶缘,其形状因植物种类而异。叶缘的主要类型有全缘、锯齿、重锯齿、齿牙、钝齿、波状等。如果叶缘凹凸很深的称为叶裂,可分为掌状、羽状两种,每种又可分为浅裂、深裂、全裂三种。

(3)叶脉　是由贯穿在叶肉内的维管束和其他有关组织组成的,是叶内的疏导和支持结构。叶脉在叶片中分布的形式叫脉序,种子植物主要有网状脉序和平行脉序两大类。

①网状脉序。具有明显的主脉,由主脉分支形成侧脉,侧脉再经多级分支,在叶片内连接成网状,网状脉是双子叶植物所具有的,如榆、桃、苹果等。

②平行脉序。平行脉是各叶脉平行排列,多见于单子叶植物,水稻、小麦、香蕉、芭蕉、美人蕉、蒲葵等植物的叶脉属于这种类型。

3. 单叶和复叶

一个叶柄上所生叶片的数目,因各种植物不同,可分为单叶和复叶两类。

(1)单叶　一个叶柄上只生一个叶片的叶称单叶,如苹果、桃、李、南瓜、玉米、向日葵、柳、棉等。

（2）复叶　一个叶柄上生有两个以上叶片的叶称复叶，如槐、落花生、月季、醉浆草、橡胶树等。复叶的叶柄称为总叶柄或叶轴，总叶柄上着生的许多叶叫做小叶，每一小叶的叶柄叫小叶柄。

4. 叶序和叶镶嵌

（1）叶序　各种植物的叶子在茎上都有一定的着生次序，叫做叶序。叶序有互生、对生和轮生三种基本类型。

①互生叶序。每节上只生 1 叶，交互而生，称为互生。互生叶序的叶子成螺旋状排列在茎上，如樟、白杨、榆树、悬铃木（即法国梧桐）等的叶序。

②对生叶序。每节上生 2 叶，相对排列，如丁香、薄荷、女贞、石竹等，称为对生叶序。对生叶序中下一节的对生叶常与上一节的叶交叉成垂直方向，这样两节的叶片避免相互遮蔽。

③轮生叶序。茎的每一节上着生三个或三个以上的叶，作辐射排列，例如夹竹桃、百合、金鱼藻的叶序。

（2）叶镶嵌　叶在茎上的排列方式，不论是互生、对生还是轮生，相邻两个节上的叶片都决不会重叠，它们总是利用叶柄长短变化或以一定的角度彼此相互错开排列，结果使同一枝上的叶以镶嵌状态排列而不会重叠，这种现象称为叶镶嵌。叶镶嵌使茎上的叶片互不遮蔽，利于光合作用的进行。如附着在墙壁上生长的爬山虎由于叶柄的弯曲，使所有的叶面一律向外并且互不遮盖，成为密生的叶镶嵌排列。叶镶嵌也出现在节间短、叶子簇生在茎上的植物上，如白菜、萝卜、蒲公英、葛芭等。这些植物的叶虽然生长很密集，但都以一定角度彼此嵌生，并且下部叶的叶柄较长，上部叶的叶柄较短，从顶上看去，成明显的镶嵌形状。

二、叶的组成结构

1. 双子叶植物叶的结构

双子叶植物的叶由表皮、叶肉和叶脉三部分组成。

（1）表皮　表皮覆盖于叶片的上下表面，叶表皮通常由一层排列紧密、无细胞间隙的活细胞组成；但也有多层细胞组成的，称为复表皮，如夹竹桃和印度橡胶树叶的表皮。这些细胞一般不含叶绿体，是无色半透明的。表皮细胞的形状十分规则，呈扁的长方形，外壁较厚，常具有角质层，角质层的厚度因植物种类和所处环境而异，多数植物叶的角质层外，往往还有一层不同厚度的蜡质层。角质层具有保护作用，可以控制水分蒸腾，加固机械性能，防止病菌侵入。

叶的表皮上还具有许多气孔，这是和叶的光合作用与蒸腾作用有密切联系的一种结构,它既是与外界进行气体交换的门户,又是水汽蒸腾的通道,根外施肥和喷洒农药由此进入,因而也是水液的入口。各种植物的气孔数目、形态结构和分布是不同的。如玉米、向日葵、小麦等叶的上下表皮都有气孔,而下表皮一般较多;但也有些植物,气孔却只限于下表皮,如苹果、旱金莲;或限于上表皮,如睡莲、莲。还有些植物的气孔却只限于下表皮的局部区域,如夹竹桃。气孔是由两个肾形的生活保卫细胞组成,两个保卫细胞中间的孔隙即为气孔。保卫细胞含有叶绿体,这与气孔的张开关闭有关。气孔一般是在早晨张开,夜间关闭,中午以后当水分缺少时,气孔也会关闭。

(2)叶肉　是上、下表皮之间的绿色组织的总称,是叶的主要部分。通常由薄壁细胞组成,内含丰富的叶绿体,是叶进行光合作用的主要场所。一般分为栅栏组织和海绵组织。

①栅栏组织。在上表皮之下的叶肉细胞为长柱形,细胞长轴和叶表面相垂直,排列整齐而紧密如栅栏状,称为栅栏组织。叶绿体含量较高,光合作用主要在这里进行。

②海绵组织。在栅栏组织下方,靠近下表皮的叶肉细胞形状不规则,排列疏松,细胞间隙大而多,称为海绵组织。海绵组织细胞所含叶绿体比栅栏组织细胞少,又具有胞间隙。

叶片上面绿色较深,下面较淡,就是由于两种组织内叶肉的细胞排列、叶绿体的含量多少和细胞间隙的大小不同所致。

(3)叶脉　是叶片中的维管束。各级叶脉的结构并不相同,粗大的主脉,通常在叶背隆起,主脉的维管束外围有机械组织(厚壁组织和厚角组织)分布,所以叶脉不仅有疏导作用,而且具有支持叶片的作用。维管束包括木质部、韧皮部和形成层三部分。木质部在上方,由导管、管胞、薄壁细胞和厚壁细胞组成;韧皮部在下方,由筛管、伴胞、薄壁细胞组成;形成层在木质部和韧皮部之间。叶脉越分越细,结构也越来越简单。首先是形成层不存在,机械组织逐渐减少,以至完全没有;其次是木质部和韧皮部也逐渐简化至消失。

叶脉的输导组织与叶柄的输导组织相连,叶柄的输导组织又与茎、根的输导组织相连,从而使植物体内形成一个完整的输导系统。

2. 禾本科植物叶片的结构

禾本科植物叶片也分为表皮、叶肉和叶脉三部分。

(1)表皮　表皮细胞的形状比较规则,排列成行,常包括两种细胞,即长细胞和短细胞。长细胞为长方形,外壁角质化并含有硅质,这是禾本科植物叶的特征;短细胞为正方形或稍扁,插在长细胞之间,短细胞可分为硅质细胞和栓质细胞两种类型,栓质细胞壁栓质化。在表皮上,往往是一个长细胞和两个短细胞(即一个硅质细胞和一个栓质细胞)交互排列,有时也可见多个短细胞聚集在一起。长细胞与短细胞的形状、数目和相对位置,因植物种类而不同。

禾本科植物叶的上、下表皮上,都有气孔成纵行排列,禾本科植物的气孔与一般双子叶植物不同,气孔的保卫细胞呈哑铃形,在保卫细胞外侧还有副卫细胞。哑铃形的保卫细胞中部狭窄,具厚壁,两端膨大,成球状,具薄壁,气孔的开闭是两端球状部分胀缩变化的结果。当两端球状部分膨胀时,气孔开放;反之,收缩时气孔关闭。气孔的分布和叶脉相平行。

(2)叶肉　禾本科植物的叶肉组织比较均一,不分化成栅栏组织和海绵组织,为等面叶。叶肉细胞排列紧密,胞间隙小,仅在气孔的内方有较大的胞间隙,形成孔下室。叶肉细胞的形状随植物种类和叶在茎上的位置而变化,形态多样。

(3)叶脉　叶脉由木质部、韧皮部和维管束鞘组成,木质部在上,韧皮部在下。与双子叶植物不同,维管束内无形成层,在维管束外面有维管束鞘包围。维管束鞘有两种类型:一类是单层细胞组成,如玉米、高粱、甘蔗等 C_4 植物,其细胞壁稍有增厚,细胞较大,排列整齐,含有较大的叶绿体,C_4 植物维管束鞘与外侧相邻的一圈叶肉细胞组成“花环”状结构,这种结构在光合作用中很有意义,使得 C_4 植物的光合效率高,也称高光效植物;另一类是两层细胞组成,如小麦、水稻等 C_3 植物,其外层细胞壁薄,细胞较大,含有叶绿体,内层细胞壁薄,细胞较小,不含叶绿体,也不形成“花环”状结构。

从上述的叶片结构可以看出,叶肉是叶的主要结构,是叶的生理功能主要进行的场所。表皮包被在外,起保护作用,使叶肉得以顺利地进行工作。叶脉分布于内,一方面,源源不绝地供应叶肉组织所需的水分和盐类,同时运输出光合的产物;另一方面,又支撑着叶面,使叶片舒展在大气中,承受光照。三种基本结构的合理组合和有机联系,也就保证了叶片生理功能的顺利进行,这也表明叶片的形态、结构是完全适应它的生理功能的。

三、落叶和离层

植物的叶并不能永久存在,是有一定寿命的,在一定的生活期终结时,叶就枯死。各植物的叶寿命长短不同,一般植物的叶,寿命不过几个月,也有能生活一年或多年的,常绿植物的叶,寿命一般较长,如松树的叶就能活 3～5 年。

草本植物,叶枯死后,残留在植株上,例如稻、麦、豌豆、蚕豆等;多年生木本植物,叶枯死后,随即脱落,称为落叶,如多数树木的叶。落叶有两种情况:一种是每当寒冷或干旱季节到来时,全树的叶同时枯死脱落,仅存枝杆,这叫落叶树,如悬铃木、桃、柳、水杉等;另一种是在春夏时节,新叶发生以后,老叶才逐渐枯落,因此,落叶有先后,而不是集中在一个时期内,就全树来看,终年常绿,这叫常绿树,如茶、黄杨、樟、广玉兰、枇杷、松等。落叶是正常的生命现象,是植物减少蒸腾,度过寒冷或干旱季节的一种适应,这一习性是植物在长期进化过程中形成的。

叶为什么会脱落？脱落后的叶痕为什么会那样的光滑呢？这是因为在叶柄基部或靠近叶柄基部的某些细胞,发生各种生理和生化变化,最终产生了离区的原因。离区包括离层(或分离层)和保护层两个部分,离层中细胞成为游离的状态,支持力量变得异常薄弱,因为支持力弱,加上叶的重力和风的摇曳,叶就会从离层脱落。

四、叶的功能

叶的主要功能是光合作用和蒸腾作用。这两种功能在植物生活中有着重要意义。

1. 光合作用

绿色植物(主要在叶片中)在阳光下利用二氧化碳和水合成贮藏着能量的有机物质,并放出氧气的过程称为光合作用。所合成的有机物主要是糖,糖再进一步转变为淀粉。光合作用的产物不仅供植物自身生命活动用,而且所有其他生物包括人类在内,都是以植物的光合作用产物为食物的最终来源,直接或间接地作为人类或全部动物界的食物,也可作为某些工业的原料。

2. 蒸腾作用

水分以气体状态从生活的植物体内散失到大气中去的过程,称为蒸腾作用。植物的主要蒸腾器官是叶,所以蒸腾作用也是叶子的一个重要生理机能。

蒸腾作用对植物的生命活动有重大意义:第一,蒸腾作用是植物吸水的动力之一;第二,根系吸收的无机盐主要随蒸腾液流上升到地上器官;第三,蒸腾作用可以降低叶的表面温度,使叶子在强烈日光下,不致因温度过分升高而受损。

叶除了具有光合作用和蒸腾作用外,还有吸收的能力。如根外施肥,向叶面上喷洒一定浓度的肥料,叶片表面就能吸收;又如喷施农药时(有机磷杀虫剂)也是通过叶表面吸收进入植物体内。有少数植物的叶还具有繁殖能力,如落地生根,在叶边缘上生有许多不定芽或小植株,脱落后掉在土壤中,就可以长成1个新个体。另外,叶有多种经济价值,可作食用、药用以及其他用途。

第六节　营养器官的变态

一、根的变态

前面几节已经扼要地概述了植物的营养器官——根、茎、叶的形态、结构和生理功能,这些都是指大多数的状态而言。但由于自然界中环境是经常变化的,植物的营养器官(根、茎、叶)由于因长期适应某一特定环境,而使器官在形态结构及生理功能上发生变化,经过长期的自然选择,已成为该种植物的遗传特性,并已成为这种植物的鉴别特点,这就是变态。营养器官的变态,在根、茎、叶中都有。根的变态主要有贮藏根、气生根和寄生根三种类型。

1. 贮藏根

贮藏根的主要功能是贮藏大量的营养物质,因此其根常肉质化,常见于二年生或多年生的草本双子叶植物。根据其来源不同可分为肉质直根和块根两大类。

(1)肉质直根　主要由主根发育而成。一株上仅有一个肉质直根,肥大的主根构成肉质直根的主体。萝卜、胡萝卜、甜菜的肉质肥大的根属于肉质直根。各种植物的肉质直根在外形上极为相似,但加粗的方式即贮藏组织的来源却不同,因而内部结构也有差异。胡萝卜和萝卜根的加粗,虽然都是维管形成层活动的结果,但产生的次生组织的情况却不相同。胡萝卜的增粗主要是由于维管形成层活动产生了大量的次生韧皮部,在韧皮部中有储藏作用的薄壁组织非常发达。其内贮藏了大量的营养物质,但维管形成层活动产生的次生木质部较少。胡萝卜根中含有大量胡萝卜素,经食用后在体内可转变为维生素 A,因此胡萝卜根具有很大的营养价值。而萝卜根的增粗却主要是由于维管形成层活动产生了大量的次生木质部,木质部中有大量的薄壁组织贮藏了营养物质,而由维管形成层产生的次生韧皮部较少。

甜菜根的结构比较复杂。虽然甜菜最初的形成层和次生结构的产生和胡萝卜、萝卜一样,但当这一形成层正在活动时,却在中柱鞘中又产生了另一额外的形成层(也称为副形成层),它能形成新的维管组织。在中柱鞘形成额外形成层的同时,也形成了大量的薄壁组织,这些薄壁组织中以后又产生新的额外形成层。如此重复,这样的生长,最多可形成 8~12 圈,因此使根加粗,这些薄壁组织贮藏有大量的糖分。根据维管束轮数增加的多少,尤其是薄壁组织发达与否,可有助于判断某一甜菜是否属于高产的优良品种。

(2)块根　与肉质直根不同,块根主要是由植物的侧根或不定根发育而成,因此在一株植物上可形成多个块根。块根内部贮藏大量的营养物质,外形上比较不规则,如甘薯。甘薯块根的膨大过程,也是形成层活动的结果。不过在次生结构出现不久,根内许多部位(特别是围绕导管四周)的薄壁细胞,恢复分裂活动,成为副形成层,副形成层不断分裂产生新的木质部和富含薄壁组织的韧皮部,使块根不断增粗,储藏大量的营养。

2. 气生根

生长在空气中的根,称为气生根。气生根因作用不同,又可分为支持根、攀缘根和呼吸根。

(1)支持根　又称支柱根,是指一些浅根系的植物。如玉米,可以从茎上长出许多不定根来,向下深入土壤,形成能够支持植物体的辅助根系,称为支持根。小型的支持根系常见于禾本科植物,大型的支持根系常见于榕树等植物。支持根也有吸收的功能。

(2)攀缘根　有些植物的茎细长柔软不能直立。如常春藤,茎上生出许多不定根,以不定根固着在其他树干、山石或墙壁等物体上向上生长,这类不定根称为攀缘根。

(3)呼吸根　呼吸根存在于一部分生长在沼泽或热带海滩地带的植物。如水松和红松等,有许多根垂直向上生长,进入空气中进行呼吸,以适应土壤中缺氧的情况,称为呼吸根。呼吸根中常有发达的通气组织,有利于通气和贮存气体,维持植物的正常生长。

3. 寄生根

寄生根也称吸器,是寄生于植物茎上而发育的不定根,以茎紧密地回旋缠绕在寄主茎上,叶退化成鳞片状,营养全部依靠寄主,并以突起的根伸入寄主体内,与寄主的维管组织相连通,吸取寄主的养料和水供本身生长发育的需要,如菟丝子的寄生根。

二、茎的变态

大多数植物的茎生长在地面以上,具有节和节间,并在节上生长着叶和芽。但有些植物的茎为了适应特定的环境,而使形态结构发生变化,并且这些变化可以一代一代地遗传下去,这就是茎的变态。一些植物的茎甚至还可以生长在地下,形成地下茎。常见的茎的变态可分为两类:地上茎的变态和地下茎的变态。

1. 地上茎的变态

(1)茎卷须　许多攀缘植物的茎细长柔软,不能直立,变成卷须。卷须多发生于叶腋处,即由腋芽发育形成,如黄瓜和南瓜。也有些植物的卷须由顶芽发育,如葡萄的茎卷须。

(2)茎刺　茎转变为刺,称为茎刺或枝刺,如山楂、柑橘的枝刺。茎刺也可以有分枝,有时分枝生叶,它的位置又常在叶腋,从而可以与叶刺区别开,如皂荚的枝刺。蔷薇茎、月季茎上的皮刺是由表皮形成的,与维管组织无联系,与茎刺有显著区别。

(3)叶状茎(也称叶状枝)　茎扁化成叶状体,绿色,可以进行光合作用,称为叶状茎或叶状枝。其叶则完全退化或不发达;但节与节间明显,节上能分枝、生叶和开花。如假叶树的侧枝变为叶状枝,叶退化为鳞片状,叶腋可生小花,其他如蟹爪兰、昙花、天门冬等植物也为叶状茎。

(4)肉质茎　茎肥厚多汁,呈扁圆形、柱形或球形等多种形态,能进行光合作用,如仙人掌。

(5)小鳞茎 百合地上枝的叶腋内,常生紫色的小鳞茎,也称珠芽。小鳞茎长大后脱落,在适合的条件下,发育成一新植株。

2. 地下茎的变态

茎一般都生在地上,生在地下的茎与根相似,但由于仍具茎的特征,地下茎上有退化的叶子(鳞片),叶子脱落后留有叶痕,并可看出节和腋芽,所以容易与根区别。常见的地下茎有如下几种。

(1)块茎 为短粗的肉质地下茎,形状不规则,从外形来看块茎上面分布着许多凹陷的芽眼,芽眼内(相当于叶腋)有芽,在顶部有一个顶芽,幼时具退化的鳞叶,后脱落,留有叶痕。整个块茎上的芽眼,作螺旋状排列。叶痕和芽眼相当于节的位置,两相邻芽眼之间即为节间。可见,块茎实际上是节间缩短的变态茎。从发生上看,块茎是植物基部的腋芽伸入地下形成的分支,达到一定的长度后先端膨大,贮藏养料,形成块茎,如马铃薯、菊芋等。

(2)鳞茎 由许多肥厚的肉质鳞叶包围的扁平或圆盘状的地下茎,节间极度缩短,顶端一个顶芽,称鳞茎盘,将来发育为花序。鳞茎盘的节上生有许多肉质肥厚的鳞片状叶,叶腋可生腋芽,称为鳞茎,如洋葱、水仙、百合和大蒜等。扁平或圆盘状的地下茎,不同的是前三种植物的肉质部分主要是鳞片叶,营养物质贮藏在变态叶中。洋葱在肉质鳞片叶之外,还有几片膜质的鳞片叶包在外方,有保护作用。而大蒜的肉质部分则是鳞叶间的肥大腋芽,俗称"蒜瓣",成为主要食用部分,和洋葱不同,蒜瓣之外的膜质部分才是大蒜的鳞片状叶。

(3)球茎 为短而肥大的地下茎,外表有明显的节与节间,节上具褐色膜状物,即退化的鳞片状叶和腋芽,顶端有一个显著的顶芽,基部可发生不定根。茎内贮藏着大量的营养物质,有繁殖作用。如慈姑、荸荠、芋等具有球茎。

(4)根状茎 外形与根相似,横卧伸向土中,有顶芽和明显的节与节间,节上的叶腋有腋芽,可发育出地下茎的分支或地上茎,有繁殖作用,同时节上有不定根,在节上可以看到小型的退化鳞片叶。如竹类、芦苇、莲以及杂草狗牙根、马兰、白茅和中草药玉竹、黄精。根状茎内贮有丰富的养料,藕就是莲的根状茎中先端较肥大、具有顶芽的一些节段;竹鞭就是竹的根状茎,有明显的节和节间,笋就是由竹鞭的叶腋内伸出地面的腋芽,可发育成竹的地上枝;芦苇和一些杂草,由于有根状茎,可四向蔓生成丛;杂草的根状茎,翻耕割断后,每一小段就能独立发育成一新植株。

三、叶的变态

叶是植物体容易变化的器官,变态较多,主要有以下类型。

1. 苞片和总苞

着生在花柄上、花之下的变态叶,称为苞片,具有保护花和果实的作用,可为绿色或其他颜色,通常明显小于正常叶,如玉米雌花序外面的苞片。苞片数多而聚生在花序外围的称为总苞,如菊科植物花序外面的总苞。

2. 叶刺

由叶或托叶变成的刺,称为叶刺,它们都着生于叶的位置上,叶腋处有叶芽,叶芽可发育为侧枝。如仙人掌类植物肉质茎上的刺和小檗属茎上的刺以及刺槐、酸枣叶柄两侧的托叶刺。均称为叶刺,叶刺对植物有保护作用。

3. 叶卷须

由叶或叶的一部分变成卷须状,称为叶卷须,用以攀缘生长。如豌豆的叶卷须是羽状复叶上部的变态而成(图 2-11)。例如豌豆的羽状复叶,先端几个小叶变为卷须,牛尾菜的托叶变为卷须。

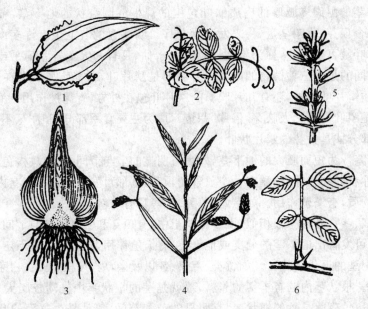

图 2-11　叶的变态
1、2. 叶卷须(1. 菝葜　2. 豌豆)　3. 鳞叶(风信子)
4. 叶状柄(金合欢属)　5、6. 叶刺(5. 小檗　6. 刺槐)
(引自陆时万等)

4. 叶状柄

有些植物的叶片完全退化,而叶柄变为扁平的叶状体,代行叶的功能,称为叶状柄。如我国南方的台湾相思树,只有在幼苗时期出现几片正常的羽状复叶,以后产生的叶,小叶完全退化,仅存叶状柄。再如澳大利亚干旱区的一些合欢属植物,本是羽状复叶,幼苗上初生的叶是正常的羽状复叶,以后产生的叶,叶柄扩展,但仍具有少数小叶,最后长出的叶,小叶完全消失,仅具叶状柄。

5. 鳞叶

叶变态成鳞片状,称为鳞叶。鳞叶的存在有两种情况:一种是某些木本植物芽的外围,由叶变态的鳞叶,起保护幼芽作用,亦称芽鳞,一般为褐色,具茸毛或黏液;另一种是地下茎上的鳞叶,有肉质的和膜质的两类。肉质鳞叶出现在鳞茎上,如洋葱、百合的鳞叶,肥厚多汁,含有丰富的贮藏养料;而球茎(荸荠、慈姑)、根茎(藕、竹鞭)上的鳞叶则为膜质的鳞叶。

6. 捕虫叶

食虫植物的部分叶可特化成瓶状、囊状及其他一些形状,其上有分泌黏液和消化液的腺毛,能捕捉昆虫并将昆虫消化吸收,这类变态的叶叫做捕虫叶,如猪笼草等。

思考题

1. 植物种子的结构主要由哪三部分组成? 其主要功能是什么?
2. 种子贮藏时应注意哪些主要问题?
3. 种子萌发必备的三个条件是什么?
4. 什么是种子的休眠,种子休眠的原因有哪些?
5. 根尖的结构包含哪几部分?
6. 植物根系的主要功能有哪些?
7. 双子叶植物和单子叶植物茎的初生结构分别由哪几部分组成?
8. 植物的叶一般由哪几部分组成?
9. 什么是叶镶嵌? 其功能是什么?
10. 根、茎、叶的变态各有哪几种类型?

第三章　植物的无机营养

第一节　植物的水分代谢

植物对水分的吸收、运输、利用和散失的过程称为水分代谢。生命离不开水,没有水就没有生命。植物的一切正常生命活动都必须在细胞含有一定的水分状态下才能进行。研究水分代谢的基本规律,掌握合理灌溉的生理基础,满足植物生长发育的需要,对指导农业生产具有重要的意义。

一、植物根系对水分的吸收

根是植物长期适应陆生地生活过程中发展起来的器官。它的主要生理功能是固定植株,并从土壤中吸收水分、矿物质和氮素等物质供给植物生活利用。另外,根还具有合成和繁殖的功能。

1. 水分在植物体内的重要作用

(1)水分在植物生命活动中的作用　在植物体内,水分含量的变化密切影响着植物的生命活动。

①水分是原生质的主要成分。原生质的含水量一般在 $70\%\sim90\%$,充足的水分使原生质呈溶胶状态,保证了正常代谢作用旺盛地进行。

②水分是代谢作用中的反应物质。在光合作用、呼吸作用、有机物质的合成与分解的过程中,都有水分参加。

③水分是植物对物质吸收和运输的溶剂。一般来说,植物不能直接吸收固态的无机物质和有机物质,这些物质只有溶解在水中才能被植物吸收。同样各种物质必

须溶在水里以后才能在植物体内进行运输。

④水分能保持植物的固有形态。由于细胞含有大量的水分,才能使细胞维持紧张度(即膨压)。

⑤细胞分裂及伸长都需要水分。

⑥水能吸收红外线,但对可见光吸收少。光合有效辐射是可见光,因此,水生植物在相当深的澄清水中仍能吸收光合有效辐射。对陆生植物而言,这有助于光能透过无色的表皮细胞照射到叶肉细胞进行光合作用。

由于水分在植物生命活动中如此重要,所以满足植物对水分的需要是植物正常生存的重要条件。

(2)植物体内水分存在的状态 水分在植物体内的作用不但与含水量有关,也与水分的存在状态有关,水分在植物细胞中通常以结合水和自由水两种状态存在。自由水是指未与细胞组分相结合能自由活动的水分子,它可以直接参与植物体内的生理生化反应;结合水是指与细胞组分密切结合而不能自由活动的水分子。结合水不参与植物体内的生理和生化反应。

细胞内水分状态随着植物体内代谢的变化而变化,自由水/结合水比值也相应变动。自由水/结合水比值较高时,植物代谢活跃,生长较快;自由水与结合水比值较低时,植物代谢活动低,生长迟缓,但抗性较强。这也是冬季植物生长较慢,但抗寒性很强的原因之一。

2. 植物对水分的吸收

(1)植物细胞吸水 一切生命活动都是在细胞内进行,吸水也不例外。植物细胞吸水有两种方式:未形成液泡的细胞,靠胶体的吸胀作用吸水;植物形成液泡后,细胞主要靠渗透作用吸水。这两种方式中以渗透作用吸水为主。

①吸胀作用。亲水胶体吸水膨胀的现象称为吸胀作用。亲水胶体有强大的吸收水分子的力量,称为吸胀力。不同胶体物质与水分子间相互作用的力量不同,吸胀力量也不同。一般来说,细胞在形成液泡之前的吸水主要靠吸胀作用,如风干种子的萌发吸水;果实种子形成过程的吸水,分生组织刚形成的幼嫩细胞等,都是靠吸胀吸水。吸胀作用的吸水量主要与细胞的组分、外界温度和溶液浓度有关。一般低温或外界溶液浓度高时,亲水胶体吸水率低。因此温度过低或在盐碱地上播种时,种子吸水困难不易萌发。

②渗透作用

a. 自由能和水势:根据热力学原理,系统中物质的总能量可分为束缚能和自由能两部分。束缚能是不能转化为用于作功的能量,而自由能是在温度恒定的条件下,用于作功的能量。同样道理,衡量水分反应或水分转移能量的高低,可用水势表示。

在植物生理学上,水势就是每偏摩尔体积水的化学势。在相同温度下,一个水系统中一偏摩尔体积的水与一偏摩尔体积纯水之间的自由能差值,称为水势。水势通常以符号 Ψ_w 表示。其单位为帕斯卡,简称 Pa 或 MPa。它与过去常用的压力单位巴(bar)或大气压(atm)的换算关系是 1 MPa＝10^6 Pa＝10 巴＝9.87 大气压。组成细胞水势(Ψ_w)的因素有三个:细胞的渗透势(Ψ_s),细胞的压力势(Ψ_p),细胞的衬质势(Ψ_m)。它们的关系是:$\Psi_w＝\Psi_s＋\Psi_p＋\Psi_m$。

1)溶质势:也称渗透势,是指由于溶质的存在而使体系水势降低的值,呈负值。

2)压力势:当细胞吸水而发生膨胀对细胞壁产生的一种压力叫膨压,此时由于细胞壁有限的弹性对内产生一种反压力叫壁压,两者大小相等,方向相反,呈正值。

3)衬质势:由于衬质具有吸附水分子而使水的自由能降低的作用,因此可以使水势降低。这种由于衬质的存在而使水势降低的值称为衬质势,呈负值。

纯水的水势为零。纯水的自由能最大,水势也最高。在溶液中溶质颗粒的存在降低了水的自由能,所以溶液中水的自由能比纯水低,溶液中的水势就成为负值。溶液越浓,水势越低。

植物细胞具有一定的水势。其水势大小在不同植物,不同器官组织均有差异。盐碱地植物的水势小于陆生植物,同一植物的水势,叶子小于根部,上部叶片小于下部叶片,幼嫩组织小于成熟组织。这对水分的吸收和运输有很重要的意义。

b. 细胞的渗透作用:物质由于分子运动,有从浓度高的地方向浓度低的地方均匀分布的趋势。这种现象称为扩散作用。例如,在一杯纯水中加入蔗糖,由于分子的运动,不久,蔗糖就扩散到整杯水中,结果便成为均匀的蔗糖溶液。

渗透作用是扩散的一种特殊形式,即溶剂分子通过半透膜的扩散作用。半透膜允许水分子自由通过,溶质分子不易通过。把一个半透膜做成渗透计,在渗透计内装入糖溶液,放进盛纯水的烧杯中,使糖溶液与纯水保持同一水平面。由于纯水中分子的水势高于糖溶液中的水势,而糖分子又不能透过半透膜,结果烧杯中的水就会扩散到渗透计中,而使渗透计的液面升高。水分子通过半透性膜从水势较高的部位扩散到水势较低的部位的过程就是渗透作用(图 3-1)。

c. 植物细胞是一渗透系统:一个成长的植物细胞的细胞壁是由纤维素分子组成的,它是一个水和溶质都可以通过的透性膜。质膜和液泡膜则不同,两者都是半透膜,因此我们可以把原生质体(包括质膜、细胞质和液泡膜)当作一个半透膜来看待。

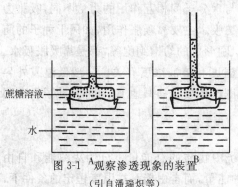

蔗糖溶液

水

图 3-1　观察渗透现象的装置
(引自潘瑞炽等)

如将植物细胞置于水或溶液中时,则液泡内的细胞液和原生质层外的水或溶液之间就发生渗透作用。如果将细胞置于较浓的蔗糖溶液中,其水势明显低于细胞的水势,则细胞内水分将向外渗透,使细胞体积缩小。由于细胞壁的收缩性比原生质体小,所以收缩到一定程度后不再收缩,而原生质体在细胞壁停止收缩后仍继续收缩,因而逐渐与细胞壁相分离,如果此时细胞外的溶液仍然具有较低的水势,则原生质体再继续向内收缩直至完全和细胞壁分离。植物细胞由于液泡失水使原生质体收缩并和细胞壁分离的现象称为质壁分离(图 3-2)。

图 3-2　植物细胞的质壁分离现象
1. 正常细胞　2、3. 发生质壁分离的细胞
(引自潘瑞炽等)

如果把质壁分离的细胞再放入水势较高的溶液或纯水中,则细胞外的水分可以向内渗透,使液泡体积逐渐增大,而原生质层亦随着向外扩张,重新与细胞壁相接触,这种现象叫质壁分离复原。植物细胞形成液泡以后,就靠渗透作用吸水。

在生产实践中,若施用肥料浓度过高,常发生所谓"烧根"现象,就是因为土壤溶液水势小于细胞液水势,使根毛细胞不仅不能吸收土壤中的水分,反而使根部细胞失水。如果水分外渗严重,就会造成植株死亡。

(2)植物体对水分的吸收

①根吸收水分的部位。根虽然是植物吸水的主要器官,但并不是根的各部分都能吸水;各部分的吸水能力也不相同(图 3-3)。根部表皮细胞木质化或木栓化部分的吸水能力很小,根的吸水主要在根

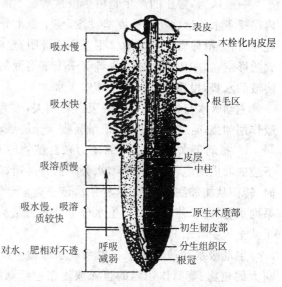

图 3-3　根系分区,示吸水、肥活跃部

尖进行。在根尖中以根毛区的吸水能力最大;根冠、分生区和伸长区较小。在根毛区有许多根毛,增大了吸收面积(玉米增大 5.5 倍,大豆增大 12 倍);同时根毛区细胞壁的外部是由果胶组成,黏性强,亲水力强,有利于与土壤颗粒黏着和吸水。另外根毛区的输导组织发达,对水分移动阻力小,所以吸水力最大。由于根部吸水主要在根尖部分进行,所以移植物幼苗时,尽量避免损伤细根。现已有直接证据证明树木根的吸水不限于根尖,水分可通过木栓化根表皮的皮孔和裂缝进入植物体内。

②根吸收水分的动力。根系吸收水分可以是主动吸水,也可以是被动吸水。其主要动力是根压和蒸腾拉力。

a. 主动吸水:主动吸水是由根系本身生理活动而引起植物吸收水分的现象。主动吸水的动力是根压,即由于根系的生理活动使液流从根部沿木质部导管上升的压力。如将生长旺盛的植株,从地面切断,可见到汁液从切口溢出,这种现象称为伤流,流出的汁液叫伤流液。如果在茎切口处套上一根与压力计相连接的橡皮管,就可看见压力柱内的水银上升,测其压力一般为 0.1～0.2 MPa。伤流是根压的一种表现形式。不同季节,不同植物及不同环境下的同一植物根系生理活动强弱不同,伤流量也不同,因此伤流量多少可作为根系生理活动强弱的指标。

植物根系生理活动强弱的另一项指标是吐水。在温暖、潮湿的条件下,如果土壤供水充足可以看到健康完整植物的叶缘(双子叶植物)或叶尖(单子叶植物)的水孔排出水滴的现象,这就是吐水,是根压表现的另一种形式。植物生长健壮,根系活动强,吐水量也较多,因此可用吐水量作为壮苗的一种生理指标。

一般认为,根压的产生是由于根系对土壤溶液溶质的不断吸收与运输,在根组织内保持了水分运输所需的水势梯度,使土壤水分能够通过根毛、皮层和内皮层进入中柱导管,并沿导管向上运输。很多实验证明,土壤溶液的水势对根系水分的吸收有很大的影响,如木质部汁液的水势等于土壤溶液的水势时,根系不能吸水,如低于土壤溶液的水势,根系则可以从土壤中吸水。

主动吸水与根系的有氧呼吸密切相关,因为主动吸水过程需要能量。当根系呼吸作用加强,且代谢活跃时,根系吸收水分的活动也加强。

b. 被动吸水:被动吸水的动力来自植物叶片的蒸腾作用。由于蒸腾,靠近气孔下腔的叶肉细胞含水量减少,水势降低并向相邻细胞吸取水分;当这些细胞水势降低时,转而从相邻细胞吸水,这样依次传递直至导管吸水。这种由于蒸腾作用产生的一系列水势梯度,使导管中产生水分上升的力量称为蒸腾拉力。蒸腾拉力使根系产生了从土壤中吸水的能力。

主动吸水和被动吸水在根系吸水过程中所占比重因植物蒸腾速率而异。一般高大的植物、蒸腾作用强的植株或正在进行蒸腾作用的植株以被动吸水为主,并随蒸腾速率的提高而加快;另一方面蒸腾速率很低的植株或幼小植株,主要以主动吸水为主。例如,春季树木叶片尚未展开时,树木主动吸水占主要的地位。但不能把主动吸水和被动吸水完全分开,因为植物地上部和地下部的生理活动是紧密相关的。

二、植物的蒸腾作用

水分从植物地上部分以水蒸气状态向外界散失的过程称为蒸腾作用。陆生植物根系吸收的水分用做植物体内代谢只占 $1\%\sim5\%$,绝大部分是通过蒸腾作用散失到环境中。蒸腾和蒸发不同,蒸发是单纯的物理过程;而蒸腾是植物的生理活动,植物可以通过气孔及非气孔调节蒸腾作用,因此蒸腾比蒸发更为复杂。

1. 蒸腾作用的意义

(1)蒸腾作用所产生的蒸腾拉力是植物吸收与传导水分的主要动力。特别是高大的树木,靠着蒸腾作用强大的拉力,促使水分顺利地通过根系吸入体内并输送到地上部,同时溶于其中的营养物质也随溶液流上运,供各器官生命活动的需要。

(2)蒸腾作用可以使植物体散失多余的热能,保持适当的体温,使植物在光照较强、温度较高时免受伤害。

(3)蒸腾作用推动的导管中的蒸腾流,可促进植物体内矿物质和有机物的运输,这些物质通过蒸腾流运至植株的各个部位。

(4)蒸腾作用的正常进行有利于 CO_2 的同化。植物叶片蒸腾时,气孔是开放的,开放的气孔便成为 CO_2 进入叶片的通道。

植物通过蒸腾作用散失水分是惊人的。夏季 1 株 15 年树龄的小毛榉每天蒸腾约 75 kg 的水分;1 棵具有 20 万张叶片的桦树每天蒸腾失水量可达 $300\sim400$ kg。

2. 蒸腾作用的指标及蒸腾部位

(1)蒸腾作用常用的指标

①蒸腾速率(蒸腾强度)。植物在单位时间、单位叶面积,通过蒸腾作用所散失的水量称为蒸腾速率,常用克每平方米每小时($g \cdot m^{-2} \cdot h^{-1}$)表示。大多数植物白天蒸腾强度约为 $15\sim250$ $g \cdot m^{-2} \cdot h^{-1}$,而夜间则较低,约为 $1\sim20$ $g \cdot m^{-2} \cdot h^{-1}$。

②蒸腾效率。植物在一定时期内积累的干物质和蒸腾失水量的比值称为蒸腾效率,常用 g/kg 水表示。一般植物蒸腾失水 1 kg 积累干物质 $1\sim8$ g。

③蒸腾系数。即植物积累干物质所消耗的水分的克数,称蒸腾系数或需水量,是蒸腾效率的倒数,一般植物的蒸腾系数是 $125\sim1000$。一些木本植物蒸腾系数是:山杨幼树为 90,白蜡树约为 85,橡树约为 65,云杉约为 50,松树约为 40。草本植物蒸腾系数约为 300,苜蓿竟达 1000。木本植物蒸腾系数比草本植物小,也就是说草本植物

需水量大于木本植物。草本植物中 C_4 植物又比 C_3 植物小。

(2)蒸腾作用的部位　植物地上部的各种器官,如茎、叶、花、果实等都能进行水分蒸腾,其中,叶片是蒸腾作用的主要器官。水分在叶面的蒸腾可分为气孔蒸腾和角质蒸腾。

①角质蒸腾。植物水分通过角质层中间的孔隙向大气中扩散,称为角质蒸腾。角质蒸腾占植物全部蒸腾的比例,与植物的生态条件和叶片的老嫩有关,其实质是与角质的薄厚有关。幼嫩的或生长在阴湿地区的植物,叶角质层很薄,通过角质蒸腾的水分多;成熟的植物或在阳光充足地带的植物叶角质层厚,水分主要通过气孔蒸腾。

②气孔蒸腾。水分从细胞间隙及气孔下腔周围的叶肉细胞蒸发,通过气孔下腔和气孔扩散到空气中的过程称为气孔蒸腾。一株成长植株通过气孔的蒸腾量可占总蒸腾量的 80%～90%。气孔蒸腾的速率,取决于经过气孔时所受到的来自两方面的阻力,一是气孔大小,另一是气孔外界水蒸气界面的厚薄。实验证明,气孔大小占重要地位(图 3-4)。

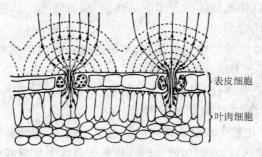

　　　　　　　　　　表皮细胞

　　　　　　　　　　叶肉细胞

图 3-4　气孔蒸腾中水蒸汽扩散途径的图解
(引自潘瑞炽等)

气孔的开闭是由保卫细胞调节的。由于保卫细胞的内外壁厚度不同,靠着气孔的内壁厚,而背着气孔的外壁薄,因此,当保卫细胞吸水时,膨压也随之增加,细胞体积增大,向外膨胀,细胞壁薄的部分易于伸长,将孔的厚壁拉开,气孔即张开;当保卫细胞失水时,膨压降低,细胞体积缩小,气孔关闭。单子叶植物气孔运动与此类似,只是保卫细胞呈亚铃形,接近气孔中央部分的壁较厚,两端的壁较薄,当细胞吸水时,两端薄壁部分膨大,气孔张开,细胞失水时,气孔关闭。

保卫细胞中含叶绿体,在光下能进行光合作用,使叶组织内 CO_2 浓度降低,而 pH 值增高,淀粉磷酸化酶便水解淀粉为葡萄糖－1－磷酸,使细胞内葡萄糖浓度升高,使保卫细胞水势下降,周围细胞中的水分便进入保卫细胞,气孔便张开。在黑暗时相反保卫细胞光合作用停止,呼吸仍然进行,因而产生 CO_2 使 pH 值降低,促进葡萄糖转化为淀粉,使其水势增高,引起保卫细胞失水,体积缩小,气孔关闭。

3. **环境条件对植物蒸腾作用的影响**

影响蒸腾作用的环境条件主要是光照、空气湿度、温度和风速。

(1)光照　是影响蒸腾作用最主要的外界条件。一般而言,光照对蒸腾的影响,首先是引起气孔开放,其次是提高了大气温度和植物的体温,增加了叶内外的蒸气压差,从而加快蒸腾速率。

(2)空气湿度　通常情况下,大气相对湿度约为50%,空气相对湿度直接影响叶外大气和气孔下腔之间的蒸气压差值。正常细胞气孔下腔的相对湿度在90%～100%,当空气中的湿度大时,叶面与大气间的蒸气压差减少,蒸腾速度下降。晴天相对湿度小,蒸腾作用加强。

(3)温度　当土壤温度升高时,有利于根系吸水,促进蒸腾进行。当气温增高时,增加了水的自由能,水分子的扩散速度加快,使植物的蒸腾速率加速,因此在一定范围内,温度升高,蒸腾作用加强。

(4)风速　微风促进蒸腾,但风速过大,会使气孔关闭,同时,叶片温度下降,使蒸腾作用减弱。

植物蒸腾作用受多种环境因素的综合影响。其中光是主要因素,因为光影响温度,温度又影响湿度。蒸腾速率较高,吸收水分又不足时,会导致植物失去水分平衡,使代谢异常。在生产实践中,常用一些相应措施控制蒸腾作用。例如,扦插时,为减少蒸腾作用,保持插穗一定的含水量,常剪去部分叶片并适当遮荫,避免生根前因失水过多而死亡。树木移栽时也需减去部分叶片,降低蒸腾失水量,以免因移栽时根系受损而使水分的吸收与散发失衡,使移栽树木易于成活。

三、植物体内水分的运输

1. 水分运输的途径和速率

(1)水分运输的途径　水分在植物体内的运输途径有两种情况:一是通过维管束的导管或管胞。成熟的导管或管胞的胞壁大多木质化,原生质已经消失,横向壁消失或具孔道,它们组成相互连通的管道或死细胞群,水分在其中运输所受阻力小,较适合长距离运输;另一种情况是活细胞间的水分输送,主要是指从根毛到根部导管间的皮层薄壁细胞以及从叶脉导管到气孔附近的叶肉细胞。这些细胞都具有生活的原生质体,水分在其间运输就会受到较大阻力,所以这种形式的运输只适合于短距离水分的运输。

(2)水分运输的速度　植物体内的水流速率,随植物种类、细胞形态、生理状况及环境条件而有很大差异。水在木质部导管运输速度很快(3～45 m/h)具体速度以植物疏导组织隔膜大小和环境条件而定。裸子植物只有管胞,没有导管,水流速度更慢(约 1~6 m/h)。活细胞原生质体对水流移动的阻力很大。因为原生质是由许多亲水物质组成,表面有水膜,当水分在进入活细胞的原生质体时遇阻力,所以水流速度只有 3~10 cm/h。

2. 水分沿导管或管胞上升的动力

水分在导管中的运动是一种集流,其上升的动力为压力势梯度(即水势梯度),造成植株上下导管中压力势梯度的原因:一是根压(正压力势),二是蒸腾拉力(负压力势)。根压一般<0.2 MPa,至多能使水分上升 20 m 左右。一般情况下,蒸腾拉力是水分上升的主要动力。

强烈蒸腾时,顶端叶片水势可降至−3.0 MPa,而根部导管水势一般在−0.2~0.4 MPa,因而根部的水分可顺着水势梯度上升至树木(乔木)的顶端。蒸腾拉力是由于叶肉失水而降低水势所引起的,因此,蒸腾作用越强,水势越低,从导管拉水的力量也越大。早春时植物叶片未展开,空气相对湿度大,土壤温度较高,根压对水分上升也有重要作用。

四、合理灌溉的生理基础

1. 植物的需水规律

植物的需水量随植物的种类和发育时期不同而异。正常情况下,在苗期蒸腾面积小,水分的消耗量不大;随着幼苗长大,水分的消耗量相应增多(如果此时,植物缺水会严重抑制植物的生长);植物衰老时期,部分叶片衰老脱落,根系活力降低,蒸腾与根系吸水量下降,需要水分的量也逐渐减少。

植物一生中对水分缺乏最敏感、最易受害的时期称为水分临界期。这一时期一般是在植物的生殖器官形成与发育阶段,即:植物由营养生长转向生殖生长阶段。这个时期缺水,就会造成生殖器官发育不正常。

2. 合理灌溉的指标

植物是否需要灌溉,可依据气候特点、土壤墒情、植物形态、生理性状等给以判别。植物水分缺乏时,首先是生理上受到影响,然后才能在形态上表现出来。植株在缺水时,叶片是反映植株生理变化最敏感的部位。叶片水势降低、细胞汁液浓度升高、溶质势下降、气孔开度变小等生理现象都是植物缺水的表现。所以植物体内的水分平衡可作为灌溉的生理指标。植物缺水时,在形态上表现为幼嫩茎叶在中午前后易发生萎蔫,叶、茎色由于生长缓慢,叶绿素浓度相对增大而呈暗绿色,有时因为干旱,碳水化合物的分解大于合成,细胞中积累很多可溶性糖形成较多的花色素使植物变红,生长速度下降,不易折断等现象。土壤的含水量对灌溉有一定的参考价值,但主要以植物本身的情况作为直接灌溉的依据。

3. 灌溉的方法

灌溉应根据植物生长的需要。灌溉量不宜过大,以免引起土壤缺氧;每次灌溉的时间也不宜太长,这样才能促进植物的不断生长;灌溉还应注意水质和土温,水质污染或水温过低对植物都不利。在具体灌溉时应本着节约用水、科学用水的原则,不断改善灌溉措施和灌溉方法。采用喷灌和滴灌两种方法都可提高灌溉效率,而不会造成植物体内水分过多或减少,为植物生长提供良好的生态环境。

第二节　植物的矿质营养

一、植物必需的矿质元素及其作用

植物除了从土壤中吸收水分外,还要从中吸收各种矿质元素和氮素,以维持正常的生命活动。植物吸收的这些元素是构成植物结构的重要组成成分,也是代谢过程中不可缺少的反应物和调节物质。矿质和氮素营养对植物生长发育非常重要,了解它们的生理作用、吸收转运及同化规律,可以指导合理施肥和增加植物产量,改善品质。

1. 植物的必需元素

植物必需元素是指植物生长发育必不可少的元素。根据国际植物营养学会规定,必需元素必须具备三个条件:第一,缺乏该元素,植物生长发育不正常,不能完成生活史;第二,缺乏该元素,植物表现出特有的病症,当加入该元素又可逐渐恢复正常;第三,该元素对植物营养功能是直接的,并不是由于改善土壤或培养基条件间接影响的。为了检测某种元素是否是植物的必需元素,常用的方法有溶液培养法(又称水培法)和沙基培养法。

到目前为止,已证明植物体内至少含有 16 种必需元素。除 C、H、O 外,还有 13 种,其中 6 种属大量元素,它们是 N、P、K、S、Ca、Mg。7 种属微量元素,它们是 Fe、B、Mn、Zn、Cu、Mo、Cl。

2. 各种元素的生理作用及其缺乏症状

(1)必需元素的生理作用　必需元素在植物体内的生理作用,可概括为三个方面。

第一,是植物体内有机物的组成成分。如 C、H、O、N、S、P 等是糖类、脂类、蛋白质和核酸等有机物的组成元素。Mg 是叶绿素分子的组成元素。

第二,是酶的辅因子或活化剂。如 Fe 是细胞色素氧化酶及过氧化氢酶的辅因子;Cu 是多酚氧化酶及酪氨酸酶的辅因子;Mg 可激活磷酸转移酶等。

第三,参与植物生化过程,起电势平衡和维持细胞渗透势作用。如 Fe,Mn 和 Cl 在光合作用水的光解和放氧等过程中起着电势平衡以及电子传递等作用。无机离子在调节细胞水势决定细胞吸水能力方面,具有重要功能。

需要指出的是,某一元素的生理作用往往是多方面的。如 Mg 既是叶绿素分子的组成成分,又是某些酶的辅因子和激活剂。同时各元素的生理作用是以离子形式作为有机分子的组成部分起作用,而不是以元素状态参与生理过程的。

当必需元素缺乏时,植物表现出专一性的病症,下面分别对必需矿质元素的生理作用及其缺乏时的病症作一简述。

(2)大量元素的生理作用及其缺乏病症

①氮。植物主要通过根从土壤中吸取硝态(NO_3^-)和铵态(NH_4^+)氮,有时亦能吸取一些含氮有机化合物(如尿素等)。一般氮仅占植物干重的 $1\%\sim3\%$,氮对植物生命活动起着巨大的作用。氮被称作生命元素。首先,氮是许多化合物的组成成分。核酸、蛋白质、磷脂、酶、多种植物激素和维生素等都含有氮元素。这些有机化合物既是各种细胞器、原生质、生物膜的重要组成成分,又是细胞遗传和能量代谢的重要物质,控制着生命活动的过程。

氮肥充足时植物枝叶茂盛,叶色浓绿,植物生长健壮。但供氮过多时,植物贪青徒长,开花结实推迟,产量下降。高氮下的烟草、水果、甘蔗等植物产量会有所提高,但工业性能及商业品质低劣。

若植物缺氮,细胞分裂及伸长受抑制,生长发育缓慢,分枝或分蘖减弱,枝叶瘦小,植株瘦弱,叶绿素合成受阻,叶色浅黄。由于含氮化合物易从老龄枝叶向幼龄叶转移,所以老龄枝叶易早衰、脱落。缺氮还会使部分碳水化合物转化为花青素,致使某些植物和树木茎叶呈现紫红色。缺氮时根系也不发达,根细长、量少,最后导致植物产量低,品质劣。

②磷。磷主要以 $H_2PO_4^-$ 和 HPO_4^{2-} 的形式被植物根吸收,在植物体内含量较少,环境 pH 制约着这两种离子存在的数量。pH 值低时以 $H_2PO_4^-$ 的居多,pH 值高时以 HPO_4^{2-} 为主。磷在植物体内的作用是极为重要的。磷进入植物体后,主要作为植物体内有机物(如磷脂、核酸等)的组成成分,少量以无机物形式存在。磷在植物体内的碳水化合物、脂肪和蛋白质代谢中占有重要的地位。由磷参与组成的 ATP、FAD、NADP 等,是多种重要生物化学过程必不可少的,它们起着能量传递及贮存的作用,磷直接参与氧化磷酸化和光合磷酸化合成 ATP。

磷供应充足时,植物生长发育良好,抗旱和抗寒能力都强。

　　缺磷时,植物细胞中蛋白质、核酸合成受阻,新的细胞质和细胞核形成减少,影响细胞伸长和分裂,抑制枝、叶、根系生长,植株矮小。缺磷土壤生长的植物叶色暗绿,可能是细胞小、叶绿素含量相对高的原因,叶片、叶鞘、茎等显示暗紫色或紫红色。是由于缺磷阻碍糖分运输,地上部积累大量糖分导致花青素的形成。因此,植物都需要较多的磷肥。磷易于转移再利用,故缺磷时老叶先显示出病症,逐渐向嫩叶扩展。磷过多会出现中毒症状,表现为丛生、延迟成熟。

　　③钾。钾是以离子(K^+)形式被植物根吸收的。钾最大的生理特点是以高于环境离子浓度好几倍的浓度而存在于细胞的液泡中,并一直保持离子状态存在。钾主要集中在生命活动最旺盛的部位。如在植物的嫩芽、嫩叶和根尖,钾含量较高;而果实、种子和老熟组织极少。

　　钾是 60 多种酶的激活剂。如:淀粉合成酶、琥珀酸激酶、丙酮酸激酶等。钾在碳水化合物代谢、蛋白质代谢和呼吸作用中都有着重要作用。在碳水化合物代谢中,钾可以促进光合作用产物的合成和运输,在淀粉的合成过程中也是不可缺少的。因此,对以收获淀粉为主的作物(如马铃薯、甘薯、小麦、水稻等)宜多施钾肥。

　　钾是构成细胞渗透势的重要成分。钾从根薄壁细胞移入导管,能降低导管水势,使水分从根表面沿水势梯度运入根木质部导管。钾从叶子保卫细胞移入叶肉细胞,可使保卫细胞水势提高而失水,气孔关闭,减少蒸腾,因此钾有调节气孔开闭的功能。钾还有较强的水化能力,有助于提高细胞的抗旱能力。此外,钾也能促进蛋白质及三磷酸腺苷(ATP)的合成。

　　由于钾在植物体内具有重要的生理作用,故缺钾时会影响植物的生长发育。表现为植株茎秆柔软,易倒伏,抗旱、抗寒性降低,叶片失水,蛋白质、叶绿素破坏,叶色变黄而逐渐坏死。钾和氮、磷一样,移动性较强,缺钾时首先在老龄叶子出现缺绿病状,起初是叶尖与叶缘缺绿,进而枯黄扩展至整片叶。

　　④硫。硫在植物体内主要是以硫酸根(SO_4^{2-})的形式被吸收。SO_4^{2-} 和 SO_2 大部分都能在植物体内被还原为硫氢基(—SH)也称巯基,进而形成植物体内含硫化合物,如半胱氨酸、胱氨酸、甲硫氨酸、维生素 B_1 等。含硫氨基酸是许多蛋白质的组成部分,所以硫也是原生质的构成元素。硫在蛋白质结构中,可通过相邻的两个半胱氨酸上的—SH 氧化为二硫键(—S—S—),使蛋白质形成有一定空间构型的稳定结构。硫也是辅酶 A 和硫胺素、生物素等维生素的成分。辅酶 A 具有贮存与转移能量的作用。硫还是铁氧还原蛋白(Fd)所必需的元素,Fd 在光合作用及生物固氮中是重要的电子载体。

　　植物需要硫量不多,一般土壤能满足。如缺硫,蛋白质合成受阻,植株生长缓慢,非含硫氨基酸可能会在植物体内相对地积累。由于硫在植物体内不移动,所以植物缺硫时嫩叶病症比老叶明显。通常出现缺绿并呈紫红色。

硫过多对植物有毒,称为硫毒。当大气中 SO_2 含量超过临界浓度($0.5 \sim 0.7$ mg/m³)时,通过气孔达到叶肉细胞表面的 SO_2 会形成硫酸,使叶片中毒呈现暗绿色坏死。

⑤钙。钙以离子形式被吸收后,一部分钙与植物体内的有机酸结合形成难溶的有机酸盐。钙是细胞壁中间层中果胶酸钙的成分,缺钙时细胞分裂不能进行或不能完成,而形成多核细胞。钙对植物抗病性有重要作用。据报道,至少有 40 多种水果蔬菜的生理病害是因为钙浓度低引起的。钙与草酸和柠檬酸结合形成难溶的钙盐结晶,能避免植物体内有机酸过多的毒害;苹果果实的疮痂病会使果皮受到伤害,但如果供钙充足,则形成愈伤组织。另一部分离子态的钙,是淀粉酶、ATP 水解酶、琥珀酸脱氢酶等多种酶的激活剂。钙离子能作为磷脂中的磷酸与蛋白质的羧基联结的桥梁,具有稳定膜结构的作用。

植物细胞中存在着多种与 Ca^{2+} 有特殊结合能力的钙结合蛋白(CBP),其中在细胞中分布最多的是钙调素(CaM)。Ca^{2+} 与 CaM 结合形成 $Ca^{2+}-CaM$ 复合体,Ca^{2+} 在植物体内具有信使功能,通过它的浓度变化能把胞外信号转变为胞内信号,用以启动、调整或制止细胞内某些生理变化过程。

钙在植物体内很难移动,故缺素症首先表现在幼茎叶。缺钙初期,根尖、嫩芽及嫩叶呈淡绿色再转为典型的钩状,最后坏死。芹菜、大白菜缺钙时,心叶呈褐色。

⑥镁。镁以离子状态被植物根吸收后,一部分形成有机物,一部分以离子状态存在。镁是叶绿素分子的组成元素,所以,镁影响叶绿素合成和光合作用。镁是许多酶的激活剂或组分。特别是磷酸基转移酶类的活化剂。因为镁能在 ATP 和 ADP 的焦磷酸酶蛋白之间形成"桥梁",通过这种"桥梁"的作用使 ATP 酶活化,促进磷酸基转移。镁还是核糖核酸聚合酶的活化剂,DNA、RNA 的合成以及蛋白质合成中氨基酸的活化过程都需要镁参加。镁也是许多合成酶的激活剂。此外镁能促使核糖体大小亚基之间的结合,有利于蛋白质的合成。它还可以促进光合循环中 CO_2 的固定。

镁在植物体内可移动,缺少镁元素植物最明显的病症是叶片失绿。首先是从植物下部叶片开始,叶片的叶肉变黄而叶脉保持绿色。这是缺镁与缺氮病症的主要区别。严重缺镁时可引起叶片的早衰与脱落。

(3)微量元素的生理作用及其缺乏病症

①铁。铁主要以 Fe^{2+} 的螯合形式被植物吸收。植物对铁的需要量较其他微量元素多,铁进入植物体内就处于被固定状态而不易移动。铁能促进叶绿素生物合成。铁作为铁氧还原蛋白(Fd)的重要组分,这是一种铁硫蛋白,是光合磷酸化电子传递链中的重要成员,参与光能的吸收和光合电子传递的过程。铁是细胞色素(Cyt)、细胞色素氧化酶、过氧化氢酶、过氧化物酶等多种酶的辅基。在这些酶中,铁可以发生 $Fe^{3+}+e \Longleftrightarrow Fe^{2+}$ 的变化,它在电子传递链中起重要作用。此外,铁还影响到蛋白质

合成及硝酸还原过程。植物组织中的铁大部分存在于有机化合物分子中,很难移动和再分配。

缺铁与缺镁表现的病症很相似,都是缺绿病。主要区别是:缺镁从老叶开始,缺铁首先表现为幼叶脉间失绿,但叶脉仍为绿色;严重时整片新叶变为黄白甚至灰色白,叶薄而柔软,表面绒毛少。

②锰。锰在土壤中主要以 Mn^{2+} 状态被根吸收。锰是光合放氧复合体的主要成员,是叶绿体结构的组成成分,缺锰时,叶绿体片层结构破坏。锰是许多酶的激活剂。如一些转移磷酸酶和三羧酸循环中的柠檬酸脱氢酶、异柠檬酸脱氢酶、苹果酸脱氢酶、α—酮戊二酸脱氢酶等都需要锰激活。锰对光合和呼吸作用均有重要的影响。C_4 植物的 NAD—苹果酸酶活化对锰的需要是特异的,锰还是硝酸还原酶的辅助因子,缺锰时硝酸就不能还原成氨,植物也就不能合成氨基酸和蛋白质。

缺锰时植物不能形成叶绿素,叶脉间失绿褪色,叶脉保持绿色。植物缺锰首先见于幼叶,通常是叶子上出现一些小的黄斑,根系不发达开花结实少。

③锌。锌主要是以 Zn^{2+} 形式被吸收。锌是合成生长素的前体—色氨酸的必需元素,因为锌是色氨酸合成酶的必要成分。缺锌时就不能催化吲哚和丝氨酸合成色氨酸。而色氨酸又是生长素(IAA)合成的前体。所以锌能够促进细胞伸长。缺锌时,生长素合成受到抑制,植物生长受阻。果树缺锌表现为:幼叶叶片小而脆、卷曲、簇生在一起,未成熟即脱落,故又称小叶病。如苹果、桃和梨等果树缺锌时,叶片小而脆,并丛生在一起,叶上还出现黄色斑点。北方果园中常见缺锌病。缺锌的果树,着花少,产量低。此病用锌盐稀溶液喷洒叶面即可以消除。

锌也是碳酸酐酶的组成成分,碳酸酐酶可催化 CO_2 的水合作用,这可能与光合作用中 CO_2 的供应有关。锌还是多种脱氢酶、激酶的活化剂。

低温及 Cu^{2+}、Fe^{2+} 和 Mn^{2+} 的存在,都会抑制植物对锌的吸收。碱性土壤、HCO_3^- 含量高及长期海水土壤都有碍于植物对锌的吸收。

④硼。硼是以 BO_3^{2-} 形式被植物吸收。硼能促进花粉萌发和花粉管伸长,有利于受精。缺硼时,花药和花丝萎缩,花粉母细胞不能进行四分体的分化。硼是细胞壁的成分,已发现硼与果胶结合存在于细胞壁中。硼参与尿嘧啶的合成而影响到 RNA 与蛋白质的合成。硼对植物激素的含量也有一定的影响,缺硼时细胞分裂素(CTK)合成受抑制,而吲哚乙酸(IAA)却在组织中积累。

植物体含硼量较少(2~95 mg/L),分布不均匀,以花中含量最高;不同种类植物之间差异很大。缺硼时,果胶含量低,纤维素含量增加,细胞壁结构异常,组织易碎、撕裂。缺硼还表现为根尖、茎尖的生长点停止生长,侧根、侧芽大量发生直至死亡而形成簇生状。

⑤铜。在通气良好的土壤中铜是以 Cu^{2+} 的形式被吸收,而在潮湿缺氧的土壤

中,则多以 Cu^+ 的形式被吸收,并以这两种可逆状态存在于植物体内。植物对铜的需要量极低,多了有毒。铜是某些酶的组成元素(如多酚氧化酶、抗坏血酸氧化酶、酪氨酸酶等)。这些酶是以铜的价数变化,在生物氧化与还原中起电子传递作用。质体蓝素(PC)也含有铜,所以铜在光合作用中有重要作用。铜对豆科植物根瘤形成与固氮(N_2)有良好影响。

铜在植物体内不易转移和再利用。植物缺铜时,叶片生长缓慢,呈现蓝绿色,幼叶缺绿,随之出现枯斑,最后死亡脱落。缺铜会导致叶片栅栏组织退化、气孔下面形成空腔,使植物在水分充足时因蒸腾过多而发生萎蔫。柑桔常见缺铜病,叶暗绿扭卷,但叶脉仍为绿色;树皮、果皮粗糙,而后裂开,引起树胶外流。

⑥钼。钼以钼酸根(MoO_4^{2-})的形式被植物吸收。钼的含量低于 1 mg/kg,植物需要量最少。钼是固氮酶和硝酸还原酶必需的组成成分。缺钼时,植物体内硝酸盐积累和固氮受阻。钼促进无机磷向有机磷转化,缺钼时影响核酸和磷脂的形成。钼还能增强物质抵抗病毒的能力。缺少钼时植株的叶片较小,叶脉间失绿,有坏死斑点,叶缘枯焦,向内卷。严重缺乏时,新叶和花器不能形成,最终枯萎。

⑦氯。氯以 Cl^- 的形式被植物吸收,植物体内绝大多数氯是以 Cl^- 的形式存在,有极少量的氯以有机化合物的形式存在。如 4－氯吲哚乙酸是一种天然的生长素类激素。植物对氯的需要量仅为几 mg/kg,盐生植物对氯的需要量较高。在光合作用中 Cl^- 参加水的光解,叶和根细胞的分裂也需要 Cl^- 参与。Cl^- 还与 K^+ 等离子一起参与细胞渗透势的调节,如 Cl^- 与 K^+ 和苹果酸一起调节气孔关闭。

缺氯时,植株叶片变小、萎蔫、失绿变为褐色,最后坏死;根生长受阻,根短而粗,根尖变为棒槌状。

以上分别叙述了 13 种必需化学元素的生理作用。每种必需元素都有其特定的生理功能,不可代替(图 3-5)。

二、植物体对矿质元素的吸收

植物吸收矿质元素的方式主要是被动吸收和主动吸收两种方式。

1. 被动吸收

被动吸收是指扩散作用或其他物理化学过程而引起的矿质元素的吸收。不需要植物代谢供给能量,与代谢无关,因此,又称非代谢吸收。通过扩散、协助扩散等方式而被吸收。

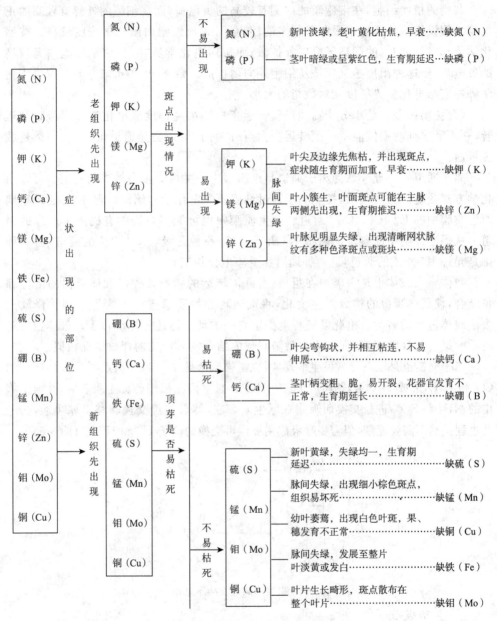

图 3-5　作物营养元素缺乏症检索简表

（1）扩散作用　是指分子或离子沿着化学势或电化学势梯度转移的现象。电化学势梯度包括化学势梯度和电化学势梯度两方面。离子扩散的方向要取决于这两种梯度的相对数值大小。而分子的扩散则决定于化学势梯度或浓度梯度。

典型的植物细胞,在细胞膜的内侧有较高的负电荷,而在细胞的外侧有较高的正电荷。假设细胞从环境中吸收了较多的阳离子,导致细胞内阳离子浓度较高。按照化学势梯度,细胞内的阳离子应向外扩散;而按照电化学势梯度,由于细胞内有较高的负电荷,则这种阳离子又应该从细胞外向内扩散。最终,离子扩散方向要取决于化学势梯度与电化学势梯度相对数指的大小。

(2)协助扩散　是小分子物质经膜转运蛋白顺浓度梯度或电化学梯度跨膜的运转,它不需要细胞提供能量。膜转运蛋白可分为两类:一类是通道蛋白,另一类是载体蛋白。

离子通道——现今认为离子通道是细胞膜中一类内在蛋白构成的孔道。可以用化学方式或电学方式激活,控制离子通过细胞膜顺电化学势流动。现在,已经观察到原生质膜中的 K^+、Cl^-、Ca^{2+} 通道。原生质膜中也可能存在着供有机离子通过的通道。从保卫细胞中已鉴定出两种 K^+ 离子通道,一种是吸收 K^+ 内流的通道,另一种则是允许 K^+ 外流的通道,这两种通道都受膜电位控制。

载体——载体也是一类内在蛋白,由载体转运的物质首先与载体蛋白的活性部位结合,使载体蛋白的构象发生变化,将被运转的物质暴露于膜的另一侧并释放出去。载体进行的转运由电化学势梯度决定它是被动转运还是主动转运。载体蛋白对物质的结合与释放,与酶促反应中酶与底物的结合及对产物的释放情况相似。

离子交换也是根系经常发生的现象,也是被动吸收的过程。根系呼吸作用产生的 CO_2 和 H_2O,形成 H_2CO_3,解离后 H^+ 和 HCO_3^- 被吸附在根细胞原生质表面,并与土壤中的 NH_4^+ 与 SO_4^{2-} 进行交换而吸附在原生质表层,然后在经交换转移至原生质内部。此过程虽然不需要能量,但需要呼吸作用提供可交换的离子 H^+ 和 HCO_3^-(图 3-6)。

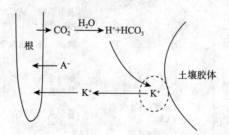

图 3-6　根表面离子交换示意图

2. 主动吸收

主动吸收是指植物细胞需要能量的逆电化学势吸收的过程。因为能量主要来源于呼吸代谢,也称代谢性吸收。

细胞原生质膜上有 ATP 酶(ATPase),它可以催化水解 ATP,释放能量用于转运离子。通过这种方式转运的离子最主要的是 H^+ 离子,所以我们可以将转运 H^+ 离子的

ATP 酶称为 H^+ —ATPase 或 H^+ 泵。但不是所有阳离子都以这种方式进行转运。

成熟的植物细胞有一个很大的液泡,液泡里面储存着许多物质以维持较低的水势,使水分易进入液泡维持细胞膨压。液泡膜和脂膜一样,对溶质在液泡中的积累起着选择屏障的作用。液泡膜上有反运输,在 H^+ 从液泡排出到细胞溶质的同时,阳离子或糖分就从细胞溶质进入液泡,阴离子被质子动力势驱使通过信道进入液泡。离子和分子跨越细胞膜的主动运输具有重要作用。第一,它可以作为储存形式,在细胞质需要时,重新返回细胞质。第二,它可以防止某些离子(如 Na^+、Ca^{2+} 等)在细胞质过度积累达到毒害水平。

三、植物吸收矿质元素的特点

植物对矿质元素的吸收是一个复杂的生理过程,它一方面与吸水有关,另一方面又有它的独立性,同时对不同离子的吸收还有选择性。

1. 对盐分和水分的相对吸收

盐分和水分两者被植物吸收是相对的,既有关,又无关。有关表现在盐分一定要溶解于水中,才能被根部吸收,同时跟水流一起进入根部的自由空间;无关表现在两者的吸收机理不同。根部吸水主要是因蒸腾而引起的被动过程。吸盐则以消耗代谢能量的主动吸收为主,要有载体运输,有饱和效应,其吸收离子数量因外界溶液浓度而异。所以吸盐速率与吸水速率不完全一致。总之,植物的吸水量和吸盐量之间不存在直接的依赖关系。

2. 单盐毒害作用和离子间拮抗作用

如果只用某种单一盐溶液培养植物,不久植物便会呈现不正常状态,最后死亡。这种现象,称为单盐毒害。即使单盐溶液是植物必需的营养元素,其浓度也适合,毒害也会出现。例如,将植物培养在单一的 KCl 溶液中,植物将迅速积累 K^+ 达到毒害水平以致死亡。在发生单盐毒害的溶液中,如再加入少量其他金属离子,即能减弱或消除这种单盐毒害,离子间这种作用称为离子拮抗作用。

土壤中往往有过量的某些元素,特别是 K 和 Ca,但由于土壤溶液中还存在其他离子,起拮抗作用,因此这些过量的元素并不会产生单盐毒害。

3. 生理酸性盐和生理碱性盐

植物根系从溶液中对一种盐的阳离子和阴离子的吸收情况是不同的。例如,对 $(NH_4)_2SO_4$,植物吸收 NH_4^+ 较 SO_4^{2-} 多,由于植物选择吸收的结果,使溶液变酸;故称这种盐为生理酸性盐。大多数铵盐为生理酸性盐。又如 $NaNO_3$,植物吸收 NO_3^- 比 Na^+ 快而多,结果使溶液变碱,因而称之为生理碱性盐。大部分硝酸盐为生理碱性盐。而 NH_4NO_3 这种盐的阳离子和阴离子,植物几乎同时等量吸收,所以称生理中性盐。

四、矿质元素在植物内的运输

1. 矿质元素运输的形式和途径

根部吸收的矿质元素,除一部分以无机离子形式向上运输外,另一部分在根内合成有机物,如氨基酸、酰胺、有机磷化合物或激素等形式进行运输。例如,钾进入植物体以后,始终保持离子状态,而氮的运输形式主要是形成有机物,如天冬氨酸、天冬酰胺、谷氨酰胺等。磷被根吸收后,一部分在根内转变为有机磷化合物,如磷脂酰胆碱、甘油磷脂酰胆碱等,然后向上运输。但磷向上运输的主要形式是含磷无机化合物。硫的运输形式主要是硫酸根离子(SO_4^{2-}),少数是以有机化合物形式运输。

矿质元素借助主动吸收和被动吸收方式进入根部导管以后,随蒸腾流沿木质部向上运输,还可以通过韧皮部上下运输,通过维管射线细胞横向运输。

2. 矿质元素在植物体内的分配

矿质元素进入植物体内以后,有的(N、P、S)参与细胞的结构物质;有的(N、P、Cu)参与一些基本代谢;有的(K 和部分 P)以离子状态存在细胞内;有些形成不稳定化合物,在器官衰老时可以被分解再转移到其他需要的器官中去,这些元素可以再次被利用,称为再度利用元素,如 N、P、K、S、Mg。当植物体缺乏这些元素时,它们可以从代谢活动较弱的衰老组织和器官转移到代谢活动旺盛的部位,如生长点、幼叶、花蕾、幼果等。老叶在衰老脱落之前,叶中的再利用元素也逐步转移。另外一些元素,如 Ca、B、Mn 等在细胞内呈溶解的稳定化合物,因此很难再度利用。当植物缺乏这些元素时,最早在幼嫩叶片出现缺素症状(见植物缺素症)。

五、影响植物根系吸收矿质元素的因素

植物根系对矿质元素的吸收,既有物理过程又有生理代谢活动,因此,外界环境条件对营养物质的吸收有显著影响。

1. 土壤温度

在一定温度范围内,根系吸收矿质元素的量,随土壤温度升高而增加,但温度过高(40℃以上),吸收速度下降;温度过低(接近 0℃)时,吸收则减少。因为温度影响植物根系的呼吸作用、影响酶的活性以及影响原生质的透性(如低温时,原生质黏性增大,透性下降)。温度对不同离子吸收的影响程度不同。

2．土壤的通气条件

土壤中氧气不足，直接影响植物根系的有氧呼吸，而使矿质吸收受到抑制。在土壤黏重或水分过重情况下，土壤通气不良，不但氧气不足，而且二氧化碳大量积累，植物呼吸和矿质吸收都会降低。中耕松土或排水晒田，可以改善土壤供氧状况，有利于根系的生长和养分的吸收。

3．土壤 pH 值

土壤的酸碱度能影响各种矿物类的溶解度，因此，对矿质元素吸收有很大影响。土壤溶液碱性较强时，铜、铁、锌、钙、镁、磷的化合物溶解度较低，逐渐形成不溶性化合物，因此不易被植物吸收；土壤酸性较高时，能增加各类矿物盐的溶解度，易于植物利用，但有时植物来不及吸收，便被雨水冲走。一般植物适宜生长的土壤 pH 值为4～8。

除以上各因素外，土壤溶液的浓度、土壤微生物的活动、光照强度以及根本身的生长情况都会影响矿质元素的吸收。

六、合理施肥的生理基础

1．植物的需肥规律

一般情况下，土壤中最需补充的是氮、磷、钾三种元素，只有在特殊的情况下才考虑施其他的肥料。施肥并非越多越好，合理施肥必须对土壤结构和肥力，以及植物生长特点有足够的了解。不同植物对各种肥料需要量不同。同一植物在不同生长时期需肥量也是不同的。种子萌发期间，由于种子内部存在有机物，一般不再施肥；幼苗期，植物开始营养生长，这一时期，要少量、多次施低浓度肥料；成苗后，植物开始生殖生长，这时要适当施用磷肥、钾肥。因此，必须根据不同植物和不同的生长时期进行施肥才能收到良好的效果。

2．植物施肥的诊断

（1）形态指标　　植物生长状态常作为追肥的指标。例如，氮肥过多时，植物生长快，叶长而软，株型松散；氮肥不足时，生长缓慢，叶短而直，株型瘦弱。叶色也是一个很好的诊断指标，叶色深，可以说明叶绿素氮的含量高；叶色浅，可能是缺氮的征兆。

（2）生理指标　　根据植物生理状况来判断植物的营养水平。一般通过对叶的营养分析，确定不同组织、不同生育时期、不同元素最低临界值作为施肥的基础。还可以根据植物在不同生育时期叶绿素含量的变化判断植物是否缺肥，酰胺和淀粉含量的变化也可以作为施肥的生理指标。还可以根据某种酶活性的变化，来判断某一元素的丰缺情况。不过任何一种生理指标，都要因地制宜多加实践，才具有指导意义。

3. 提高施肥效果

要使施肥发挥最大的可能的肥效,除适时施肥以外,还需控制其他一些因素,如土壤水分、施肥方式,还要选择合适的天气施肥。土壤干旱时施肥效果低,在施肥时同时适量灌水,就能大大提高施肥效益。适当深耕,增施有机肥料,可增加土壤水肥能力,改善根系生长环境,促进根的迅速生长,扩大对水肥的吸收面积,有利于根对矿质元素的吸收。此外,改善光照条件,提高植物的光合效率也是提高肥效的关键因素。

七、根外营养

除根部外,植物地上部分也可以吸收矿质养料,此过程称为根外营养。地上部吸收矿物质的器官主要是叶片,所以也称叶片营养。要使叶片吸收营养元素,首先要保证溶液能很好地吸附在叶片上。另外,叶片营养的有效性还决定于营养物质能够从叶表面到达表皮细胞的细胞质,否则,叶片还是无法吸收矿物质。

营养物质可以通过气孔和湿润的角质层进入叶内。角质层不易透水,但角质层有裂缝可以让溶液通过。溶液经角质层孔道到达表皮细胞外壁后,进一步通过细胞壁进入细胞质膜;然后再转运到细胞内部,最后至叶脉韧皮部。

营养元素进入叶片的数量与叶片的内外因素有关。嫩叶吸收营养元素比成熟叶迅速而且量大,这是由于两者的表皮成分不同及生理活动不一样的缘故。温度对物质进入叶片有直接影响,温度下降,叶片吸收养分慢。

叶片只能吸收液体,所以溶液在叶面上停留时间越长,被吸收的矿物质就越多。因此,影响液体蒸发的外界条件,如风速、气温和大气湿度都能影响叶片对营养元素的吸收量。根外追肥的时间以傍晚或下午 4 时以后较为理想,阴天例外。溶液浓度宜在 1.5%～2.0%以下,以免烧伤植物。根外施肥的优点:作物在生育后期,根部吸肥能力衰退时,或因土壤干旱,肥料难以发挥效应时,采用根外施肥可达明显效果。常用于叶面喷施的肥料有尿素、过磷酸钙及微量元素。

思考题

1. 水在植物生活中有哪些重要作用?
2. 什么是水势、溶质势、压力势、衬质势?
3. 什么是渗透作用?为什么说活细胞是一个渗透系统?
4. 什么是质壁分离和质壁分离复原?说出质壁分离现象的意义?
5. 根系吸水和水分在植物体内上升的动力是什么?

6. 什么是蒸腾作用？蒸腾作用的生理意义是什么？

7. 外界条件对根系吸水的影响？

8. 确定必需元素的标准是什么？

9. 列出 10 种元素并说出它们在光合作用中的生理作用？

10. 缺少哪些元素老叶最先表现缺素症？为什么？

11. 缺少哪些元素新叶最先表现缺素症？为什么？

12. 怎样才能做到合理施肥？试说明氮、磷、钾三要素在植物体内的运输形式与再利用？

第四章　植物的光合作用

第一节　光合作用的概念和意义

一、光合作用的概念

绿色植物利用太阳的光能,同化二氧化碳(CO_2)和水(H_2O),制造有机物质并释放氧(O_2)的过程,称为光合作用。光合作用所产生的有机物主要是碳水化合物,并释放出能量。光合作用的总反应式可用下列方程式表示。

$$CO_2 + H_2O \xrightarrow[\text{叶绿体}]{\text{光能}} (CH_2O) + O_2 \uparrow$$

在地球上,植物的光合作用规模非常宏大,它是生物界所有物质代谢和能量代谢的基础,对自然界的生态平衡和人类生存都有极其重大的意义。

二、光合作用的意义

1. 光合作用是把无机物变成有机物的重要途径

植物每年可吸收 CO_2 约 7×10^{11} t,合成约 5×10^{11} t 的有机物。人类所需的粮食、油料、纤维、木材、糖、水果、蔬菜等,无不来自光合作用,没有光合作用,人类就没有食物和各种生活用品。换句话说,没有光合作用就没有人类的生存和发展。

2. 光合作用是一个巨型能量转换过程

植物在同化无机碳化物的同时,把太阳光能转变为化学能,贮存在所形成的有机化合物中。每年光合作用所同化的太阳能约为 3×10^{21} J，约为人类所需能量的 10 倍。有机物中所贮存的化学能，除了供植物本身和全部异养生物之用外，更重要的是可供人类营养和活动的能量来源。可以说光合作用是一个巨大的能量转换站。

3. 调节大气成分

大气之所以能经常保持 21% 的氧含量，主要依赖于光合作用（光合作用过程中放氧量约 5.35×10^{11} t/a）。光合作用一方面为有氧呼吸提供了条件，另一方面，O_2 的积累，逐渐形成了大气表层的臭氧（O_3）层。臭氧（O_3）层能吸收太阳光中对生物体有害的强烈紫外辐射。植物的光合作用虽然能清除大气中大量的 CO_2，但目前大气中 CO_2 的浓度仍然在增加，这主要是由于城市化及工业化所致。世界范围内的大气 CO_2 及其他的温室气体，如甲烷等浓度的上升加速将引起所谓的温室效应。温室效应将会对地球的生态环境造成很大的影响，是目前人类十分关注的问题。

光合作用是地球上一切生命存在、繁殖和发展的根本源泉，在理论和实践上都具有重要的意义。

第二节　叶绿体和叶绿体色素

叶片是植物进行光合作用的主要器官，而叶绿体无疑是光合作用中最重要的细胞器。因为光能的吸收、CO_2 的固定及还原，直至淀粉的合成，都是在叶绿体内独立完成的。

一、叶绿体的结构及成分

1. 叶绿体的结构

高等植物的叶绿体多为扁平椭圆形，长约 5～10 μm，厚约 2～3 μm，主要分布在叶片的栅栏组织和海绵组织中，在每个叶肉细胞内约有 20～200 个叶绿体。据统计，每平方毫米蓖麻叶片中，就有 3×10^7 个叶绿体。这样叶绿体的总表面积比叶片要大得多，对吸收太阳光能和空气中的 CO_2 都十分有利。

电子显微镜观察能看到叶绿体外部是由双层膜构成的被膜包围，其内部有微细的片层膜结构。被膜分为两层：外膜和内膜。两层膜间相距约为 10～20 nm。被膜具有控制代谢物质通透叶绿体的功能，外膜可以透过一些低分子物质，内膜透过物质的选择性更强。

叶绿体内部的片层膜结构的基本组成单位叫类囊体。若干类囊体垛叠在一起称为基粒,这些类囊体称为基粒类囊体(又称基粒片层)。叶绿体的光合色素主要集中在类囊体膜内。每个基粒内类囊体数目因植物不同而有很大差异,例如,烟草叶绿体的基粒内,有 10～15 个类囊体,玉米则有 15～50 个。叶绿体内基粒的多少也与环境条件有关,一般每个叶绿体内有 40～60 个。

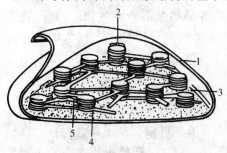

图 4-1　类囊体的网状结构

1. 叶绿体外被　2. 基粒　3. 间质
4. 基粒类囊体　5. 间质类囊体

在基粒与基粒之间通过间质类囊体相互联系,间质类囊体较大,有时一个间质类囊体可以贯穿几个基粒,这样间质类囊体与基粒类囊体就连接成一个复杂的网状结构(图 4-1)。在类囊体的周围是间质,间质是无色的,主要成分是可溶性蛋白质。

2. 叶绿体的成分

叶绿体约含 75%～80% 水分。在干物质中,以蛋白质、脂肪、色素和无机盐为主。蛋白质是叶绿体的结构基础和酶类的主要成分,约占干重的 30%～50%;脂类是膜的主要成分,约占干重的 20%～30% ;各种色素约占干重的 8% 左右,在光合作用中起着决定性作用。其余为灰分元素(Mg、Fe、Cu、Zn、P、K、Ca 等)约占 10% 左右和 10%～20% 的贮存物质(碳水化合物等)。此外,在叶绿体间质中含有多种酶类(光合磷酸化和 CO_2 固定、还原酶系统)。例如,参与 CO_2 同化的二磷酸核酮糖羧化酶(RuBP 羧化酶/加氧酶),几乎占叶绿体蛋白质含量的 50% 左右,还有各种核苷酸(NAD^+、$NADP^+$)、质体醌、细胞色素等,它们在光合过程中起着催化、传递氢原子(或电子)的作用。

另外,间质中还有核糖体、DNA 和 RNA,使其有一定程度的遗传自主性。多种糖类和一些淀粉粒与嗜锇颗粒在叶绿体中可能起脂质库的作用。

二、叶绿体色素

高等植物叶绿体内参与光合作用的色素主要有三大类:叶绿素、类胡萝卜素和藻胆素,高等植物中含有前两种,藻胆素仅存在于藻类中。

1. 叶绿素

叶绿素是使植物呈现绿色的色素。叶绿素有 a、b、c、d 四种,但在高等植物体内只含有叶绿素 a 和 b 两种,叶绿素 c 和 d 存在于藻类中。

叶绿素 a 和叶绿素 b 的基本结构相同,都具有一个卟啉环的"头部"和一条叶绿醇链的"尾部"（图 4-2），在卟啉环的中央有一个镁原子与氮原子结合。具亲水性，可以和蛋白质结合。其尾部的叶醇基具有亲脂性，可以和脂类结合，叶绿素分子的头部和尾部互相垂直，分别具有亲水性和亲脂性的特点，这就决定了它在叶绿体片层膜结构中与其他分子之间的排列关系。

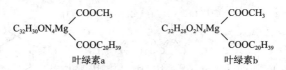

$$C_{32}H_{30}ON_4Mg \begin{array}{l} COOCH_3 \\ COOC_{20}H_{39} \end{array} \qquad C_{32}H_{28}O_2N_4Mg \begin{array}{l} COOCH_3 \\ COOC_{20}H_{39} \end{array}$$

叶绿素 a　　　　　　　　叶绿素 b

图 4-2　叶绿素 a 和叶绿素 b 的基本结构

叶绿素的含量可占全部色素的 2/3，而叶绿素 a 又占叶绿素含量的 3/4。

叶绿素的化学组成如下：

叶绿素 a：$C_{55}H_{72}O_5N_4Mg$（分子量 893）呈蓝绿色

叶绿素 b：$C_{55}H_{70}O_6N_4Mg$（分子量 907）呈黄绿色

叶绿素是一种双羧酸的酯，它的一个羧基为甲醇所酯化，另一个羧基为叶绿醇所酯化。

叶绿素 a 和叶绿素 b 在结构上仅有的差别是（—CH_3 被—CHO 代替）它们都不溶于水，仅溶于乙醇、丙酮、乙醚等有机溶剂。叶绿素分子是一个庞大的共轭系统，因此吸收光能的能力较强。绝大部分叶绿素 a 和全部叶绿素 b 具有收集光能的作用，少数不同状态的叶绿素 a 分子能将光能转化为电能。

叶绿素不参与氢传递或氢的氧化还原，而只以电子传递（即电子得失引起的氧化还原）及共轭传递（直接传递能量）的方式，参与能量的传递过程。

叶绿素卟啉环中的 Mg 可被 H^+ 或 Cu^{2+} 所取代。当 Mg 被取代后，可以形成褐色的去镁叶绿素。当植物叶片受伤后，液泡中的 H^+ 渗入细胞质，置换了叶绿素分子中的 Mg 而形成去镁叶绿素，所以叶片常变成褐色。制备浸制标本时，用醋酸铜溶液处理可使标本长期保持绿色，即由于铜置换了叶绿素分子中的镁，形成更稳定的去镁叶绿素，使组织在死亡之后仍呈现绿色。

2. 类胡萝卜素

叶绿体中的类胡萝卜素包括两种色素：胡萝卜素和叶黄素。前者呈橙黄色，后者呈黄色。胡萝卜素是不饱和的碳氢化合物，分子式是 $C_{40}H_{56}$，它有三种同分异构物：α-、β-及 γ-胡萝卜素，叶子中常见的是 β-胡萝卜素。叶黄素是由胡萝卜素衍生的醇类，分子式是 $C_{40}H_{56}O_2$。它们都是脂溶性化合物，不溶于水，仅溶于有机溶剂中。

这类色素可以吸收光能，并将光能传给叶绿素 a，此外，还有使叶绿素分子免遭伤害的光保护作用。一般来说，叶片中的叶绿素与类胡萝卜素的比值约为 3：1，所以正常叶子总呈现绿色。秋天或不良的环境中，叶片中的叶绿素较易降解，数量减少，而类胡萝卜素较为稳定，所以叶片呈黄色。

　　类胡萝卜素（图 4-3）在植物体内的含量最多，在动物体内经水分解后，即转变为维生素 A，叶黄素是由胡萝卜素衍生的醇类。

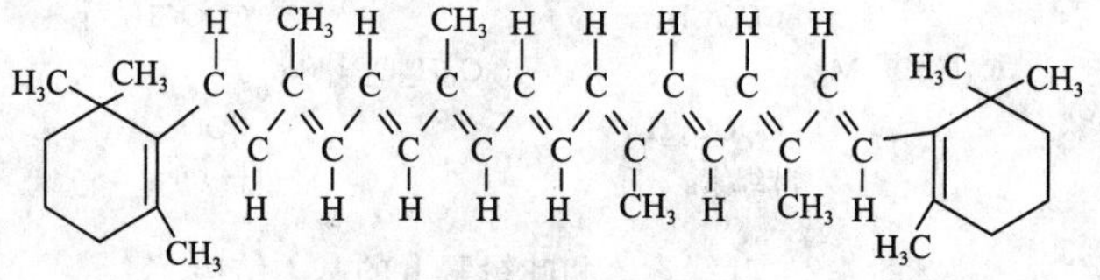

β-胡萝卜素

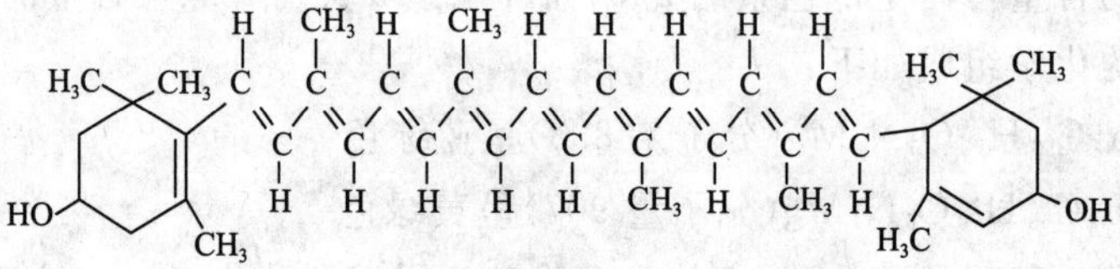

叶黄素

图 4-3　类胡萝卜素和叶黄素的结构式

3. 藻胆素

　　藻胆素仅存在于红藻和蓝藻中，主要有藻红蛋白、藻蓝蛋白和别藻蓝蛋白三类，前者呈红色，后两者呈蓝色。它们的生色团与蛋白质以共价键牢固的结合。藻胆素分子中的四个吡咯环形成直链共轭体系，不含镁，也没有叶绿醇链。藻胆素也有收集光能的功能。

　　植物的叶片是进行光合作用的主要器官，而叶片中叶肉细胞的叶绿体是进行光合作用的细胞器。实验证明，离体叶绿体在适宜的介质中，在一定的条件下，能够完成光合作用的全部过程。所以说，叶绿体是一个完整的光合作用细胞器。

三、光合色素的光学特性

1. 吸收光谱

　　太阳光不是单一的光，到达地表的光是波长大约从 300 nm 的紫外光到 2600 nm 的红外光。其中，只有波长在大约 390～760 nm 之间的光是可见光。当光束通过三棱镜后，白光被分成红、橙、黄、绿、青、蓝、紫 7 色连续光谱，这就是太阳光的连续光谱（图 4-4）。

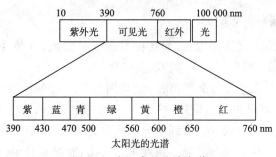

图 4-4　太阳光的连续光谱

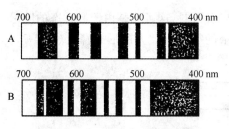

图 4-5　叶绿素的吸收光谱
A. 叶绿素 a　B. 叶绿素 b

叶绿素吸收光的能力极强。如将叶绿素提取液放在光源和分光镜之间，就可以看到光谱中有些波长的光线被吸收了，因此光谱上就出现黑线或暗带，这种光谱称为吸收光谱（图4-5）。叶绿素吸收光谱的最强吸收区有两个，叶绿素 a 和叶绿素 b 的吸收光谱较为相近，二者在蓝紫光（430～450 nm）和红光区（640～660 nm）都有一个吸收高峰，但叶绿素 a 在红光区的吸收带偏向长波方向，在蓝紫光区的吸收带则偏向短波方向。

　　叶绿素 a 和叶绿素 b 对绿光的吸收都很少，故呈绿色；叶绿素 a 为蓝绿色，叶绿素 b 为黄绿色。胡萝卜素和叶黄素的吸收光谱与叶绿素不同，它们只吸收蓝紫光（420～480 nm），而不吸收红、橙及黄光，所以它的颜色呈橙黄色和黄色（图4-6）。大多数植物的叶片在春夏呈绿色，到了秋天就变成黄色就是这个原理。

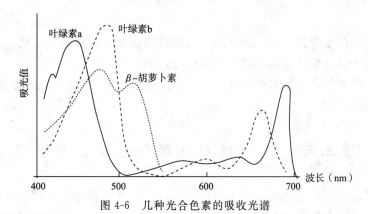

图 4-6　几种光合色素的吸收光谱

　　藻胆素的吸收光谱与类胡萝卜素的相反，它主要吸收绿、橙光，藻蓝素主要吸收橙红光，藻红素主要吸收绿光和黄光部分。

2. 荧光现象和磷光现象

叶绿素溶液在透射光下呈绿色,而在反射光下呈红色,这种现象叫做荧光现象。藻胆素也有荧光现象,但类胡萝卜素没有荧光现象。

荧光的波长一般长于吸收光的波长,这是因为所吸收的能量有一部分被消耗在分子内部振动上。荧光的寿命很短,约为 10^{-9} s。据估计每 100 个吸收了光的叶绿素分子中,约 30 个会发出荧光。叶绿素分子吸收光能后,由最稳定的、最低能态的基态变为高能的但极不稳定的激发态。由此可以看出,叶绿素分子吸收不同波长的光,可以被激发到不同的激发态。

叶绿素在溶液中的荧光很强,但在叶片中却很微弱,这可能是由于激发态的叶绿素将所吸收的光能直接用于光合作用,没有多余的能量以荧光的形式释放(图 4-7)。胡萝卜素、叶黄素和藻胆素都有荧光现象。

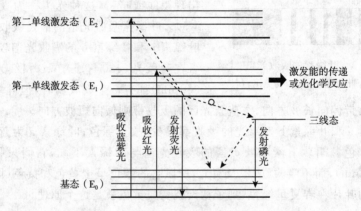

图 4-7　色素分子吸收光能后能量转变

叶绿素除产生荧光外,当去掉光源后,用精密仪器还能继续测量到微弱的红光,这个现象称为磷光现象。磷光的寿命较长,约为 $10^{-2} \sim 10^{-3}$ s。

荧光与磷光的产生都是由于叶绿素分子吸收光能后,重新以光的形式释放出来的能量。

第三节　光合作用机理和光合作用过程

光合作用的实质是将光能转化为化学能。根据能量转化的性质,可以将光合作用的过程分为三个阶段:(1)原初反应(包括光能的吸收、传递和光能转换为电能);(2)光合电子传递和光合磷酸化(包括电能转换为活跃的化学能);(3)二氧化碳同化(包括二氧化碳的固定与还原,即把活跃的化学能转换为稳定的化学能,形成有机物)。上述(1)、(2)两个步骤是在叶绿体基粒片层(光合膜)上进行,由于其主要过程需要在光下进行,一般称为光反应;(3)酶促生物化学反应,在有光和黑暗条件下均可进行,因此一般称为暗反应,它是在叶绿体间质中进行的。

一、原初反应

原初反应是指从光合色素分子被光激发到引起第一个光化学反应为止的过程。它包括光能的吸收、传递与光化学反应。

1. 光能的吸收与传递

在光合色素中,大多数叶绿素 a 和全部的叶绿素 b、类胡萝卜素有收集光能的作用,称为聚光色素或天线色素。聚光色素象漏斗一样收集光能,最终把光能传递给作用中心色素。作用中心色素是指吸收由聚光色素传递而来的光能,激发后能发生光化学反应引起电荷分离的光合色素。在高等植物中,作用中心色素是吸收特定波长光子的叶绿素 a 分子。

高等植物光合作用的两个光反应系统有各自的反应中心。光反应系统Ⅰ(PSⅠ)的作用中心色素是 P700,它是由两个叶绿素 a 分子组成的二聚体,最大的波长位置为 700 nm;另一个光反应系统Ⅱ(PSⅡ)的作用中心色素是 P680,它也是两个叶绿素 a 分子组成的二聚体,最大的波长位置为 680 nm 。

聚光色素和作用中心色素之间配合十分紧密。每吸收与传递一个光量子到作用中心色素分子,约需 250～300 个叶绿素分子。这就是说,聚光色素和作用中心色素组成一个"光合单位",在每个光合单位中只有一个作用中心色素分子,其余色素只是起聚光作用。

2. 光化学反应

光化学反应是指作用中心色素吸收光能所引起的氧化还原反应。光合作用中心至少包括一个作用中心色素、一个原初电子受体和一个原初电子供体,这样才能不断地进行氧化还原反应,将光能转换为电能(作用中心的原初电子受体是指直接接受作用中心色素分子传来电子的物体;作用中心的原初电子供体是指将电子直接供给作用中心色素分子的物体)。

聚光色素分子吸收光能传递到作用中心,作用中心色素(P)被光量子所激发(产生电荷分离),失去电子后呈现氧化态;原初电子受体接受电子被还原。反应中心色素失去电子,即带正电荷,又可以从它的原初电子供体获得电子而恢复原状。上述过程可用下式表示:

$$D \cdot P \cdot A \xrightarrow{h\nu} D \cdot P^+ \cdot A \longrightarrow D \cdot P^+ \cdot A^- \longrightarrow D^+ \cdot P \cdot A^-$$

式中 D 为原初电子供体;P 为反应中心色素分子;A 为原初电子受体。

光合作用原初反应的能量吸收、传递和转换关系总结见图 4-8。

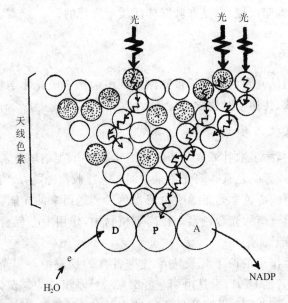

图 4-8　光合作用原初反应的能量吸收、传递和转换图解
粗的波浪箭头表示光能的吸收,细的波浪箭头表示能量的传递,直线箭头表示电子的传递。空心圆圈代表聚光性叶绿素分子,有黑点圆圈代表类胡萝卜素等辅助色素。P:作用中心色素分子;D:原初电子供体;A:原初电子受体;e:电子

二、光合电子传递与光合磷酸化

1. 光合电子传递

在光化学反应中,原初电子供体(P700 和 P680)受光激发后,将其电子传递给原初电子受体,使受体带有负电荷,而 P700 和 P680 则带正电荷。光化学反应中的两个光系统(即 PSⅠ、PSⅡ),通过一系列的电子传递体,将它们串联起来构成一条电子传递链,即 Z 链。

Z 链的 PSⅡ 一侧,由于 P680(原初电子供体)受光激发,发生光化学反应,失去一个高能电子,被原初电子受体 Q 所接受,从而引起一系列电子传递;Q 先传给 PQ(另一种质体醌),PQ 传至细胞色素 f(Cytf);其后再将电子传给质蓝素(PC);最后传给 PSI 的反应中心色素。P680 由于供出电子而呈氧化状态(P680$^+$),最终可以从水的分解中得到电子而恢复原状。因此水是最初的电子供体。

Z 链的另一侧 PSI 的反应中心色素受光激发,将高能电子打出来,给原初电子

受体 X,继后传递给铁氧还原蛋白(Fd),以后在铁氧还原蛋白－NADP$^+$ 还原酶的作用下,生成光合链的最后的产物 NADPH＋H$^+$。所以 NADP$^+$ 是光合链的最终电子受体。P700 所失去的电子,可由 PC 中得到的电子恢复原状,并继续接受由集光色素传递来的光能,发生光化学反应。

2. 光合磷酸化

在光下叶绿体光合电子传递的同时,使无机磷和 ADP 形成 ATP 的过程,称为光合磷酸化。光合磷酸化有两种类型,即非循环式光合磷酸化和循环式光合磷酸化。

PSⅡ所产生的电子,即 H$_2$O 光解释放出的电子,经过一系列的传递,在细胞色素链上引起了 ATP 的形成,同时把电子传递到 PSⅠ中去,进一步提高了电位,而使 H$^+$ 还原 NADP$^+$ 为 NADPH＋H$^+$,并放出 O$_2$。其过程可用下式表示:

$$ADP ＋ Pi ＋ NADP^+ ＋ H_2O \longrightarrow ATP ＋ NADPH ＋ H^+ ＋ 1/2\ O_2 \uparrow$$

在这个过程中,电子传递链是一个开放的通路,故称为非循环式光合磷酸化。

PSⅠ产生的电子经过一些传递体传递后,只引起了 ATP 的形成,而不释放 O$_2$,不伴随其他反应。

$$ADP ＋Pi \longrightarrow ATP ＋ H_2O$$

在这个过程中,电子经过一系列传递后降低了能位,最后,经过质蓝素重新回到原来的起点,也就是电子的传递是一个闭合的回路,故称为循环式光合磷酸化。环式光合磷酸化是非光合放氧生物光能转换的唯一形式,主要在基质内进行。

经过上述变化以后,由光能转变来的电能转化为活跃的化学能,暂时贮存在 ATP 和 NADPH 中。它们将用于 CO$_2$ 还原,进一步形成各种光合产物,最终把活跃的化学能转变为稳定化学能贮存在有机化合物中。这样 ATP 和 NADPH＋H$^+$ 就把光反应和暗反应联系在起来。通常把这两种物质合起来称为"同化力"。

三、光合碳同化

二氧化碳的同化,是指利用光合磷酸化中形成的同化力——ATP 和 NADPH＋H$^+$ 去还原 CO$_2$ 合成碳水化合物,使活跃的化学能转换为贮存在碳水化合物中稳定的化学能的过程。

碳同化是在叶绿体的间质中进行的,有一系列酶参与反应。根据碳同化过程中最初产物所含碳原子的数目及碳代谢的特点,将碳同化途径分为三类,即 C$_3$ 途径,C$_4$ 途径和景天酸代谢途径。C$_3$ 途径为最基本、最普遍,同时也只有此途径才具备合成淀粉的能力,并把只有 C$_3$ 途径的植物称为 C$_3$ 植物。

1. 卡尔文循环(C$_3$ 途径)

由于此途径是卡尔文(Calvin)等人在 1950 年发现的,故称卡尔文循环或光合碳循环。卡尔文循环的整个过程如 4-9 图所示。

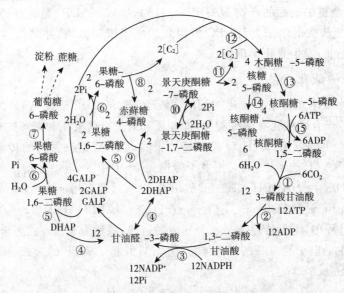

图 4-9　卡尔文循环各主要反应示意图

①RuBP 羧化酶　②3-磷酸甘油酸激酶　③3-磷酸甘油醛脱氢酶　④磷酸丙糖异构酶
⑤果糖二磷酸醛缩酶　⑥果糖二磷酸酯酶　⑦己糖磷酸异构酶　⑧转酮醇酶　⑨景天庚
酮糖二磷酸醛缩酶　⑩景天庚酮糖二磷酸酯酶　⑬戊糖磷酸差向异构酶　⑭戊糖磷酸同
分异构酶　⑮核酮糖-5-磷酸激酶

注：(1)图中圈内的阿拉伯数码表示反应序号；(2)每个化合物前的数码，表示参与反应的分子
数；(3)GALP(甘油醛-3-P)，DHAP(二羟丙酮磷酸)；(4) 12 分子甘油醛-3-P，其中仅 2 分子用于合
成葡萄糖，其余 10 分子通过循环，再生成 6 分子核酮糖。

以上卡尔文循环的整个过程是由 RuBP 开始至 RuBP 再生结束。整个循环分为
羧化、还原、再生三个阶段。

羧化阶段：指进入叶绿体的 CO_2 与受体 RuBP 结合并水解产生 PGA 的反应过
程。CO_2 在被 $NADPH + H^+$ 还原以前，首先被固定成羧酸。核酮糖-1,5-二磷酸
(RuBP)作为 CO_2 的受体，在 RuBP 羧化酶/加氧酶(Rubisco)的催化下，使 RuBP 和
CO_2 结合生成磷酸甘油酸(3-PGA)(图 4-9 反应 ①)。RuBP 羧化酶/加氧酶具有双
重功能，既能使 RuBP 与 CO_2 起羧化反应，推动 C_3 循环，又能使 RuBP 与 O_2 起加氧
反应而引起 C_2 碳循环即光呼吸。

反应式 1

$$核酮糖\text{-}1,5\text{-}二磷酸 + CO_2 + H_2O \xrightarrow[\text{RuBP 羧化酶}]{Mg^{2+}} 2,3\text{-}磷酸甘油酸$$

还原阶段：首先，3-PGA 被 ATP 磷酸化形成 1,3-二磷酸甘油酸(1,3-PGA)，然

后被 NADPH＋ H⁺ 还原成了三磷酸甘油醛（PGAL），上述反应分别由 3-磷酸甘油酸激酶和丙糖磷酸脱氢酶催化（图 4-9 反应 ②③）。

反应式 2

$$3\text{-磷酸甘油酸}+ATP \xrightarrow{\text{3-磷酸甘油酸激酶}} 1,3\text{-二磷酸甘油酸}$$

反应式 3

$$1,3\text{-二磷酸甘油酸}+NADPH+H^+ \xrightarrow{\text{丙糖磷酸胶氢酶}} 3\text{-磷酸甘油醛}+NADP+H_3PO_4$$

再生阶段：3-磷酸甘油醛重新形成 1,5 二磷酸核酮糖（RuBP）的过程（图 4-9 反应 ④）。

反应式 4

$$5 \ 3\text{-磷酸甘油醛}+3ATP+2H_2O \longrightarrow\longrightarrow 3RuBP+3ADP+2Pi+3H^+$$

PGAL 经过一系列转变，再形成 RuBP；RuBP 可连续参加反应，固定新的 CO_2 分子。

因为磷酸甘油酸是三碳化合物，所以这条碳同化途径也称 C_3 途径。通过 C_3 途径进行光合作用的植物称 C_3 植物。小麦、水稻、大豆、棉花、烟草、油菜等均属 C_3 植物。

2. 二羧酸途径（C_4 途径）

在 20 世纪 60 年代中期，发现有些起源于热带的植物，如千日红、半支莲、狗芽根、马唐、蟋蟀草以及玉米、高粱、甘蔗等植物，除了进行 C_3 途径以外，还有一条固定 CO_2 的途径，即 C_4 途径，它和卡尔文循环联系在一起。

C_4 途径的 CO_2 受体是叶肉细胞质中的磷酸烯醇式丙酮酸（PEP），PEP 在磷酸烯醇式丙酮酸羧化酶的催化下与 CO_2 结合，形成草酰乙酸（OAA），其反应式如下：

$$\text{磷酸烯醇式丙酮酸}+CO_2+H_2O \xrightarrow{\text{磷酸烯醇式丙酮酸羧化酶}} \text{草酰乙酸}$$

由于固定 CO_2 后的最初产物是 C_4 化合物，因而称这条碳同化途径为 C_4 途径。

草酰乙酸形成后，在不同酶的催化下分别形成苹果酸或天门冬氨酸。这些苹果酸或天门冬氨酸接着运到维管束鞘细胞。在维管束鞘细胞的叶绿体内脱羧放出 CO_2 转变成丙酮酸。丙酮酸再转移回到叶肉细胞，在 ATP 和酶的作用下，它又转变为磷酸烯醇式丙酮酸（PEP）和焦磷酸。PEP 又可作为 CO_2 受体，使反应循环进行（图 4-10）。再脱羧放出的 CO_2 进入 C_3 途径。所以，C_4 植物明显特点是光合效率高，生长速度快，而且能适应高温、干旱和高光强度的生长环境。

C_4 植物和 C_3 植物在固定 CO_2 方面，有着如此明显不同的途径，是由于这两类植物的叶子在结构上存在着差别。C_4 植物的叶肉组织没有栅栏组织和海绵组织的分化。维管束鞘只有一层细胞。维管束鞘细胞体积大，细胞器丰富，特别是叶绿体数量多、体积大。在维管束鞘外面是一层排列整齐的叶肉细胞,它们与维管束鞘细胞一起形成"花环形"结构。C_3植物的维管束鞘有两层细胞,其细胞体积小,细胞质内细胞器少,也无叶绿体,没有"花环形"结构(图 4-11)。

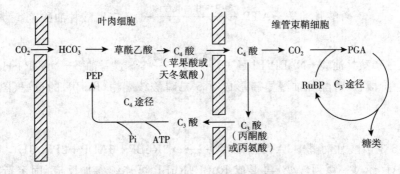

图 4-10　C_4途径各反应在各部位进行的示意图

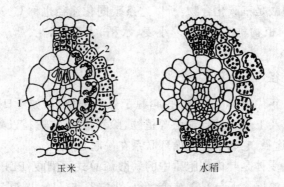

图 4-11　C_4(玉米)、C_3(水稻)植物叶片横切面比较
1. 维管束鞘　2. 维管束鞘叶绿体

　　光合作用的直接产物主要是糖类,包括单糖(葡萄糖、果糖)、双糖(蔗糖)和多糖(淀粉),其中以蔗糖和淀粉最为普遍。

　　在叶片进行光合作用时,C_4植物叶片中的花环结构及维管束鞘细胞的特点,更有利于将叶片中 C_4 化合物(苹果酸、天门冬氨酸)所释放的 CO_2 再行固定和还原,提高光合效率。一般认为,C_4植物是高光效植物,而 C_3 植物是低光效植物。

3. 景天酸代谢途径(CAM 途径)

　　景天科、仙人掌科及凤梨科植物具有这一碳代谢途径,它是植物对干旱条件适应的结果。这类植物晚上气孔开放,吸进大量 CO_2,在细胞质内的 PEP 羧化酶的作用下与 PEP 结合,转化为草酰乙酸;草酰乙酸再进一步还原成苹果酸,积累于液泡中。白天气孔关闭(以减少蒸腾),液泡中的苹果酸转移至细胞质,并在细胞质内氧化脱羧

释放 CO_2,同时形成丙酮酸(PY)。在细胞质内释放出的 CO_2,进入叶绿体参与 C_3 途径形成淀粉,并贮备在叶绿体中。丙酮酸则转移到线粒体进一步氧化,氧化过程释放的 CO_2 被再固定利用(图 4-12)。

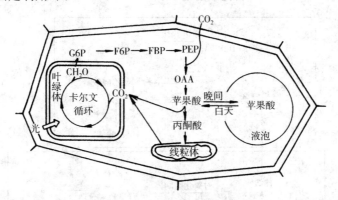

图 4-12　肉质植物 CAM 代谢途径

综上所述,C_4 植物的 C_4 和 C_3 途径分别在鞘细胞和叶肉细胞两个部位进行,即从空间上把两个过程分开;肉质植物没有特殊形态的维管束鞘,其 C_3 和 C_4 途径都是在具有叶绿体的叶肉细胞中进行。它们是通过时间(白天和黑夜)把 CO_2 固定与还原巧妙地分开。

第四节　光呼吸

光呼吸是相对暗呼吸而言的,是指绿色细胞在光照下,有吸收氧气、释放二氧化碳的反应,由于这种反应仅在光下发生,需要叶绿体参与,并与光合作用同时发生,故称为光呼吸。光呼吸的本质是发生在过氧化物体里的乙醇酸氧化。

一、光呼吸过程——乙醇酸代谢

现在认为光呼吸的生化途径是乙醇酸的代谢。乙醇酸是通过 RuBP 羧化加氧酶催化而形成的。RuBP 羧化加氧酶被认为是与光合作用效率有关的关键酶。此酶催化的反应主要是由 CO_2/O_2 的比值决定;当 CO_2/O_2 比值高时,RuBP 羧化加氧酶催化羧化反应,形成 2 分子磷酸甘油酸(PGA),参与卡尔文循环,当 CO_2/O_2 比值低时,RuBP 羧化加氧酶催化加氧反应,使 RuBP 裂解产生 1 分子磷酸甘油酸(PGA)和乙醇酸。乙醇酸是作为光呼吸的底物。

乙醇酸在叶绿体内形成后,就转移到过氧化物酶体中(图 4-13)。在乙醇酸氧化酶作用下,乙醇酸被氧化为乙醛酸和过氧化氢。这一反应以及形成乙醇酸时的加氧反应,就是光呼吸中吸收氧气的反应。乙醛酸在转氨酶作用下,从谷氨酸得到氨基而形成甘氨酸。甘氨酸转移到线粒体内,由两分子甘氨酸转变为丝氨酸并释放二氧化碳。这就是光呼吸中放出二氧化碳的过程。

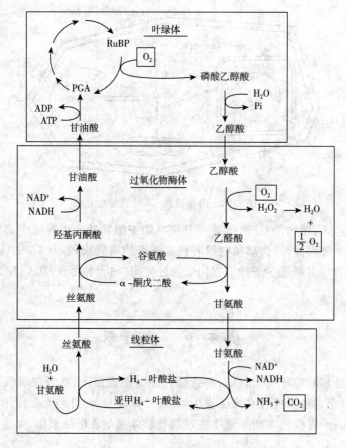

图 4-13　光呼吸代谢途径

丝氨酸又在过氧化物酶体和叶绿体中得到 NADH 和 ATP 的供应,最后转变为 3-磷酸甘油酸,重新参与卡尔文循环,进一步由核酮糖二磷酸又形成乙醇酸。乙醇酸代谢到此结束。

在整个光呼吸过程中,氧气的吸收发生于叶绿体和过氧化物酶体中,二氧化碳的释放发生在线粒体中。因此,乙醇酸代谢途径是在叶绿体、过氧化物酶体和线粒体三种细胞器的协同作用下完成的。

经过乙醇酸代谢,把 2 分子乙醇酸(C_2)变成 1 分子的 PGA(C_3)。中间放出 1 分子二氧化碳,消耗了光合作用固定的碳素,同时消耗能量 NADH 和 ATP。据估计,光呼吸氧化的碳素要占光合固定碳素的 30％（C_3 植物）。所以，无论从物质和能量的角度来看，光呼吸都是一个浪费的过程。但是，许多资料表明，光呼吸在高等植物中普遍存在，是不可避免的过程。从进化的观点出发，光呼吸可能是对内部环境（消除过多的乙醇酸和 O_2）的代谢调整，也可能是对外部条件（高光强）的主动适应。因此，对植物本身来说，光呼吸是一种自身防护体系。

二、C_4 植物和 C_3 植物的光呼吸

根据光合作用碳素同化的途径不同，经常把高等植物分为 C_3 植物、C_4 植物和CAM 植物。一般来说，C_4 植物比 C_3 植物具有较强的光合作用，其主要的原因就是 C_4 植物的光呼吸远远低于 C_3 植物，是由于 C_4、C_3 植物结构和功能两方面的差异。

C_4 植物叶片解剖结构的典型特征之一是具有花环状结构。花环状结构是指绿色组织围绕维管束呈放射状排列，呈两层同心圆的排列方式，内层是含有叶绿体的薄壁维管束鞘细胞，外层是由一层或多层叶肉细胞组成，其排列结构看起来似花环。

C_4 植物叶片的维管束鞘薄壁细胞中含有许多叶绿体，它比叶肉细胞的叶绿体大，但没有基粒，或者基粒发育不良。在维管束鞘薄壁细胞与其相邻的叶肉细胞之间有大量的胞间连丝相连。

C_3 植物的维管束鞘薄壁细胞较小，不含叶绿体，周围的叶肉细胞排列较松散。

在 CO_2 固定功能上，C_3 途径的 CO_2 固定是通过 RuBP 羧化加氧酶的作用来实现的，C_4 途径的 C_2 固定是 PEP 羧化酶的催化来完成的。

尽管两种酶都有 CO_2 固定的功能，但是它们对 CO_2 的亲和力差异却很大。PEP羧化酶对 CO_2 的亲和力要比 RuBP 羧化加氧酶大得多，这就使得 C_4 植物的纯光合速率比 C_3 植物快的多，尤其是在 CO_2 浓度低的环境下相差更是悬殊。

据测定，C_4 植物的 CO_2 补偿点在 $0\sim10$ mg/L，远远低于 C_3 植物的补偿点 $50\sim150$ mg/L。所谓 CO_2 补偿点是指在充足的光照下，植物光合作用所吸收的二氧化碳的量与呼吸作用所释放的 CO_2 量达到动态平衡时，外界环境中的二氧化碳浓度。因此，CO_2 补偿点的高低可以作为衡量植物光合效率高低的指标。C_4 植物一般比 C_3 植物具有较强的光合作用。

由于 C_4 植物的 PEP 羧化酶活性较强，这种酶对 CO_2 的亲和力很大，加之，C_4 途径中 CO_2 是由叶肉细胞进入维管束鞘，也就是起一个"二氧化碳泵"的作用，把外界 CO_2 "压"进维管束鞘薄壁细胞中去，增加了维管束鞘薄壁细胞的 CO_2/O_2 比率，增加 RuBP 羧化加氧酶催化羧化的反应，而减少光呼吸底物乙醇酸的形成。另外，C_4 植物的光呼吸酶主要集中在维管束鞘薄壁细胞中，光呼吸就局限在维管束鞘内进行。在

它外面的叶肉细胞,具有对 CO_2 有很高亲和力的 PEP 羧化酶,所以,即使光呼吸在维管束鞘放出 CO_2,也很快被叶肉细胞再一次吸收和重新固定。因此,C_4 植物的光呼吸强度比起 C_3 植物要低的多。据估计,水稻、小麦等 C_3 植物的光呼吸耗损了光合新形成有机物的 $1/4 \sim 1/3$,而高粱、玉米、甘蔗等 C_4 植物的光呼吸仅消耗光合新形成有机物的 $2\% \sim 5\%$,甚至更少。因此,C_3 植物又被称为光呼吸植物或高光呼吸植物,而 C_4 植物则被称为非光呼吸植物或低光呼吸植物。

三、光呼吸的调节与控制

自从发现光呼吸之后,人们就希望通过控制光呼吸作用来提高光合效率,达到增加产量的目的。概括起来可以通过以下几种方法对光呼吸进行调节与控制。

1. 光呼吸的抑制

植物的光呼吸具有一定的生理意义,但是它需要消耗有机物。所以,人们尽量设法控制光呼吸。一般是利用化学药剂抑制乙醇酸的氧化或抑制乙醇酸的生物合成来控制光呼吸,提高净光合率。有实验表明:α-羟基磺酸盐处理烟草小叶片抑制乙醇酸氧化,2,3-环氧丙酸抑制烟草小叶片叶绿体内乙醇酸的合成,异烟肼具有抑制过氧化体内转氨酶的作用。适时适量地采用化学药剂控制过高的光呼吸,具有提高光合效率、达到增加产量的目的。

2. 提高 CO_2/O_2 浓度比值

提高 CO_2 浓度能有效地提高 RuBP 羧化加氧酶的羧化活性,加速有机物质的合成。由于 RuBP 羧化酶/加氧酶活性特点,当 CO_2/O_2 比值升高时,促进羧化反应而抑制加氧反应,使光合效率增加。因此可用适当增加 CO_2 浓度的方法提高净光合率。此法适用于塑料薄膜育苗及温室植物栽培。

3. 筛选低光呼吸品种

现在可以利用细胞融合法,从组织培养植株中筛选,或利用辐射及化学诱变的方法引起突变,从中筛选出低光呼吸变种。也可以采用"同室效应法"筛选低光呼吸品种。将辐射处理的 C_3 植物幼苗与 C_4 植物幼苗一同培养在密闭的光合室内。幼苗长时间进行光合作用,使光合室内的二氧化碳量逐渐降低,最后降至 C_3 植物的 CO_2 补偿点以下时,大部分 C_3 植物因有机物逐渐消耗而最终死亡,但具有低 CO_2 补偿点的 C_4 植物仍能正常生长。如果 C_3 植物的极个别植株能够耐受低 CO_2 而存活下来,这些植株就是具有低 CO_2 补偿点的植株,然后通过育种培养低光呼吸品种。但至今尚未成功。

四、光呼吸的生理意义

现已知光呼吸使 C_3 植物损失的 CO_2 量占光合作用固定 CO_2 的 $25\%\sim30\%$（有时甚至高达 50%），也就是把光合作用固定 CO_2 的 $1/4\sim1/3$ 的碳又释放出去。过去认为是一个浪费的过程，对植物是有害无益的。但是多数资料表明，光呼吸在高等植物内普遍存在，是不可避免的过程。因此，对植物本身来说，光呼吸是一种自身保护体系。现有许多研究结果认为，光呼吸具有以下生理意义。

1. 回收碳素

通过 C_2 氧化循环可以回收乙醇酸中 $3/4$ 的碳（2 个乙醇酸转化成 1 个 PGA，释放 1 个 CO_2）。

2. 维持 C_3 光合碳循环的运转

叶片气孔关闭或外界 CO_2 浓度低时，光呼吸释放的 CO_2 能被 C_3 途径再利用，以维持光合碳循环的运转。

3. 防止强光对光合器官的破坏

在强光照条件下，光反应过程中形成的同化力超过了光合 CO_2 同化的需要。叶绿体内 $NADPH+H^+/NADP^+$、ATP/ADP 的比值增加。同时由光激发的高能电子会传递给 O_2，形成的超氧离子自由基 O_2^+ 会对光合膜、光合器官有伤害作用。通过光呼吸作用消耗强光下产生的过多 ATP 和 $NADPH+H^+$，从而对光合器官起保护作用。

4. 消除乙醇酸积累对细胞产生的伤害作用。

第五节　影响植物光合作用的内外因素

植物的光合作用和其他生命活动一样，也经常受着外界条件和内部因素的影响而不断地发生变化。

一、测定光合效率常用的指标

1. 光合速率

光合作用的强弱一般用光合速率（即光合强度）表示。它是指单位时间单位叶面积的 CO_2 吸收量，通常用 CO_2 毫克分米小时（$mg \cdot dm^{-2} \cdot h^{-1}$）表示。一般测定光合速率的方法都没有把叶子的呼吸作用考虑在内,所以测定结果实际是光合作用减去呼吸作用的差值,叫做表观光合速率或净光合速率。如果同时测其呼吸速率,把它加到表观光合速率上去,则得到真正的光合速率。

$$真正的光合速率＝表观光合速率＋呼吸速率$$

2. 光合生产率(也称净同化率)

光合生产率即每天每平方米叶面积实际积累的干物质克数,它是较长时间(例如,一昼夜或一周)的表观光合速率。测定光合生产率是对植物的叶面积及其干重在相隔一定时间内,前后进行两次测定。按以下公式计算:

$$光合生产率＝\frac{W_1-W_2}{1/2(S_1+S_2)\times D}$$

注:W_1、W_2——测定前后植物的干重;S_1、S_2——测定前后植物的叶面积;D——测定前后两个相隔的天数。

二、影响光合作用的外界条件

1. 光照

光是光合作用的能量来源,光合强度对光合速率影响很大,在一定范围内,光合速率与光照强度几乎呈直线关系;超过一定范围后,光合速率增加变慢;当达到某一光照强度时,光合速率就不再增加,这种现象称为光饱和现象。开始出现光饱和现象时的光照强度称光饱和点。上述光饱和点的数值是指单子叶而言,对群体则不适用。因群体枝叶繁茂,当外部光照达到单子叶光饱和点以上时,群体内部光照强度仍在光饱和点以下。

当光照强度减弱时,植物的光合作用也随之减弱,当光照强度减弱到光合作用所吸收的 CO_2 和呼吸作用所释放的 CO_2 相等时,表观光合速率等于零。这个时候的光照强度称为光补偿点(图 4-14)。此时,光合作用所制造的有机物与呼吸消耗的有机物相等。净光合产物为零。

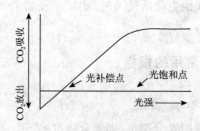

图 4-14 光照强度与光合速率的关系

光饱和点和光补偿点分别表示植物对强光和弱光的利用能力,因而可以作为植物需光特性的指标。在生产中,要尽一切努力提高光饱和点,降低光补偿点,做到增加积累,减少消耗。

根据植物对光照强度需要的不同,可把植物分为阳生植物和阴生植物。阳生植物要求充分的直射日光,才能生长良好。如马尾松、白桦、刺槐、月季、扶桑、白兰等;阴生植物适宜生长在荫蔽环境中,如胡椒、云杉、茶花、杜鹃和兰花等。

2. CO_2 浓度

CO_2 是光合作用的主要原料,空气中 CO_2 的含量对光合作用有直接影响。在一定范围内,植物净光合速率随 CO_2 浓度增加而增加,但 CO_2 达到一定浓度时,光合速率不再增加,此时环境中 CO_2 的浓度称为 CO_2 饱和点。在光照强度较高时,CO_2 不足往往限制光合速率的提高。当光合吸收 CO_2 量与呼吸释放 CO_2 量相等,此时外界的 CO_2 浓度称为 CO_2 补偿点。

C_4 植物的 CO_2 补偿点低于 C_3 植物。因此在 CO_2 浓度较低时,C_4 植物仍能积累光合产物继续生长,而 C_3 植物却不能。适当增加空气中 CO_2 浓度,可以提高光合速率,如大田栽培,一般采用改善植株间通气条件,使大量空气通过叶面。另外施有机肥,利用土壤微生物分解有机物时释放的 CO_2 增加大气中的 CO_2 浓度。

目前国内外的温室及塑料薄膜棚室都已广泛使用 CO_2 施肥法。北京农学院以 CO_2 施肥法培育松柏幼苗,缩短了育苗周期,并且幼苗生长健壮。CO_2 施肥法一般用干冰,但切忌施肥过多。特别要注意的是给大棚植物增施 CO_2,最好只在光照较强的中午前后进行。避免长期高 CO_2 对光合的下调。

3. 温度

由于光合作用的暗反应是酶促反应,而温度直接影响到酶的活性,从而对光合速率也发生很大影响。植物可在 $10\sim35$℃下正常进行光合作用,其中以 $25\sim30$℃最适宜,在 35℃ 以上时,光合作用就开始下降,$40\sim50$℃ 即完全停止。在低温中,酶促反应速度下降,故限制了光合作用的进行。光合作用在高温时降低的原因,一方面是高温破坏了叶绿体和细胞质的结构,并使叶绿体的酶钝化;另一方面在高温时,呼吸速率大于光合速率。因此,表观光合速率降低。一般 C_4 植物光合作用最适宜温度高于 C_3 植物。

4. 水分

水分是光合作用的原料之一。水分缺乏时可使光合速率下降。水分亏缺对光合作用的影响是多方面的,如气孔开度减小,甚至关闭,对光合作用吸收 CO_2 形成阻力,使同化 CO_2 的速率降低。缺水时,叶内淀粉水解作用加强,光合产物输出缓慢、糖累积,使光合速率降低。严重缺水时,叶片萎蔫,光合膜系统受到伤害,光合作用几乎停止。

C_4 植物对干旱有一定适应能力,因为 C_4 植物有 CO_2 泵的作用,在气孔开度减小, CO_2 吸收量降低时,仍可供应较充分的 CO_2 来进行光合碳循环。

5. 矿质元素

矿质元素对光合作用的影响有直接和间接两方面。例如 N、P、S、Mg 等是叶绿体的组成成分;Fe、Mn、Cl、Cu 等在光合电子传递中起重要作用;K 对气孔开关和碳水化合物代谢有重要影响。缺 K 时,影响糖类转化和运输,这样就间接地影响了光合作用;P 也参与光合作用中间产物的转化和能量代谢,所以对光合作用也有很大影响。

在肥料三要素中,以氮肥对光合作用效果最明显。追施 N 肥促进光合速率的原因有两方面,一方面是促进叶片面积增大,叶片数目增多,增加光合面积,这是间接的影响。另一方面是直接影响光合能力。施氮肥使叶绿素含量急剧增加,加速光化学反应。氮肥充足,叶片蛋白质含量增加,而蛋白质是酶的主要组成成分,可以使暗反应顺利进行。

上述各种外界条件都可能同时对光合作用发生影响,当各因子同时作用于光合作用时,光合速率往往受最低因素所限制。

三、影响光合作用的内部因素

1. 叶龄

新生的幼叶,叶面积小,叶绿素含量低,光合强度很低。此时叶片制造的光合产物尚不足以供应本身的需要,必须从成熟叶片或养分贮藏器官获得同化物供应。随着叶子成长,光合能力逐渐增强,待叶面积达到最大,其光合速率也达到最大值,以后随叶片衰老,逐渐减弱,最后枯死并脱落。

2. 源与库之间的关系

叶片光合产物向外运输不畅就会积累起来,不利于叶片进行光合作用。测定叶片光合强度与叶片中淀粉含量和可溶性糖的浓度之间都呈负相关。叶片中光合产物积累的数量,受叶片光合强度和消耗光合产物的器官之间的供求关系决定,也就是前面介绍"代谢源"与"代谢库"的关系。一株植株在生长旺盛或开花结实时期,对光合产物的需要量增加,这时叶片的光合作用也会增强,相反,在生长停滞或摘去贮藏器官,减少对光合产物的需求时,叶片光合强度就会明显下降。此外,植物种类及植物不同发育时期也对光合作用有显著影响。

思考题

1. 什么是光合作用？光合作用有什么重要意义？

2. 植物的叶片为什么呈绿色？叶绿体色素有哪几种？叶绿体色素对光谱的选择吸收具有什么生物学意义？

3. 光合作用的光反应在叶绿体内那部分进行的？分几步进行？产生什么物质？光合作用的暗反应在叶绿体内哪部分进行？分几步进行？产生什么物质？

4. 光合作用全过程中能量是如何转换的？试述电子传递途径。

5. 用列表的形式比较 C_3、C_4 植物光合特征的差异。

6. 什么是光补偿点、光饱和点、CO_2 补偿点、CO_2 饱和点？

7. 何谓光能利用率？如何提高植物的光能利用率？

8. 什么是光呼吸？其主要过程是什么？如何调节和控制光呼吸？

第五章　植物的呼吸作用

第一节　呼吸作用的概念及生理意义

一、呼吸作用的概念

呼吸作用是一切生物共有的生命活动。绿色植物的呼吸作用与光合作用共同组成代谢核心。植物的呼吸作用是指细胞内的有机物(如糖类、脂类、蛋白质、有机酸等)在酶的作用下,逐步氧化分解,最终生成 CO_2 与 H_2O,并释放能量的过程。

呼吸作用又分为有氧呼吸和无氧呼吸。高等植物以有氧呼吸为主,但在暂时缺氧或在深层组织内,也可进行无氧呼吸,这是高等植物呼吸代谢对缺氧环境的适应。呼吸消耗氧和己糖,植物重量下降,释放大量 CO_2。进入贮存红薯或白菜的地窖,因有大量的 CO_2 存在,而使人窒息。谷物堆放,温度上升,水果堆放也发热、发汗,都能证明植物进行呼吸作用。

二、植物呼吸作用的意义

1. 作为生命活动的重要指标

一般将呼吸作用的强弱作为衡量生命代谢活动强弱的重要指标。细胞死亡——呼吸停止。

2. 提供生命活动所需的能量

植物各种生命活动都需要能量(植物吸收矿质、水、有机物运输、合成、植物生长发育等)。

3. 为其他有机物合成提供原料

在呼吸作用中,产生一系列不稳定的中间产物,为进一步合成其他物质提供原料(蛋白质、核酸、脂类)。因为呼吸与有机物合成、转化密切相关,为代谢中心。

4. 呼吸作用可提高植物的抗病及抗伤害能力

当植物被病原菌侵染时,植物通常通过呼吸作用急剧增强,氧化毒素以清除毒素或转变成其他无毒物质参加到物质代谢过程中。旺盛呼吸有利于伤口愈合等。

总之呼吸作用是植物体普遍存在的生理生化过程,它是代谢中心与所有代谢过程密切相关。

三、呼吸作用的指标

1. 呼吸速率(呼吸强度)

呼吸速率是衡量呼吸作用强弱快慢的指标,呼吸速率又称呼吸强度。呼吸速率是最常用的生理指标,是以植物的单位重量(鲜重、干重或原生质)在单位时间内所释放 CO_2 或所吸收 O_2 的量来表示。如吸收 O_2 微升(μl)/g 鲜重(干重)/h,释放 CO_2 微升(μl)/g 鲜重(干重)/h。

植物呼吸速率随植物的种类、年龄、器官和组织的不同有很大差异。一般说,凡生长快的植物比生长慢的植物高;高等植物比低等植物高;喜光植物比耐阴植物高;草本植物比落叶乔木高。另外,同一植物不同器官呼吸强度也是不同的。生长旺盛的幼嫩器官(根尖、茎尖、嫩根、嫩叶)的呼吸强度高于生长缓慢衰老的器官(老根、老茎、老叶);生殖器官高于营养器官。如大麦种子仅 0.003 μmol O_2/g 鲜重/h,而番茄根尖达 300 μmol O_2/g 鲜重/h。

2. 呼吸商

植物组织在一定时间内,放出 CO_2 摩尔数(mol)与吸收 O_2 的摩尔数(mol)的比率叫做呼吸商(简称 RQ),又称呼吸系数。它是表示呼吸底物的性质与氧气供应状态的一种指标。

$$呼吸商(RQ) = \frac{放出\ CO_2\ 摩尔数(mol)}{吸收\ O_2\ 摩尔数(mol)}$$

以糖为呼吸底物,呼吸商 RQ=1;含氢较多的脂肪为呼吸底物时,氢对氧的比例大,所以脂肪需要较多的氧才能彻底氧化,RQ<1;利用含氧比糖多的有机酸为呼吸底物时,则 RQ>1。通过 RQ 的测定,可以了解植物利用呼吸底物的情况。通过对呼吸商(RQ)测定可以判断呼吸底物的性质。

第二节　呼吸作用的类型及其生化过程

一、呼吸作用的类型

呼吸作用的类型分为有氧呼吸和无氧呼吸。

1. 有氧呼吸

指生活细胞内有机物(葡萄糖)在有氧条件下,进行彻底氧化,生成 CO_2 和 H_2O 并释放大量的能量。如葡萄糖氧化分解的总反应式为:

$$C_6H_{12}O_6 + 6O_2 \rightarrow 6CO_2 + 6H_2O + 2870 \text{ kJ}(686 \text{ kcal})/\text{mol}$$

葡萄糖的有氧氧化过程是通过糖酵解——三羧酸循环途径(简写为 EMP—TCA 循环途径)完成的。它包括有糖酵解、丙酮酸氧化生成乙酰 CoA、三羧酸循环、呼吸链四阶段。利用分子氧作为氢的最终受体,将有机物彻底氧化为 CO_2 和能量,O_2 被还原为 H_2O 的过程,称为有氧呼吸。

在呼吸作用中,有相当一部份的能量以热能形式释放。这部分能量散发到大气或土壤中,对植物基本无益,只有在低温下对某些特定种类植物,这种热能可刺激代谢。其余的能量则以"～P"的形式贮藏于 ATP 上,为其他生理活动所利用。在呼吸代谢过程中,代谢的中间产物,可以进一步合成蛋白质、核酸、脂肪等细胞物质。

有氧呼吸是高等植物进行呼吸的主要形式。事实上,通常所说的呼吸作用就是指有氧呼吸。由于呼吸会消耗 O_2,产生 CO_2 和热量,所以进入贮藏果蔬的地窖就会因 CO_2 浓度过高而使人窒息,未经充分干燥的谷物堆放一段时间就会发热。

2. 无氧呼吸

一般指在无氧条件下,生活细胞的呼吸底物降解为不彻底的氧化产物,同时释放能量的过程。糖酵解途径产生的丙酮酸,在无氧条件下被 $NADH + H^+$ 还原生成乳酸或乙醇的过程,称为"发酵"或"无氧呼吸"。根据还原产物的不同,无氧呼吸可分为乳酸发酵和乙醇发酵。

$$C_6H_{12}O_6 \longrightarrow 2C_2H_5OH + 2CO_2 + 能量$$
$$C_6H_{12}O_6 \longrightarrow 2CH_3CHOHCOOH + 能量$$

无氧呼吸的特征是利用某些有机物作为氢的最终受体,使底物氧化降解的过程是无氧呼吸。由于无氧呼吸不利用 O_2，底物氧化降解不彻底，仍以有机物的形式存在，故释放能量少。

高等植物在短时间缺氧条件下（如淹水），可进行无氧呼吸，因而可适应不利环境，保持生命延续。

二、呼吸作用的生化历程

糖酵解亦称 EMP 途径，是在细胞质中酶将葡萄糖降解成丙酮酸并伴随着生成 ATP 的过程。是动物、植物、微生物细胞中葡萄糖分解产生能量的共同代谢途径，此过程在有氧和无氧条件下均能进行，是氧化磷酸化和 TCA 循环的前奏。

在好氧有机体中，酵解生成的丙酮酸进入线粒体。经 TCA 循环，被彻底氧化成 CO_2 和 H_2O，糖酵解生成的 $NADH+H^+$ 经呼吸链氧化生成 ATP 和 H_2O。

在厌氧有机体（酵母或其他微生物）中，若供氧不足，$NADH+H^+$ 把丙酮酸还原成乳酸称为发酵，把酵解生成的氢交给丙酮酸脱羧生成的乙醛，使之形成乙醇称为乙醇发酵。若将氢直接交给丙酮酸生成乳酸，则是乳酸发酵。

1. 糖酵解过程（又称为 EMP 途径）

$$C_6H_{12}O_6+2NAD^++2ADP+2Pi \longrightarrow 2CH_3COCOOH+2NADH+H^++2ATP$$
葡萄糖　　　　　　　　　　　　　丙酮酸

式中：NAD^+ 为氧化态辅酶Ⅰ；$NADH+H^+$ 为还原态辅酶Ⅰ；Pi 为无机磷；ADP 为二磷酸腺苷；ATP 为三磷酸腺苷（是植物体可以直接利用的能量载体）。

1 分子葡萄糖经磷酸化裂解为 2 分子 3-磷酸甘油醛（3-PGAL），3-PGAL 经氧化（脱氢）、脱水等步骤，生成 2 分子丙酮酸和 2 分子（$NADH+H^+$）与 4 分子 ATP。但在最初葡萄糖磷酸化时消耗掉 2 分子 ATP，所以净生成 2 分子 ATP（无氧条件）。

注：如在有氧条件下，2 分子（$NADH+H^+$）可以进入呼吸链生成 5 分子 ATP，此阶段就可以生成 7 分子 ATP。

糖酵解途径（图 5-1）：

（1）植物体内贮藏的淀粉被降解为葡萄糖-1-磷酸，简写为 G-1-P（淀粉磷酸化酶）

（2）葡萄糖-1-磷酸→葡萄糖-6-磷酸（磷酸葡萄糖变位酶）

（3）葡萄糖与 ATP 磷酸化→葡萄糖-6-磷酸（简写为 G-6-P，己糖激酶催化，需要 ATP、Mg^{2+} 的参与，此反应为不可逆反应）

（4）葡萄糖 6-磷酸→果糖-6-磷酸（简写为 F-6-P，磷酸己糖变位酶）

（5）果糖与 ATP 磷酸化→果糖-6-磷酸（简写为 F-6-P，磷酸果糖激酶，需要 ATP、Mg^{2+} 的参与）

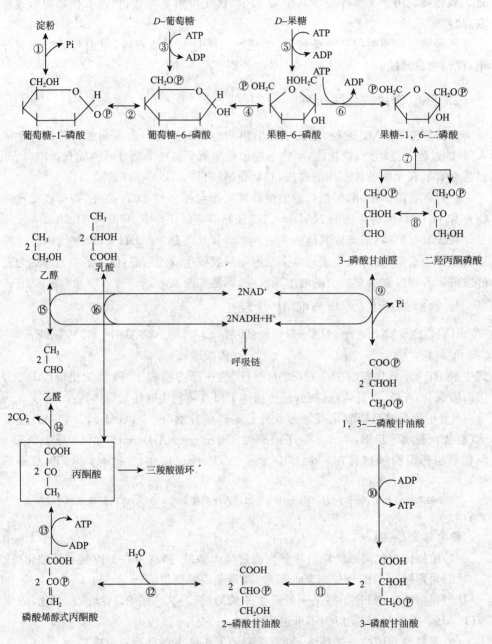

图 5-1　糖酵解途径

(6)果糖-6-磷酸与 ATP 磷酸化→果糖-1.6-二磷酸(简写为 F-1.6-2P,磷酸果糖激酶,需要 ATP、Mg^{2+} 的参与,此反应为不可逆反应)

(7)果糖-1.6-二磷酸→磷酸二羟丙酮(简写为 PDHA)＋3-磷酸甘油醛(简写为 PGAL),此反应由醛缩酶催化将 1 个六碳糖裂解为 2 个三碳糖;磷酸二羟丙酮不能进入糖酵解途径,但它可以在磷酸丙糖异构酶的催化下转化为 3-磷酸甘油醛。3-磷酸甘油醛可以直接进入糖酵解的后续反应。

(8)3-磷酸甘油醛 $\Longleftrightarrow$ 磷酸二羟丙酮(磷酸丙糖异构酶)

(9)3-磷酸甘油醛＋Pi→1.3 二磷酸甘油酸(简写为 1.3BGP),此反应是糖酵解中第 1 个不需氧的氧化反应,由 3-磷酸甘油醛脱氢酶催化,脱下 2H 被 NAD^+ 接受成为 $NADH+H^+$,并磷酸化,分子内能量重新排列生成 1 个含有高能磷酸键的物质,称为 1.3-二磷酸甘油酸,再继续进行转化。

(10)1.3-二磷酸甘油酸＋ADP→3-磷酸甘油酸(简写为 3-PGA)＋ATP(磷酸甘油酸激酶)

(11)3-磷酸甘油酸→2-磷酸甘油酸(磷酸甘油酸变位酶、Mg^{2+})

(12)2-磷酸甘油酸→2-磷酸烯醇式丙酮酸(简写为 PEP,丙酮酸激酶)

(13)2-磷酸烯醇式丙酮酸→丙酮酸(非酶促反应,Mg^{2+},Mn^{2+})

(14)2 丙酮酸＋$NADH+H^+$→2 乳酸

(15)2 丙酮酸 $\xrightarrow{CO_2}$ 2 乙醛＋$NADH+H^+$→乙醇

糖酵解概括:

(1)整个过程无氧参加反应:反应系列中有一步,氧化(脱氢)反应脱下氢交给 NAD^+→$NADH+H^+$,$NADH+H^+$ 作为供氢体使丙酮酸还原成乳酸或乙醇。反应结果没有 $NADH+H^+$ 生成,不需氧参加反应,故称无氧呼吸。

(2)葡萄糖→丙酮酸→乳酸,整个反应都在一系列酶的催化下完成,其中有三步不可逆反应,需 NAD^+、ATP、ADP、Mg^{2+} 作为辅助因子。

(3)能量贮存在 ATP 中:①葡萄糖→丙酮酸→乳酸或乙醇,可以生成 4ATP－2ATP(消耗)＝2ATP(净生成);②淀粉→丙酮酸→乳酸,可以生成 4ATP－1ATP(消耗)＝3ATP(净生成)。

(4)EMP 的调控

①磷酸果糖激酶属于变构酶(是糖酵解中最重要的控制成分)[ATP]↑可以降低此酶对 F-6-P 的亲和力(ATP 是此酶的底物及变构抑制剂),AMP、ADP 可以使此酶变构激活。

②己糖激酶也属于变构酶,其活性受产物 G-6-P 积累的抑制。

③丙酮酸激酶也属变构酶,ATP 含量增加酶活性下降,ATP 含量下降酶活性增加,反应速度加快,F-1,6-2P 可增加酶活性。

④3-PGAL脱氧酶:受NAD^+激活,碘化物可以抑制此酶活性。

(5)糖酵解的生理意义

① 糖酵解是生物体获得能量的一种形式,也是在缺氧情况下获得能量的主要途径。

② 糖酵解过程中产生的中间物质,是蛋白质、核酸、脂类合成的原料。

③ 糖酵解的产物丙酮酸,是高活性的物质,在一系列反应中处于关键性位置。

2. 丙酮酸氧化脱羧生成乙酰CoA

丙酮酸从细胞质转移到线粒体进一步氧化脱羧,并与辅酶A(CoA)结合生成乙酰CoA。丙酮酸氧化是由丙酮酸脱氢酶系催化。

$$CH_3COCOOH + CoA\text{-}SH + NAD^+ \xrightarrow{\text{丙酮酸脱氢酶复合体}} CH_3CO\text{-}SCoA + NADH + H^+ + CO_2$$

　　丙酮酸　　　辅酶A　　　氧化型辅酶I　　　乙酰辅酶A　　　还原型辅酶I

丙酮酸脱氢酶复合体含3种酶和6种辅助因子:丙酮酸脱羧酶,二硫辛酸脱氢酶,二硫辛酸转乙酰基酶;TPP、硫辛酸、HSCoA、NAD^+、FAD、Mg^{2+}。

3. 三羧酸循环(简称TCA循环)

乙酰CoA与草酰乙酸结合,形成的第一个物质是柠檬酸,然后再经过一系列反应到生成草酰乙酸,完成一次循环。由于此途径生成的第一个产物柠檬酸是一个含有三个羧基的有机酸,因此该循环称为"三羧酸循环"或"柠檬酸循环"。这个反应是由英国生化学家H·Krebs发现的,所以又称Krebs循环(图5-2)。

乙酰CoA进入三羧酸循环彻底氧化,其经历四次脱氢,两次脱羧和一次底物水平磷酸化,其中生成$3NADH + H^+$和1个$FADH_2$和1分子ATP。

糖酵解中1分子葡萄糖产生2分子丙酮酸,1分子丙酮酸被彻底氧化成3分子二氧化碳和2分子水。三羧酸循环反应过程如下:

(1)乙酰辅酶A+草酰乙酸→柠檬酸(柠檬酸合酶,乙酰辅酶A中的高能硫酯键分解提供能量)

(2)柠檬酸→顺乌头酸→异柠檬酸(乌头酸酶,在Fe^{2+}与还原型谷胱甘肽或半胱氨酸存在时,此酶的活性最高)

(3)异柠檬酸→草酰琥珀酸→α-酮戊二酸(异柠檬酸脱氢酶)

(4)α-酮戊二酸→琥珀酰辅酶A(α-酮戊二酸脱氢酶系:α-酮戊二酸脱羧酶、硫辛酸琥珀酰基转移酶、二氢硫辛酸脱氢酶和TPP、NAD^+、CoA-SH、FAD、Mg^{2+}、硫辛酸组成的多酶复合体)

(5)琥珀酰辅酶A→琥珀酸(琥珀酰辅酶A合酶,GDP和Pi参与反应生成GTP)

(6)琥珀酸→延胡索酸[琥珀酸脱氢酶,由黄素腺嘌呤二核苷酸(简写FAD)接受氢,生成还原型黄素腺嘌呤二核苷酸(简写$FADH_2$)]

(7)延胡索酸＋H_2O→苹果酸(延胡索酸酶)

(8)苹果酸→草酰乙酸[苹果酸脱氢酶由辅酶Ⅰ(简写 NAD^+)接受氢生成还原型的辅酶Ⅰ(简写 $NADH+H^+$)]

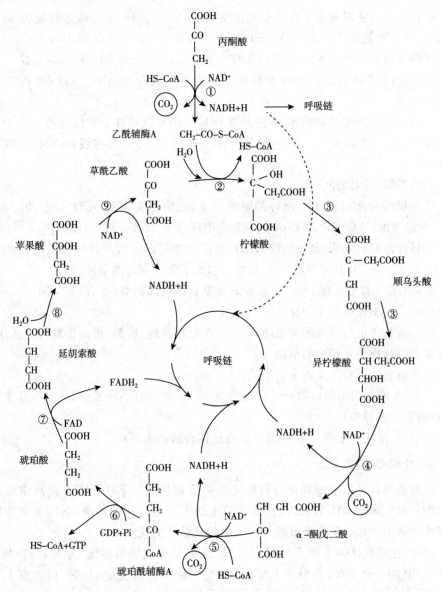

图 5-2 三羧酸循环的酶促反应过程

①丙酮酸脱氢酶 ②柠檬酸合酶 ③顺乌头酸脱氢酶 ④异柠檬酸脱氢酶 ⑤酮戊二酸脱氢酶
⑥琥珀酰 CoA 硫激酶 ⑦琥珀酸脱氢酶 ⑧延胡索酸酶 ⑨苹果酸脱氢酶

三羧酸循环概括：

①C_2 化合物起始以乙酰 CoA 形式与草酰乙酸结合生成柠檬酸加入循环，又以 CO_2 形式离开循环。

②循环中有 4 对氢原子在 4 个氧化反应中离开此循环，异柠檬酸脱氢、α-酮戊二酸脱氢、苹果酸脱氢产生 $3NADH+H^+$，琥珀酸脱氢产生 1 个 $FADH_2$。

③循环消耗 2 分子水，1 分子用于柠檬酸合成，另 1 分子用于苹果酸合成。

④琥珀酰 CoA 高能硫酯键裂解释放的能量形成 1 个 GTP。$GTP+ADP \longleftrightarrow ATP+GDP$。

⑤分子氧不直接参加循环，不过此循环只有在有氧条件下才能进行。因为只有当 NADH 或 FADH 将 H 和 e 传给氧时，NAD^+ 及 FAD 才能在线粒体再生，被重新利用。

三羧酸循环的调控：

①柠檬酸合酶：是 TCA 循环的限速步骤，此酶是变构酶，ATP 是变构抑制剂。ATP 含量增加，该酶与乙酰 CoA 的亲和力下降，Km 增加，反应速度减慢。

②异柠檬酸脱氢酶：是变构酶，ADP 含量增加可以使酶与异柠檬酸的亲和力增加（Km 下降）；ATP 含量增加，Km 增加亲和力下降抑制此酶活性。

③α-酮或二酸脱氢酶：与丙酮酸脱氢酶复合体机理相似，受 ATP 抑制。

EMP-TCA 循环的生理意义：

①是植物体进行呼吸的主要途径。TCA 循环是糖、脂类、蛋白质最终代谢途径，是各类有机物质相互转变的枢纽。

②是植物体获得能量的主要形式。

③TCA 循环的中间产物——有机酸是某些植物器官的积累产物（苹果富含苹果酸、柠檬富含柠檬酸）。

④TCA 循环产生的 CO_2 一部分供有机体合成作为原料。

4. 呼吸链的氧化

呼吸链氧化是指生物氧化与磷酸化作用的总和。是 EMP-TCA 循环中形成的 $NADH+H^+$ 和 $FADH_2$，经过线粒体内膜上的电子传递链的传递，继续氧化并将能量释放出来的过程。氢离子最终与空气中的氧结合生成水。

已知，在线粒体中 1 分子 $NADH+H^+$ 经电子传递链传递给 O_2 时，可生成 2.5 分子 ATP 和 1 分子水。1 分子 $FADH_2$ 经电子传递链传递给 O_2 时，可生成 1.5 分子 ATP 和 1 分子水。因此，三羧酸循环每循环 1 次可产生 $3\times 2.5+1.5+1=10ATP$。若从丙酮酸脱氢开始计算则可产生 $4\times 2.5+1\times 1.5+1=12.5ATP$。每分子葡萄糖经 EMP-TCA 循环和氧化磷酸化可产生 2 分子丙酮酸，共能产生 $7+2\times$

12.5＝32ATP 分子(图 5-3)。

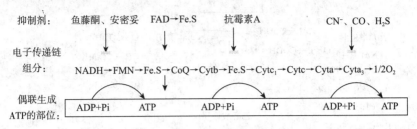

图 5-3　电子传递链和氧化磷酸化的部位

真核生物 EMP 途径中生成的 $2NADH＋H^+$，从细胞质进入线粒体内膜再继续氧化。在穿过脂膜的过程中各消耗掉 1 分子 ATP。在真核生物体内 1 个分子葡萄糖彻底氧化产生 30 个 ATP 分子。在标准条件下，1 mol 葡萄糖释放的热量为 2870 kJ，而 1 mol ATP 贮存的能量为 30.5 kJ，那么有氧分解的能量利用率为：真核生物$(30×30.5/2870)×100\%＝31.88\%$；原核生物 $(32×30.5/2870)×100\%＝34.0\%$；大约有 $62\%～66\%$ 左右的能量以热的形式放出。

三、乙醛酸循环

只限于植物和微生物体内的代谢途径。是由于在植物和微生物体内存在着两种关键酶(异柠檬酸裂酶、苹果酸合成酶)，人及动物体内未发现此酶。植物和微生物通过此循环可把 $C_2(CH_3CO\text{-}SCoA)$ 转变为 C_4 化合物。

1. 反应步骤

异柠檬酸→琥珀酸＋乙醛酸(异柠檬酸裂解酶)

乙醛酸＋$CH_3CO\text{-}SCoA$＋H_2O→苹果酸＋HSCoA(苹果酸合成酶)

以上两步反应并不组成循环，直至与苹果酸脱氢酶、柠檬酸合成酶、乌头酸酶五种酶所催化的反应一并写出，才构成循环(图 5-4)。

2. 生理意义

(1)对三羧酸循环起协助作用　乙醛酸循环和 TCA 循环交错进行，乙醛酸循环中产生 C_4 化合物，可以弥补 TCA 循环中 C_4 的不足。

(2)循环中产生的乙酰 CoA 可以异生为葡萄糖或淀粉，为植物幼苗提供营养。当油料种子萌发时，此循环比较活跃。因为，此时脂肪酸分解产生大量乙酰 CoA。

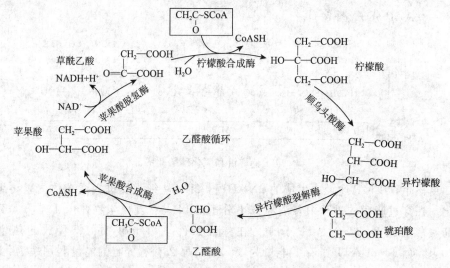

图 5-4　乙醛酸循环及参加各步反应的酶

4 乙酰辅酶 A→2 琥珀酸	→2 苹果酸→2 草酰酸→	PEP→磷酸丙糖→F-1,6-2P→葡萄糖或淀粉
乙醛酸体	线粒体	细胞质

四、磷酸戊糖途径（简称 PPP 途径）

磷酸戊糖途径也是在有氧条件下，葡萄糖分解的另一条代谢途径。动物、植物、微生物体内葡萄糖分解多数是通过生成丙酮酸→乙酰辅酶 A 进入三羧酸循环彻底氧化途径。但在生物组织加入酵解抑制剂（碘化物、氟化物）等，对葡萄糖消耗无影响，证明有磷酸戊糖途径的存在，此途径是在细胞质中进行的（图 5-5）。

1. 磷酸戊糖途径的主要特点

是葡萄糖直接氧化脱羧，有五碳糖形成，不必经过三碳糖阶段，它所产生的 $NADPH + H^+$，为合成反应提供还原力。

2. 反应步骤

分为两个阶段：氧化阶段（不可逆）：葡萄糖-6-磷酸氧化为核糖-5-磷酸（$C_6 \rightarrow C_5$）

（1）葡萄糖-6-磷酸经脱氢、脱羧转化成核酮糖-5-磷酸，释放 1 分子 CO_2 产生 2 分子 $NADPH + H^+$。1 分子葡萄糖彻底氧化分解释放 6 分子 CO_2，产生 12 分子 $NADPH + H^+$。

①G-6-P + $NADP^+$ ⇌ 6-磷酸葡萄糖酸内酯 + $NADPH + H^+$（G-6-P 脱氢酶

Mg^{2+})

②6-磷酸葡萄糖酸内酯＋H_2O→6-磷酸葡萄糖酸(6-磷酸葡萄糖酸内酯酶)

③6-磷酸葡萄糖酸＋$NADP^+$→5-磷酸核酮糖(简写 Ru5P)＋$NADPH$＋H^+＋CO_2(6-磷酸葡萄糖酸脱氢酶)

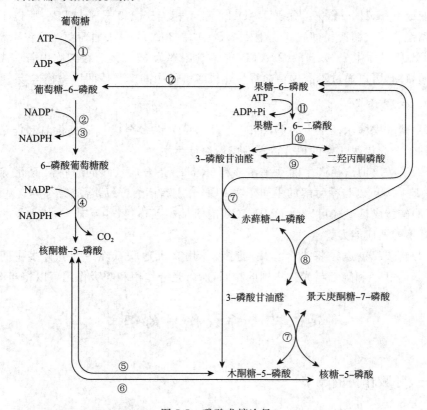

图 5-5　磷酸戊糖途径

参加反应的酶：①己糖激酶　②6-磷酸葡萄糖脱氢酶　③6-磷酸葡萄糖内酯酶　④磷酸葡萄糖酸脱氢酶　⑤磷酸戊酮糖异构酶　⑥磷酸戊糖异构酶　⑦转酮醇酶　⑧转醛醇酶　⑨磷酸丙糖异构酶　⑩醛缩酶　⑪磷酸果糖激酶　⑫磷酸己糖异构酶

非氧化组合阶段(可逆)：5-磷酸核酮糖经转酮、转醛作用重新生成六碳糖(C_5→C_6)

(2)磷酸戊糖同分异构化生成 5-磷酸核糖及 5-磷酸木酮糖

①5-磷酸核酮糖⟷5-磷酸木酮糖(简写 Xu5P)(表异构酶-差向异构)

②5-磷酸核酮糖⟷5-磷酸核糖(简写 R5P)(异构酶-同分异构)

(3)5-磷酸核酮糖　通过转酮及转醛反应生成糖酵解途径的中间产物 6-磷酸果糖和 3-磷酸甘油醛。

总反应式：6G-6-P＋$7H_2O$＋$12NADP^+$→$6CO_2$＋$12(NADPH＋H^+)$＋Pi＋$6C_5$

即：1分子葡萄糖通过磷酸戊糖途径彻底氧化分解生成6分子二氧化碳和12(NAD-PH＋H⁺)和1分子无机磷。(注:如开始是6葡萄糖分子转化为6分子G-6-P,需要消耗掉6个ATP)

能量的计算:产物$NADPH＋H^+$不易进入线粒体氧化,若进入线粒体的呼吸链需转变成$NADH＋H^+$。1分子$NADH＋H^+$,相当于2.5分子ATP。所以1分子葡萄糖经磷酸戊糖途径彻底氧化生成$2.5×12=30$ATP。从葡萄糖→G-6-P(消耗1个ATP)所以净生成$30-1=29$ATP,能量利用率为37.2%。在细胞中若形成过量的磷酸核糖,可以通过磷酸戊糖途径转化成酵解的中间产物使两条途径连接。

3. 生理意义

(1)磷酸戊糖途径产生的$NADP^+＋H^+$,可为许多合成代谢提供氢和能量。在油料种子合成代谢旺盛的地方以磷酸戊糖途径为主。

(2)磷酸戊糖途径产生的5-磷酸核糖(R-5-P)是合成核酸的原料,4-磷酸赤藓糖(简写 E-4-P)可以与糖酵解的中间产物 PEP 合成莽草酸,最后合成芳香族氨基酸。

(3)磷酸戊糖途径可以和 EMP-TCA 有机地相互连接、相互补充,增加植物体对外界环境的适应能力。

(4)磷酸戊糖途径将光合作用与呼吸作用有机地联系在一起。许多中间产物(C_3、C_4、C_5、C_7)和酶都与光合作用的相同,所以光合作用和呼吸作用可以相互沟通。

第三节　呼吸作用的调节

一、呼吸作用的调节

1. 巴斯德效应

巴斯德效应是指氧抑制乙醇发酵现象。是由法国微生物学家 Pasteur 发现而得名。低$[O_2]$有利于发酵、高$[O_2]$抑制发酵。植物组织也发现有这种现象。这种糖的有氧氧化对糖酵解的抑制作用称为巴斯德效应。

主要原因是 EMP 和 TCA 竞争(ADP 和 Pi),在有氧条件下产生较多 ATP,使 ADP 和 Pi 减少。减少了对 EMP(ADP 和 Pi)的供应。

有氧氧化产生 ATP,柠檬酸反馈抑制磷酸果糖激酶和己糖激酶,由于 ADP 下降底物水平磷酸化受阻。总结果是有氧呼吸抑制了无氧呼吸。

2. 能荷的调节

在生物细胞内存在着三种腺苷酸 AMP、ADP、ATP,称为腺苷酸库。这三种腺苷酸之间可以转化。如 ADP 与 Pi 或高能中间物(1.3-DPGA)偶联产生 ATP。另外 ATP 可以转化为 ADP 和 Pi,在许多合成反应中 ATP 转化为 AMP 和 PPi,在细胞中这三种物质在某一时间的相对量控制着代谢活动。Atkinson1968 年提出能荷概念,认为能荷是细胞中高能磷酸状态一种数量上的衡量,能荷的大小说明生物体内 ATP—ADP—AMP 系统能量状态。能荷的大小决定 ATP 和 ADP 的多少。定义:

$$能荷 = \frac{ATP + 0.5[ADP]}{[ATP] + [ADP] + [AMP]}$$

能荷=1.0,表示细胞中 AMP、ADP 全都转化成 ATP 状态(系统中可利用高能键数量最大);能荷=0.5,表示细胞中 AMP、ATP 全都转化成 ADP 状态(系统中含一半高能磷酸键);能荷=0,表示细胞中 ATP、ADP 全都转化成 AMP 状态(系统中完全不存在高能键化合物)。

Atkinson 还证明高能荷抑制生物体内 ATP 生成,促进 ATP 利用(反之,低能荷促进合成代谢,抑制分解代谢)。

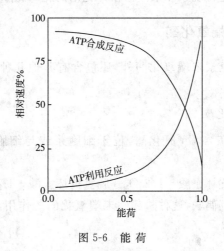

图 5-6　能荷

从图 5-6 可以看出两条曲线的相交处能荷为 0.9,虽然这些分解代谢与合成代谢将生物体内能荷数量控制在相当狭窄的范围内。所以细胞中能荷像 pH 一样是可以缓冲的。据测大多数细胞中能荷在 0.80～0.95 之间。能荷可对一些酶进行变构调节,例如磷酸果糖激酶和磷酸果糖酯酶催化的反应,能荷可对 EMP、TCA 和氧化磷酸化等途径进行调节。

3. NADH/NAD 比值的调节

无 O_2 条件下进行的 EMP 途径产生 $NADH + H^+$,使 NADH/NAD 比值增加,在乳酸或乙醇发酵时,用于丙酮酸还原,促进 EMP 途径。有 O_2 条件下丙酮酸氧化,$NADH + H^+$ 进入呼吸链使 NADH/NAD$^+$ 比值下降。不产生乳酸或乙醇,使发酵过程减慢。

第四节　抗氰呼吸与植物末端氧化酶

细胞色素氧化酶系统是动、植物及微生物中普遍存在的末端氧化酶系统。

一、抗氰呼吸或称交替氧化途径

现已证明：细胞色素(Cyt)氧化酶的主要特征是受 KCN、NaN_3 与 CO 的抑制。但有些高等植物组织对氰化物及其他 Cyt 氧化酶抑制剂不敏感，在氰化物存在下仍有呼吸作用。这条对 CN 不敏感的呼吸链称抗氰呼吸链。

抗氰呼吸特点：在呼吸链上电子传递过程中所释放的能量不生成 ATP，是以热的形式散发到体外。这种现象在某些植物开花期的花与花序上常见。

二、非线粒体末端氧化酶

高等植物除细胞色素末端氧化酶外，还包含有其他几种末端氧化酶，位于线粒体外。

1. 抗坏血酸氧化酶

植物组织广泛存在含 Cu 氧化酶，位于细胞浆或与细胞壁结合，此酶催化 Vc 氧化。

$$抗坏血酸 + 1/2\ O_2 \rightarrow 脱氢抗坏血酸 + H_2O$$

此反应与其他反应偶联，这种酶起到末端氧化酶的作用。此反应在细胞代谢中具有重要作用。

2. 多酚氧化酶

含 Cu 氧化酶，存在于植物的质体和微体内，催化多酚物质氧化为醌，对微生物有毒害作用，所以伤口醌类物质的出现是植物防止伤口感染的愈伤反应。因而受伤组织酶活较高。通过酚酶呼吸也称伤呼吸。

这一氧化酶在植物界广泛存在，但在呼吸中不起作用。制绿茶要立即杀青（将多酚氧化酶灭活），避免醌类物质产生，保持茶色清香。

3. 过氧化物酶与过氧化氢酶

过氧化物酶在植物体内广泛存在，并且有多种形式，它的作用是以 H_2O_2 作为电子受体进行氧化。过氧化氢酶与过氢化物酶类似，也是以 H_2O_2 作为电子受体。

H_2O_2 的积累对细胞或组织有毒害作用。以上两种酶可以除去 H_2O_2 的毒害作用。

第五节 外界环境对呼吸作用的影响

一、氧气对呼吸作用的影响

氧气是植物进行正常呼吸所必需的。它直接参与生物氧化过程,氧气不足,不仅影响呼吸速率,而且还决定呼吸代谢的途径(有氧呼吸或无氧呼吸)。

大气中含氧量在 21% 左右,基本能满足作物生长的需要。随着环境氧含量的变化,植物体内也会发生一些生理变化。在自然条件下,氧气可能是植物地下器官呼吸作用的限制因子,植物根系能适应的氧浓度为 5% 左右。如氧含量低于 5%,呼吸速率下降。一般通气不良土壤,氧含量在 2% 左右,就会影响根的呼吸作用,因而影响植物生长。此时需松土,改善土壤通气条件,以保证氧的进入,使根正常进行有氧呼吸。行人繁多的道路上的行道树常常生长不好,就是因为土壤被踏实,通气不良的缘故。在植物生长期间,经常中耕松土有助于保证土壤的良好结构和通气状况。

氧对植物生长的影响具有双重性,低氧易发生无氧呼吸,高氧产生氧伤害,例如:破坏线粒体结构,原生质膜损伤,细胞分裂及蛋白质合成受阻等。

二、二氧化碳浓度对呼吸作用的影响

二氧化碳是呼吸的终产物。一般大气中含 3‰ 左右。环境中二氧化碳浓度高,呼吸速度下降。利用农产品贮存期呼吸所释放的二氧化碳能相应地抑制其本身呼吸的原理,窖藏法贮存水果、蔬菜、甘薯、马铃薯等,可降低呼吸,减少呼吸底物的消耗,延长贮存期。但二氧化碳浓度不能太高,否则会引起无氧呼吸。

三、温度对呼吸作用的影响

温度对呼吸作用影响很大,这是因为呼吸作用中的一系列生物化学反应都需要酶的催化,而酶只有在最适温度下才能表现最大活性。在一定温度范围内,随着温度的升高,呼吸强度也增加。植物呼吸最适温度为 30~40℃,高于光合的最适温度。

植物在高温、光照不足时呼吸作用增加,光合速率下降,对植物生长不利。经常利用灌溉或遮荫等有利于降低温度、减弱呼吸的方式进行调解,充分供水也有利于光合作用。种子在贮藏期间也要通风,否则温度上升,影响种子活力和产品质量,低温有利于贮存。在园林实践中,特别是在炎热的夏季对苗木进行喷灌,以降低叶面温度和减弱呼吸作用,有利于苗木生长。在种子贮藏过程中,可用低温来降低呼吸强度,保证种子良好的品质。

四、水分对呼吸作用的影响

环境中的水分对呼吸作用有一定的影响。如种子入库前必须风干,使含水量降低到安全含水量以下(一般油料种子在 8%～9% 以下、淀粉种子在 12%～14%)。否则,种子会发热,特别是种子含水量超过安全含水量时,呼吸加快释放较多的能量,使种子发热霉烂变质,影响种子品质。安全含水量多少,因不同种子而异。合理控制安全含水量对农产品贮藏十分重要,此外还要注意环境的通风条件。

思考题

1. 呼吸作用的概念、类型及其生物学意义。
2. 植物呼吸为什么要以有氧呼吸为主?
3. 试述糖酵解、三羧酸循环、磷酸戊糖途径发生在细胞的什么部位? 各有何生物学意义?
4. 如何解释"旱浇园"、"涝浇园"?
5. 粮食贮藏时为什么要降低呼吸速率?

第六章　植物生殖器官的形成及其生理变化

花、果实和种子是植物进行有性生殖的器官，所以叫做生殖器官。植物借助于生殖，使它们的种族得以延续和发展。研究生殖器官的形成和构造，对了解植物的生活史以及产量的形成、遗传育种等方面具有极其重要的意义。

第一节　花

一、花的概念

花是由花柄、花萼、花冠、雄蕊群和雌蕊群几部分组成。花柄是枝条的一部分，而花萼、花冠、雄蕊和雌蕊都是变态的叶，所以花是适应于有性生殖的变态短枝。

二、花的组成部分与形态类型

典型的花分为花萼、花冠、雄蕊群和雌蕊群等 4 部分，共同着生在花梗顶端的花托上（如图 6-1）。1 朵花中同时具有上述四部分的，叫做完全花，如桃花、月季、油菜、香石竹等的花。缺少其中任何一部分的，叫不完全花，如百合、郁金香、瓜类、杨树等植物的花。

花的各组成部分有其独特的功能，并因植物种类不同而具有多种形态类型。

1. 花托

花托是花梗顶端膨大的部分。花萼、花冠、雄蕊和雌蕊都着生在花托上。在花托的下部常着生 1 片或数片变态叶，称为苞片，它们有保护花芽的功能。有些植物的苞片大而艳丽,能招引昆虫帮助传粉。同时,在园林中观赏价值也很高,如象牙红、马蹄莲等。花托形状随种类而不同。常见的有杯状,如桃和黄刺玫的花托;有壶形花托与子房愈合在一起,如梨和苹果等;有的为圆锥形,如悬钩子的子房埋在肉质的花托中;也有漏斗状的,如莲的花托,子房埋在松软的漏斗状的花托中。

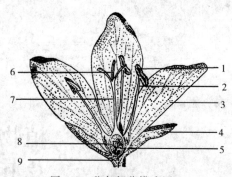

图 6-1　花各部分模式图
1. 花药　2. 花丝　3. 花瓣　4. 花萼
5. 胚珠　6. 柱头　7. 花柱　8. 子房
(6、7、8 为雌蕊)　9. 花托

2. 花萼

花萼位于花的最外轮,是由数枚萼片组成的。萼片外形似叶,通常为绿色,除保护花的内部结构外,还具有光合作用的功能。但也有其他颜色的花萼,如白玉兰的花萼为白色,杏花的花萼为暗红色,石榴的花萼为鲜红色,倒挂金钟的花萼有白、粉红、红紫等色,它们在园林上具有较高的观赏价值。有的植物在花萼外面还具有小萼片,这些小萼片组成的花萼称为副萼,如锦葵、蜀葵、木槿、扶桑等的花萼。

花萼的种类很多,一般根据萼片的离合、寿命的长短、一朵花的所有萼片其形状和大小是否相似分为以下类型:

(1)以萼片是否联合分为离萼和合萼

离萼:一朵花上所有的萼片都彼此分离,称为离萼,如月季、毛茛、玉兰等。

合萼:一朵花上的所有萼片全部或部分联合,称为合萼,如百合、石竹、一串红等。其中,联合的部分称为萼筒。

(2)以萼片形状和大小是否相似分为整齐萼和不整齐萼

整齐萼:一朵花上所有的萼片其形状和大小相似的称为整齐萼,如一串红、倒挂金钟、月季、扶桑等。

不整齐萼:一朵花上的萼片其形状和大小差别较大的称为不整齐萼,如薄荷等。

(3)以萼片寿命的长短分为早落萼和宿存萼

早落萼:花萼在花开时或花开后脱落的称早落萼,如桃、梅等。

宿存萼:花萼在花开后仍存在,甚至在果实成熟后也不脱落的称为宿存萼,如金银茄、石榴、柿子、山楂和海棠等。

此外,菊科植物的花萼变为冠毛状,称为冠毛,它有利于果实和种子借风传播。

3. 花冠

花冠在花萼的里面,是花的第二轮,由若干花瓣组成。其颜色一般较艳丽,有些植物的花冠内含分泌组织,能分泌挥发性的精油,使花具有芳香的气味,或在基部具有分泌蜜汁的蜜腺。色彩、香味和蜜腺都具有引诱昆虫,帮助进行虫媒传粉的作用。花冠位于雄蕊和雌蕊的外面,具有保护雄蕊和雌蕊的作用。同时,大型、美丽、具有香味的花冠是人们观赏植物的主要器官。

花冠的种类很多,一般常见的有以下类型。

(1)以花瓣是否联合分为离瓣花冠和合瓣花冠

离瓣花冠:组成一朵花的所有花瓣彼此分离,称为离瓣花冠,如扶桑、牡丹、玉兰、月季等。

合瓣花冠:组成一朵花的所有花瓣全部或部分彼此联合在一起,称为合瓣花冠,如牵牛花、茑萝、金鱼草、一串红等。

(2)以组成一朵花的所有花瓣其形状和大小是否相似,分为整齐花冠和不整齐花冠(如图 6-2)

①整齐花冠　组成一朵花的所有花瓣其形状和大小相似,即通过花朵的中心能切出 1 个以上对称面的花冠,称为整齐花冠,也叫辐射对称花冠。对称花冠有多种不同的形状,有筒状的,有漏斗状的,还有钟状的等等。

②不整齐花冠　组成 1 朵花的花瓣其形状和大小不相同,如通过花的中心只能切出 1 个对称面的花冠,称为不整齐花冠,又称两侧对称花冠,不整齐花冠又分为以下类型。

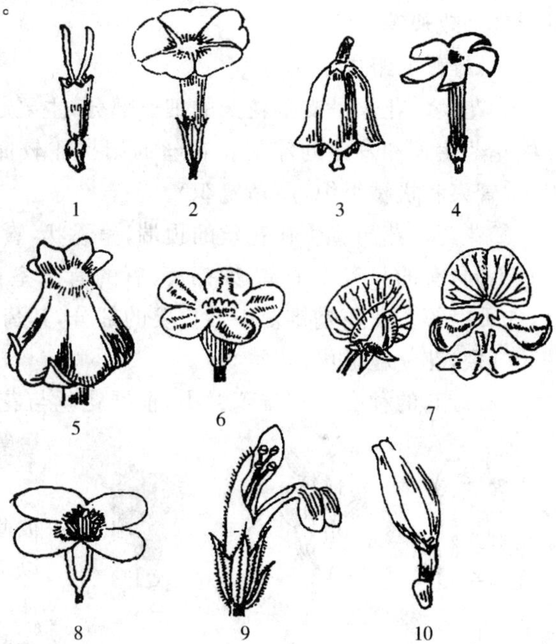

图 6-2　花冠的类型

1. 筒状　2. 漏斗状　3. 钟状　4. 高脚碟状　5. 坛状
6. 辐射状　7. 蝶状　8. 十字形　9. 唇形　10. 舌状

蝶状花冠:花冠是由 5 个花瓣组成,其中最大的叫旗瓣,在旗瓣两侧各有 1 瓣,称为翼瓣,与旗瓣相对的另一端有两个最小的花瓣,叫龙骨瓣。整个花冠的全貌近似飞翔着的蝴蝶,如刺槐、紫藤、国槐等,是豆科蝶形花亚科的花冠特征。

唇形花冠:它也是由 5 个花瓣组成,花瓣联合成筒状。但是,其花冠上部开裂,上面由两个花瓣联合形成上唇,下面由 3 个花瓣联合形成下唇,整个花冠近似人的嘴唇,如一串红、金鱼草等。它是唇形科和玄参科植物具有的花冠特征。

舌状花冠:花冠基部形成 1 个短管,上面向一边张开,似人的舌头,如菊科植物的头状花序的边花。

花萼和花冠合称为花被。同时具有花萼和花冠的花,叫两被花,如月季、油菜等。只有花萼或花冠的花,称为单被花。若花萼和花冠颜色相同,形态大小相似的也称单被花,如百合、郁金香等。若花萼和花冠均缺的称为无被花,如杨树、柳树等。

4. 雄蕊

雄蕊位于花冠之内,是花的重要组成部分之一。不同的植物种类,其花中雄蕊的数目不同。如兰科植物每朵花中只有 1 个雄蕊,木犀科的植物每朵花中具有两个雄蕊,十字花科植物每朵花中具有 6 个雄蕊,而多数植物在 1 朵花中具有多数雄蕊,如桃、海棠、玫瑰等。

(1)雄蕊的组成

①花丝。花丝是支持花药的细长部分,主要起支持花药的作用,并输送水分和养分供花药生长和发育的需要。花丝的结构比较简单,外面是表皮,其内具有基本组织、维管束和机械组织(厚角组织)。

②花药。花药着生在花丝的顶端,呈囊状,囊内具有药室。但不同的植物种类其室数不同,有的只有 1 个室,如锦葵;有的有 2 室,如木兰科植物;通常多数种类为 4 室,如香樟等。花药是雄蕊中最重要的部分,其药室内产生花粉粒,当花粉粒成熟时,花药开裂,花粉粒散出。

(2)雄蕊的种类　在雄蕊群中,根据花丝与花药之间离合的程度,以及花丝的长短等,将雄蕊分成以下类型(如图 6-3)。

①离生雄蕊。每朵花中所有花丝彼此分离,由于分离的情况不同又分为以下类型。

四强雄蕊:一朵花中具有 6 个雄蕊,其中有四个较长,两个较短,它是十字花科植物的雄蕊特征。

二强雄蕊:1 朵花中具有 4 个雄蕊,其中两长两短,它是唇形科或玄参科植物的雄蕊特征。

聚药雄蕊:1 朵花中的花丝彼此分离,但花药却都彼此结合在一起,如向日葵等,它是菊科植物常见的雄蕊特征。

②合生雄蕊。在雄蕊群中,花丝彼

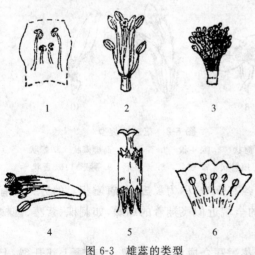

图 6-3　雄蕊的类型

1. 二强雄蕊　2. 四强雄蕊　3. 单体雄蕊
4. 两体雄蕊　5. 聚药雄蕊　6. 冠生雄蕊

此联合。由于联合的方式不同,又可分为以下类型。

单体雄蕊:1 朵花中的所有花丝全部联合在一起,形成 1 个圆筒状,雄蕊由筒内伸出,它是锦葵科植物(如扶桑、木槿)的雄蕊特征之一。

二体雄蕊:1 朵花中的雄蕊联合成两组。最常见的是 1 朵花中有 10 个雄蕊,其中有 9 个联合在一起,1 个分离,如刺槐,它为豆科中的蝶形花亚科所具有的特征。

多体雄蕊:雄蕊多数,花丝联合成几组,如小叶椴、金丝桃等。

5. 雌蕊

雌蕊位于花的中央部分,为花中最重要的部分之一,由柱头、花柱和子房 3 部分组成。柱头位于雌蕊的最上端,是接受花粉的部位。子房是雌蕊基部膨大的部分,是雌蕊中最重要的部分,又是被子植物特有的结构,受精后发育为果实。花柱连接柱头和子房,它不仅支持着柱头,还是花粉管进入子房的通道。

整个雌蕊是由 1 个至多个变态叶构成的。变态叶称为心皮,因此心皮是构成雌蕊的基本单位。

(1)雌蕊的类型　以组成雌蕊的心皮数目的多少及其心皮之间的离合情况不同,雌蕊可分为单雌蕊、离生单雌蕊和复雌蕊 3 种类型。

①单雌蕊。由 1 个心皮构成 1 个雌蕊,如刺槐、桃、紫藤、香豌豆等。

②离生单雌蕊。1 朵花上具有多个离生的心皮,其中每 1 个心皮形成 1 个雌蕊,由这些单雌蕊组成 1 个雌蕊群,称为离生单雌蕊,如草莓、玉兰、牡丹、悬钩子等。

③复雌蕊。由两个或两个以上心皮相互卷合而成的雌蕊叫复雌蕊,如苹果、桂竹香、山楂等。

(2)子房的位置　根据子房在花托上着生的位置、子房和花托是否联合以及与花其他部分的相互关系,可分为以下类型(如图 6-4)。

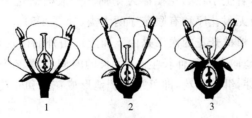

图 6-4　子房的类型
1. 子房上位　2. 子房半下位　3. 子房下位

①子房上位。子房着生在花托的顶端,花的其他部分都着生在子房基部的周围,如茶花、刺槐、百合、核桃等。

②子房半上位。子房着生于杯状花托内,但子房与花托彼此分离,花的其他部分均着生在子房周围的花托边缘上,如桃、黄刺玫、梅花等。

③子房半下位。花托杯形,子房的下半部分埋在杯状的花托内,子房与花托愈合在一起,子房的上半部露在花托的外面,如桉树、忍冬、半支莲等。

④子房下位。花托为壶形,整个子房埋在壶形的花托内,子房与花托全部愈合在一起,花的其他部分着生在子房以上的花托周缘上,如水仙、梨、山楂等。

三、禾本科植物花

水稻、大麦、小麦、玉米、高粱等禾本科植物的小花,与一般双子叶植物花的组成不同。它们通常由1枚外稃(作物栽培学上称外颖),1枚内稃(内颖),2片浆片(鳞被),3枚或6枚雄蕊及1枚雌蕊组成。外稃为花基部的苞片,内稃和浆片是由花被退化而成。开花时,浆片吸水膨胀,撑开内外稃,使花药和柱头露出稃外,有利于风力传粉。

四、花序的概念和类型

植物的花或直接着生在枝条上,或通过花轴间接着生在枝条上。各种植物的花都按一定的方式有规律的排列在叶腋内或枝条的顶端,或直接由根颈部分抽出。不同的植物种类,其花的着生方式不同,主要分为单生花和花序两大类。

1. 单生花

1个花梗上只着生1朵花,也就是说,1个花芽只能形成1朵花的称为单生花,如扶桑、牡丹、玉兰、碧桃、白兰、栀子等。

2. 花序

花在花轴上排列的次序称为花序,也就是说,1个花芽形成许多朵花,其中每朵小花的柄叫小花梗,着生小花的花梗称为花轴。一般根据花在花轴上排列的方式和花开放的次序,分为无限花序和有限花序两大类(如图6-5)。

(1)无限花序　植株开花的次序是由下而上或由外而内。在花序下部花开放后,花序轴仍继续不断地向上进行伸长生长,生长的时间延续较长。并且在花序轴的上部不断地形成新花芽,继续开花,即可"无限"地形成花芽和开花。常见的有以下一些种类。

①总状花序。具有较长的花轴,各朵花以总状分枝的方式着生在花轴上,花梗近似等长,如刺槐、萝卜、油菜等。有些植物的花轴具有若干分枝,如果每次分枝构成1个总状花序时,整个花序呈圆锥状,叫圆锥花序或复总状花序,如水稻、荔枝、紫藤、葡萄、珍珠梅、丁香的花序及玉米的雄花序等。

②穗状花序。花在花轴上排列的次序与总状花序相同,但小花无梗或近似无梗,其花直接着生在花轴上,如车前草、紫穗槐等。如果花轴分枝,而每个分枝构成穗状

花序,称为复穗状花序,如小麦、狗尾草、竹子等。若穗状花序的花轴膨大呈棒状时,称为肉穗花序,如凤梨、马蹄莲、火鹤的花序及玉米的雌花序等。

③葇荑花序。许多单性花集成穗状,花轴多柔软下垂,开花后整个花序或果序一齐脱落,如杨、柳、桑的花序和板栗、核桃的雄花序等。

④伞房花序。与总状花序相似,但它的小花梗不等长,其花序下部的花梗最长,上部花梗逐渐变短,使整个花序上的花朵都排列在一个平面上,如山楂、杜梨、苹果等。

⑤伞形花序。所有花序上的小花梗都等长,并且都着生在花序轴的顶端,很像一把雨伞的骨架,如石蒜、君子兰、韭菜、石蒜等。若花轴顶端分枝,每个分枝为一伞形花序,叫做复伞形花序,如胡萝卜。

⑥头状花序。花轴短或宽大,其上着生无柄或近似无柄的花,如三叶草。有的头状花序外面具有总苞,如向日葵、菊花、茼蒿等。头状花序是菊科植物常见的花序类型。

⑦隐头花序。花序轴顶端膨大,其中央部分凹陷成为肉质中空的囊状体,所有小花均着生在囊状体的内壁上,如榕树、无花果等。

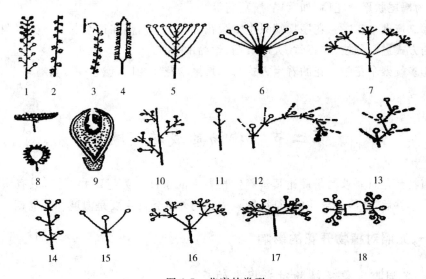

图 6-5　花序的类型

1. 总状花序　2. 穗状花序　3. 葇荑花序　4. 肉穗花序　5. 伞房花序　6. 伞形花序
7. 复伞形花序　8. 头状花序　9. 隐头花序　10. 圆锥花序　11. 单生花序　12. 卷伞花序
13. 蝎尾状花序　14、15、16. 二歧聚伞花序　17. 多歧聚伞花序　18. 轮伞花序

(2)有限花序(图 6-6)　它和无限花序上的花开放的次序相反。花序顶端或中心的花先形成,开花顺序是由上而下或由内而外,因而花轴的伸长受到限制。常见的有以下几种。

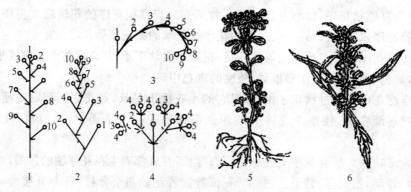

图 6-6　有限花序

1. 单歧聚伞花序　2. 蝎尾状聚伞花序　3. 螺状聚伞花序

4. 二歧聚伞花序　5. 泽漆的密伞花序　6. 益母草的轮伞花序

①单歧聚伞花序。花轴顶端的花先开，以后在花序的下部侧方进行分枝，如果只向一侧进行分枝，称为卷伞花序。如果分枝向两侧互换进行，则使花序成为蝎尾状排列，称为蝎尾状聚伞花序，如鸢尾、唐菖蒲等。

②二歧聚伞花序。花序顶端只生 1 朵花，而且先开，但在这朵花的下方以假二叉分枝的方式进行分枝，如石竹、大叶黄杨、丝绵木等。

③多歧聚伞花序。花的着生方式与二歧聚伞花序相同，但它一次具有多个分枝，如大戟等。

第二节　植物的成花因素

植物开花所要求的条件比其营养生长要求的条件更为特殊和严格，只有满足某些特殊条件后，才能诱导花的形成，影响成花的外界条件主要是温度和光周期。

一、光照对植物开花的影响

1. 光周期现象及植物对光周期的反应

在自然条件下，昼夜的光照与黑暗总是交替进行；在不同纬度地区和不同季节里，昼夜的长短发生有规律的变化（如图 6-7）。这种表现在昼夜日照长短周期性的变化，称为光周期。

光周期对于很多植物从营养生长到花原基的形成有决定性的影响。例如翠菊在昼长夜短的夏季，只有枝叶的生长，当进入秋季，日照出现昼短夜长时，才出现花蕾。这种昼夜日照长短影响植物成花的现象叫光周期现象。

不同植物对光周期的反应不同,植物对光周期的反应类型主要可分为三种。

(1)长日照植物　长日照植物要求在某一生长阶段内,每天日照时数大于一定限度(或黑暗时数短于一定限度)才能开花,而且每天日照时间越长,开花就越早。如果在日照短,黑暗长的环境里,长日照植物只进行营养生长而不形成花芽。这类植物原产地多在高纬度地区,其花期常在初夏前后,如石竹、金光菊、唐菖蒲、紫茉莉、鸢尾、紫罗兰、月见草等。

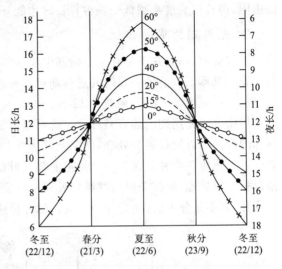

图 6-7　北半球不同纬度地区昼夜长度的季节性变化
(北京约在北纬 40°)

(2)短日照植物　短日照植物要求在某一生长阶段内,每天日照时数小于一定限度(或每天连续黑暗时数大于一定限度)才能开花。而且在一定限度内,黑暗时间越长,开花越早。这类植物原产地大多在低纬度地区,其花期常在早春或深秋,如一品红、菊花、叶子花、蟹爪莲、大豆、烟草、大麻等。

(3)日中性植物　日中性植物成花对光周期没有严格要求,只要其他条件适宜,不论日照时数长短都能开花,如天竺葵、仙客来、香石竹、马蹄莲、一串红、凤仙花等。

引起长日照植物开花的最小日照长度,或引起短日照植物开花的最大日照长度都叫临界日长(见表 6-1)。

表 6-1　一些长日照植物和短日照植物的临界日长

长日照植物	24 小时周期中的临界日长(h)	短日照植物		24 小时周期中的临界日长(h)
冬小麦	12	大豆	早熟种	17
			中熟种	15
天仙子 {28.5℃	11.5		晚熟种	13~14
天仙子 {15.5℃	8.5	美国烟草		14
白荠菜	14	草莓		10.5~11.5
菠菜	13	菊花		16
甜菜(一年生)	13~14	苍耳		15.5

由上可见,长日照植物和短日照植物的区别,不在于它们对日照长短要求的绝对值上,而在于它们对临界日长的反应。长日照植物对日照的要求有一个最低的极限,即日照长度必须大于临界日长时才能开花;而短日照植物对日照的要求有一个最高

的极限,即日照长度必须低于临界日长时才能开花。

2. 光周期的感受部位

试验证明,植物并不是在整个营养生长期都需要进行光周期诱导才能开花,而只要在花原基形成以前的一段时间进行即可。一般植物光周期诱导的时间只为 1～10 天,例如,大豆为 2～3 天,菊花为 12 天。

植物感受光周期的器官是叶片。这可以用短日照植物菊花的实验证实。把菊花下部的叶片给以短日照的处理,而把上部去叶的枝条给以长日照处理。不久就可以看到枝上形成花蕾并开花。但如果把上部去叶的枝条给以短日照处理,下部的叶片给以长日照处理,则枝条仍然继续生长而不形成花芽。由此证明,感受光周期的器官是叶片,而不是分生区,而叶片中以成长的叶片感受能力最强(图 6-8)。

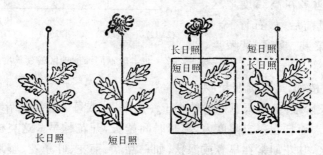

图 6-8　给菊花叶子和顶端以不同光周期处理对开花
反应的影响(植株顶端的叶子全部去掉)

3. 光周期的应用

光周期的人工控制,可以促进或推迟开花。秋菊是菊花中要求短日照诱导成花的品种类型,花期常在 10 月底至 11 月。为了使菊花在“七一”或“十一”开花,需要在 2～2.5 个月之前进行短日照处理。处理前的植株要培育健壮,最好是头一年秋季或当年早春扦插的菊苗。每天短日照处理的时间是黑暗 14 小时,见光 10 小时。夏季炎热,处理时最好放入半地下暗室,如果用黑布框,应放在荫棚下面。在花蕾形成前一般不追肥。具体栽培技术与一般菊花栽培相同,只是各个步骤都提前进行。待花蕾着色后,即可停止短日照处理。

若对秋菊长日照处理,则可延迟开花。例如,选择秋菊的晚花品种,由于花芽分化期是在 9 月中旬开始,因此长日照处理就必须提前在 9 月以前,通常一直处理至 10 月中下旬。在此期间还可以结合摘心、打顶、多施氮肥或在夜间提供高温等措施,都可抑制秋菊花芽分化,推迟开花。经处理后的秋菊,其花期可从 10 月、11 月,延迟至 12 月或来年 2 月。

另外,在温室中延长或缩短日照长度,控制植物花期,可解决花期不遇问题,对杂交育种也将有很大帮助。

二、温度对植物开花的影响

1. 温度的影响——春化作用

(1)春化作用的概念　在温带,将秋播的冬小麦改为春播,仅有营养生长而不会开花,但如果在春播前给以低温处理(例如把开始萌动的种子放于瓦罐中,置冷处40～50天),然后春播,便可在当年夏季抽穗结实。植物这种需要经过一定的低温后才能开花结实的现象,叫做春化现象。人工使植物通过春化,叫做春化处理。例如可用来处理萌动的种子,使其完成春化。将温室的植物部分枝条暴露于玻璃窗外,采用低温的处理,这部分枝条可以提前开花。这种低温对开花的促进作用,称为春化作用。

(2)春化作用要求的条件　各种植物通过春化阶段所要求的低温范围和时间长短是不同的,大多数二年生花卉要求的低温在 0～10℃ 之间,时间通常在 10～30 天左右。春化进行的快慢,还决定于植物的品种和所处的环境条件。用分期播种的方法可以看出,起源于南方的冬性较弱的品种,通过春化阶段的温度可稍高些,进行时间也可短些;而春性品种春化要求的温度可以更高,时间也可以更短。也有许多的植物,对低温春化的要求是不严格的,其生育期中即使不经过春化阶段,也能开花,只是开花延迟或开花减少。如秋播花卉三色堇、雏菊等改为春播,花期由原来的 3 月、4 月延迟至 5 月后,开花量也减少。

(3)春化作用的时期和部位　低温对于花的诱导,可以在种子萌动或在植株生长的任何时期进行。小麦、萝卜、白菜从萌动的种子到已经分蘖或成长的植株都可通过春化作用,但小麦以三叶期为最快,而甘蓝、洋葱等则以绿色幼苗才能通过春化作用。

试验证明,接受春化作用的器官是茎尖的生长点,就是说春化作用限于在尖端的分生组织。将芹菜种植于高温的温室中,由于得不到花诱导所需的低温,不能开花结实。但是,如果用橡皮管把芹菜的顶端缠绕起来,管内不断通过冷水,使茎生长点获得低温处理,结果完成了春化,在适宜的光照条件下可以开花结实。用甜菜做试验,也得到同样的结果。

(4)春化的解除与春化效果的积累　春化处理后的植株如果遇到 30℃ 以上的高温,会使春化作用逐步解除,这种现象叫做“春化的解除”或“反春化”。春化进行的时间愈短,高温解除的作用愈明显。当春化处理的时间达到一定程度后,春化效果逐渐稳定,高温不易解除春化。园艺上利用解除春化的特性来控制洋葱的开花,洋葱在第一年形成的鳞茎,在冬季贮藏中可以被低温诱导而在第二年开花,这对第二年产生大的鳞茎不利,因而可用较高温度来防止。

解除春化的植物再给以低温处理,仍可继续春化,这种现象叫做"再春化现象"。春化低温时间过长,如低温时间过长,植株春化程度反而会削弱。因此每遇到冬季过长,如超过常年的低温期限,往往对植物的成花有不利的影响。

2. 春化作用的应用——春化处理

使萌动种子通过春化的低温处理,加速花的诱导,可提早开花成熟。生产上,为了使成花顺利进行,常采用人工进行低温春化处理。二年生草本植物通常在 9 月中旬至 10 月上旬播种,如改为春播,由于苗期没有冬季春化阶段,而营养体又较小,往往表现为成花不良,很少开花或花期推迟。如果改在春播,而又将种子或幼苗进行人工低温春化处理,就可以在当年春、夏正常开花。一般进行人工低温春化处理的温度,适宜于 0~5℃之间。

一些二年生草本植物通常在采用分期播种的同时,结合温室栽培,在苗期进行人工低温春化处理,待植株营养体长到一定大小时,再进行人工补长日照处理等一系列措施,可以达到一年四季都有植株陆续开花,如雏菊、金鱼草、瓜叶菊等。

三、营养条件对植物开花的影响

在一些雌雄异株植物中,碳氮比值低时,将提高雌花分化的百分数。土壤条件对植物性别分化比较明显。一般来说,氮肥多、水分充足的土壤促进雌花的分化,但如氮肥少、土壤干燥,则促进雄花分化。

第三节 花药的发育和花粉粒的形成

花的各部分都是由花芽中的各种原基分化、生长和发育而成的。在 1 朵花中,雄蕊是产生雄配子的地方,雌蕊是产生雌配子的地方。雌、雄配子经过传粉受精后,才能形成种子和果实。它们用种子或果实继续繁衍后代,所以雄蕊和雌蕊是花中最主要的部分,有性生殖器官的发育主要就是在这里进行的。

一、花药的发育

花芽中的雄蕊原基形成后,逐渐生长分化,其基部形成花丝,上部发育成花药。

花药是由雄蕊原基的上部细胞发育而成,是孕育花粉的组织,一般为黄色,它是由药隔和花粉囊组成。大多数植物的花药具有 4 个花粉囊,囊内产生花粉粒。药隔连接花粉囊,是由薄壁组织组成,其中央有 1 个维管束。

花药形成的初期,外面有一层表皮细胞,其内是一团具有分裂能力的细胞群。以后,在花药四个角的表皮内各产生一些薄壁、大核的细胞,称孢原细胞。接着,每个孢原细胞分裂成内外两层细胞,外层成为壁细胞,内层成为造孢细胞。壁细胞继续分裂和分化,逐渐形成花粉囊的壁,即由外向内,为纤维层、中层、毡绒层。造孢细胞分裂,逐渐形成花粉粒。中层开始形成时有储藏营养的作用,当毡绒层形成后,中层便作为营养被花粉粒吸收而消失。所以在成熟的花药内没有中层。

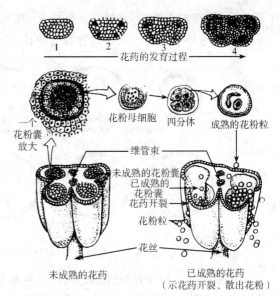

图 6-9　花药的发育和构造

在花粉囊壁发育的同时,花粉囊内的造孢细胞进行有丝分裂,形成许多花粉母细胞。每个花粉母细胞再进行一次减数分裂,形成 4 个子细胞,成为四分体,以后形成 4 个单核花粉粒。

在花粉囊壁和花粉粒发育的同时,花药中部的细胞也逐渐进行细胞分裂和分化,形成了薄壁组织,中央有 1 个维管束,即形成了药隔(如图 6-9)。

二、花粉粒的发育与结构

通过减数分裂形成的单核花粉粒,是花粉粒的第 1 个细胞。花粉粒继续发育,经过一次有丝分裂形成两个大小悬殊的细胞,其中,较大的 1 个为营养细胞,另 1 个较小的叫生殖细胞,此时的花粉粒称为二核花粉粒。其后,生殖细胞再分裂成两个精细胞(精子),成为三核花粉粒(如图 6-10)。

玉米、毛茛、向日葵等的花粉粒,发育至上述三核阶段,花粉囊便开裂散粉,进行传粉作用。但绝大多数植物,如棉花、柑橘、桃、梨、茶等,当花粉粒发育至二核阶段时,便已成熟,花粉囊即开裂散粉,生殖细胞要在花粉粒萌发形成花粉管时,才分裂形成两个精子。

在花粉粒发育的同时,其花粉粒的壁也分化为两层,内层薄软而具有弹性,易吸水膨胀;外壁厚而较坚硬,其上有各种形状的突起或花纹,并有 1 个至多个外壁未增厚的小孔,称为萌发孔。

不同的植物种类,其花粉粒的形状、大小、颜色、沟纹及萌发孔的数目各不相同。例如,野生草和狗尾草等禾本科植物的花粉粒为圆形或椭圆形,呈黄色,其上仅有 1

个萌发孔;棉花的花粉粒为球形,呈乳白色,其上有 8~10 个萌发孔;苹果的花粉粒为三角形等。这些可作为识别植物种类的特征之一。

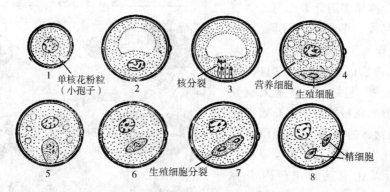

图 6-10　花粉粒的发育(图中 1~8 为发育顺序)

　　每个成熟的花粉粒,经过减数分裂,其花粉粒中染色体的数目为母细胞的一半,称为单倍体。这对保持该种植物的遗传特性具有重要的意义。在花粉粒的形成过程中,如果减数分裂受阻,就会影响花粉粒的形成。

　　现将花药与花粉粒的发育过程表解如下:

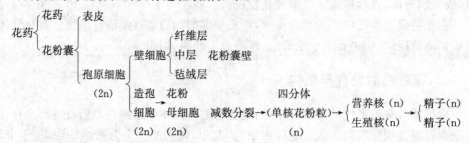

三、花粉粒的生活力

　　不同的植物或不同的环境条件,其花粉粒的寿命长短差别很大。高温、高湿能使花粉很快失去生命,而低温、干燥能使花粉粒保持较长的寿命。一般在 0~20℃或更低的温度下,对某些花粉粒有利,使花粉延长寿命。如苹果、梨在适宜的条件下,花粉可活 70~200 天,李子的花粉能活 180~220 天,樱桃的花粉能活 20~100 天。寿命短的种类,如柑橘的花粉也能活 4~6 天。在人工辅助授粉时,要特别注意各种植物花粉粒寿命的长短、采收花粉的时间及保存的方法,才能保证人工授粉的成功。

第四节　雌蕊的发育与结构

一、胚珠的发育与结构

胚珠着生在子房内壁的胎座上。开始,胚珠是一群幼嫩的薄壁细胞,称为珠心。接着,在珠心的基部生长小的突起,并逐渐长大、延伸,包围珠心,这部分称为珠被。珠被在发育时,其顶端留下 1 个小孔,称为珠孔。胚珠与子房相连接的部分,称为珠柄。维管束是通过珠柄进入胚珠的。珠心、珠被和珠柄三者结合处称为合点,因此,胚珠是由珠心、珠被、珠孔、珠柄及合点五部分构成。

植物的珠被一般为两层。其外层称为外珠被,内层称为内珠被。但有些种类的珠被只有一层,如核桃、桦树、海桐等。

在珠被发育的同时,在珠心薄壁组织中,靠近珠孔的一端形成 1 个大细胞,称为胚囊母细胞。当胚囊母细胞生长发育成熟后,进行一次减数分裂形成 4 个小细胞,称为四分体。其中,有 3 个退化消失,1 个继续生长发育形成胚囊,因此,单核胚囊是具有单倍体的细胞。

根据珠孔与珠柄间的位置变化,即由于各部分的生长快慢不同,使胚珠形成了直生、横生、倒生、弯生等不同的类型(如图 6-11)。

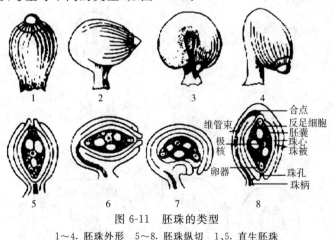

图 6-11　胚珠的类型
1~4. 胚珠外形　5~8. 胚珠纵切　1、5. 直生胚珠
2、6. 横生胚珠　3、7. 弯生胚珠　4、8. 倒生胚珠

1. 直生胚珠

珠心和珠被的各部分生长均匀,使胚珠的珠孔、珠柄和合点三者在一条直线上,珠孔在珠柄相对的一端,如核桃等。

2. 倒生胚珠

胚珠倒悬，珠孔向下，接近胎座，使珠孔与珠柄几乎平行，并且珠柄靠近珠被贴生，如百合等多数被子植物的胚珠。

3. 弯生胚珠

在胚珠形成的过程中，其珠心与珠被的一侧生长较快，使珠心向生长较慢的一侧弯拱，合点与珠孔之间的连线呈弧线，如柑橘、香豌豆等。

二、胚囊的发育和构造

单核的胚囊是胚囊的第 1 个细胞。由于单核胚囊继续发育，体积不断增大，这使胚囊占据了珠心的大部分。同时，胚囊中细胞核连续进行 3 次有丝分裂。第 1 次分裂，使原来的 1 个核分裂为 2 个核，并分别移到胚囊的两端。第 2 次分裂，使胚囊两端分别形成 2 个核。接着，由在两端的 4 个核再进行第 3 次分裂，使胚囊两端各有 4 个核。然后，两端各有 1 个核移到胚囊的中央，形成 2 个极核。近珠孔一端的 3 个核，中间的 1 个大核形成卵细胞，在卵细胞两边各有 1 个较小的核形成助细胞。在胚囊另一端（靠近合点的一端）的 3 个核形成反足细胞。至此，胚囊就发育成具有 1 个卵细胞、2 个助细胞、2 个中央极核、3 个反足细胞的 8 核成熟胚囊（如图 6-12）。胚珠就以此状态准备受精。

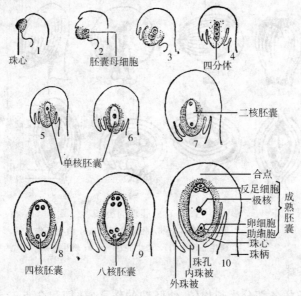

图 6-12　胚珠和胚囊的发育过程模式图（1～10 为萌发顺序）

胚珠及胚囊的发育过程表解如下：

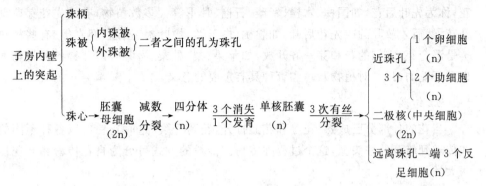

第五节　开花、传粉与受精

一、开花和传粉

1. 开花

雄蕊和雌蕊发育成熟后，花萼和花冠也发育成熟，这时花萼和花冠展开，使雄蕊和雌蕊显露出来，这个过程称为开花。不同的植物种类，其开花的年限不同。一年生植物当年就开花，即春季播种，夏季开花，冬季到来之前全株死亡；二年生植物是第一年播种，第二年春季或夏季开花，花后死亡；多年生植物，播种后要生长到一定的年限才第 1 次开花，一旦开花，以后年年都能开花，如山桃播种后 3～5 年才开始开花，椴树要生长 20～25 年开始开花。个别种类如竹类植物生长多年开花，花后全株死亡，即一生中只能开 1 次花。

不同植物开花的季节及开花时间长短差别很大，如兰花 1 朵花可持续开放 1～2 个月；白玉兰、海棠等能开放数天；扶桑 1 朵只能开放一天；昙花只能开放几个小时。

在一天内，不同的植物开花的时间不同，如昙花是夜间开放，到清早就已凋谢；而睡莲一般白天开放，夜间闭合，1 朵花可连续开放 4～5 天；牵牛花在天亮前开放；紫茉莉则在傍晚开花；一般多数植物白天开花。

一株植物或同一种的植物群，自第 1 朵花开始开放到最后 1 朵花凋谢所经历的时间，称为该植物的花期。不同的植物种类花期的长短差别很大。一般开花集中的，花期比较短，如牡丹、白玉兰等；但有些植物种类，在开花的同时仍不断形成新的花芽而继续开放，如月季、扶桑等。只要肥水供应良好，几乎整个生长季均有花开放；所以，这些种类植物花期很长。

不同植物开花的习性也不相同,有的先萌发枝叶,然后在新枝上形成花芽进行开花,称为先叶后花,如国槐、木槿、紫薇、石榴、月季等大多数植物;有的先花芽萌动和开花,然后才放叶的叫先花后叶,如碧桃、白玉兰、榆叶梅、连翘、迎春等;有些植物种类是混合芽,它们的花和芽一齐开放,如苹果、梨、杜梨、海棠等。掌握各种植物的花期及开花的习性,对植物栽培和育种具有重要的意义。

2. 传粉

当花的各部分已成熟,花萼和花冠打开,花药开裂,这时花粉粒以各种不同的方式传送到雌蕊的柱头上,这个过程称传粉。传粉的方式可分为自花传粉和异花传粉两大类。

(1)自花传粉　在1朵两性花中,由雄蕊花药里的花粉散出后,落到同一朵雌蕊柱头上的过程,称为自花传粉。在果树栽培中,自花传粉是指同一品种植物的花,雄蕊向雌蕊进行传粉的过程。在林业生产中,自花传粉则是指同一株树上的花,雄蕊向雌蕊进行传粉的过程。有些果树具有自花传粉的特性,如桃、李子、杏等。

在自花传粉过程中,往往会产生闭花受精现象,即在花开之前雄蕊上的花粉早已传到了雌蕊的柱头上,进行了受精作用,如香豌豆等。

(2)异花传粉　植物界最普遍的传粉方式是异花传粉。异花传粉是指1朵花的雄蕊花药里的花粉粒落到另1朵花的雌蕊柱头上的过程。在果树栽培中,异花传粉常指不同品种间的传粉。在林业生产中,异花传粉常指不同植株间的传粉。

植物在进行异花传粉时,花粉必须借助于风力或昆虫等媒介,才能传到雌蕊的柱头上。借助风力进行传粉的称为风媒花。风媒花的特点是花小而不美丽,无香味和蜜腺。花粉粒小而轻,花粉粒的数量多,雌蕊的柱头大,多分叉为毛刷状,如杨树、桦树、胡桃、板栗等。以昆虫为媒介进行传粉的称为虫媒花。虫媒花的特点是花大而数量少,花色艳丽并有香气,花粉粒的表面粗糙,易于引诱昆虫和被昆虫携带,如三色堇、月季、苹果等大多数花卉和果树的花。此外,还有一些植物是靠水帮助传粉的,如金鱼藻等。

从生物学意义上讲,异花传粉比自花传粉具有优越性。因为自花传粉时,雌雄配子来自同一株植物体上,即来自一亲本,雌雄配子之间遗传物质的差异较小,所产生的后代生活力较差,而且易造成品种退化;异花传粉的雄雌配子来自两棵不同的植株,或来自两朵不同的花上,即雌雄配子来自不同的亲本。父母植株间遗传物质的差异较大,所产生的后代生活力较强,可产生性状的变异,适应能力也强,因此易产生优良的新品种。

在植物的进化过程中,异花传粉已成为大多数植物的生物学特性。植物已经具有许多避免自花传粉或提高异花传粉效率的结构,来适应异花传粉,常见的有以下几种。

　　单性花或雌雄异株:每朵花仅有一种配子,只能进行异花传粉,它们是严格的异花传粉的植物种类,如杨树、柳树、杜仲、板栗、核桃等。

　　雌雄异熟:这些植物虽是两性花,但同一朵花上的雌蕊和雄蕊在不同的时间成熟,因而避免了自花传粉,如玄参、泡桐、柑橘等。

　　花柱异长:在两性花中,有的花丝长而柱头短,有的花丝短而柱头长。在这些种类中,传粉时,常是长花丝上的花粉传到长花柱的柱头上或是短花丝上的花粉传到短花柱的柱头上才可能完成受精。这样可以减少或避免自花传粉的机会,如中国樱草等。

　　自花不稔:花粉粒落到自花柱头上不能萌发的现象,叫自花不稔。如荞麦、向日葵、黑麦等。

　　但是异花传粉易受环境条件的影响,如暴雨、大风、温度过低等均会造成异花传粉的困难。所以,有许多种植物除进行异花传粉外,同时还保留了 5%～30% 的自花传粉的能力,以保证种族的繁衍。在自然条件下传粉不能正常进行时,必然影响果实和种子的产量,这时应采取人工辅助授粉的方法弥补自然传粉的不足。

二、受精及生物学意义

　　花粉粒落在柱头上以后,柱头液将花粉粒粘在柱头上,供给花粉粒萌发所需要的水分和养分,并产生一些刺激花粉萌发的物质,促使花粉粒萌发形成花粉管。花粉粒中的精子通过花粉管才能送到子房的胚囊内,与胚囊内的卵细胞相融合而形成胚。

1. 花粉粒的萌发与花粉管的形成

　　当花粉粒以各种不同的方式落到雌蕊的柱头上以后,在柱头液的作用下开始萌发,即首先从柱头液中吸收水分膨胀。然后,内壁从萌发孔向外突出形成花粉管,其内含物及营养核与生殖核流入管内。花粉管不断进行伸长生长,在伸长的过程中,经花柱逐渐进入子房,最后直达胚囊内。在花粉管伸长的过程中,营养核与生殖核也移到了花粉管的先端,并且生殖核在花粉管内又进行一次有丝分裂形成两个精子。

　　柱头液除能抑制自花传来的花粉萌发外,对亲缘关系很远的种类,如异科或异种的花粉粒也具有抑制萌发的作用。一般柱头液只能促使同种或相近的一些种类的花粉粒萌发。

　　通常花粉粒落到柱头上以后,要经过一定时间的休眠才能萌发。但也有些种类没有休眠期,花粉粒一落到柱头上便开始萌发。也有的休眠期很长,即几个月后才开始萌发。无论花粉粒具有几个萌发孔,都只在 1 个萌发孔进行萌发形成花粉管。

2. 双受精作用

当花粉管通过珠孔或合点进入珠心,由珠心到达胚囊后,顶端破裂,管内的物质、营养核及两个精子都进入胚囊。两个精子中的 1 个精子与卵细胞相互融合形成合子,将来由合子发育成胚;另1 个精子与胚囊中的两个极核或中央细胞相融合,发育成胚乳。这种由 2 个精子分别与卵细胞、极核相互融合的现象,称为双受精作用(如图 6-13)。

在受精过程中,助细胞能促使花粉管先端破裂,帮助进行受精作用,然后逐渐消失,这时,营养核及胚囊中的 3 个反足细胞也逐渐消失。因此受精后,胚囊内只有 1 个合子和由 2 个极核与 1 个精子结合而成的初生胚乳。因此,通过有性生殖过程,精子与卵细胞融合后所形成的合子,恢复了原来体细胞的染色体数目(2n)。作为营养物质的胚乳细胞为三倍体,这样子代的变异性大,生活力和适应性强,故双受精作用是植物界有性生殖中最进化的方

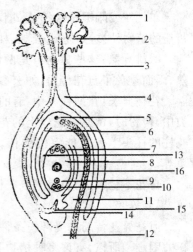

图 6-13　传粉和受精作用
1. 柱头上萌发的花粉粒　2. 柱头　3. 花柱
4. 子房　5. 合点　6. 珠被　7. 反足细胞
8. 胚囊　9. 卵细胞　10. 助细胞
11. 珠柄　12. 胎座　13. 珠心
14. 花粉管　15. 精子　16. 极核

式。双受精作用是被子植物所特有的受精过程,所以被子植物在当代植物界是占有绝对的优势。

植物在传粉过程中,落到柱头上的花粉数及柱头上萌发的花粉管的数目很多。但是只有其中 1 个花粉管生长最快、最长,进入胚囊进行受精作用。但有时多余的精子与助细胞或反足细胞发育成胚,使 1 个种子内具有很多个胚,这种现象称为多胚现象,如百合属植物是由助细胞或反足细胞发育成胚;柑橘类植物由珠心或珠被发育成胚;兰科植物和裸子植物是由合子分裂产生很多个胚。

在被子植物中,有些植物种类的卵细胞不经过受精作用也能发育成胚。这种胚是无性胚,这种现象称为无融合生殖,如蒲公英、早熟禾等。

三、外界环境条件对传粉和受精的影响

传粉、受精是包括花药开裂散粉、花粉粒萌发、花粉管的生长以及两性细胞的融合等过程。植物一般要在完成了受精之后,子房连同其内部的胚珠才能发育成果实和种子。这个时期对外界环境条件的反应很敏感,只要全过程中的某一环节受到影响,就不能受精,使子房不能发育,最后导致空粒、秕粒、落花等现象,降低产量。

影响传粉与受精的因素很多,但概括起来可分为内因和外因。内因通常是由于

雌雄性器官有缺陷,外因主要是气候条件及栽培条件。

气候条件中以温度的影响最大。水稻传粉、受精的最适温度为 26～30℃,如日平均温度在 20℃以下,最低温度在 15℃以下,对水稻的传粉、受精就有妨碍。因为低温不仅使花粉粒的萌发和花粉管的生长减慢,甚至使花粉管不能到达胚囊;卵细胞和中央细胞的退化现象就逐渐加重;精子从已退化的助细胞释放出去,接近卵细胞和中央细胞的过程受到抑制;精子与卵细胞接触的时间延长;精核不能在卵核膜上展开或大为延迟;两性细胞核融合所需的时间增长等。所以在我国的双季稻地区,早播的早熟品种,如在传粉、受精期间,遇到低温多雨的侵袭,就会产生大量的空、秕粒。连作晚稻,如同样在传粉、受精期间遇低温的影响,也会提高空、秕率。玉米传粉、受精的最适温度为 26～27℃,而低温阴雨会影响花药开裂散粉。但高温干旱,不但花柱容易枯萎,失去接受花粉的能力,而且花粉粒的萌发力也会很快丧失。

温度和水分对传粉、受精也有很大的影响。水稻开花时对大气的相对湿度要求在 40%～95%,最适相对湿度为 70%～80%,如果这时遇到干旱高温天气,花粉会很快丧失萌发力。大雨和长期阴雨,往往增加作物的空、秕率,降低果树的结果率。这是因为花粉粒吸水后很易破裂,而且柱头上的分泌物会被雨水冲洗或稀释,不适合于花粉粒的萌发。

此外,光照强度、土壤营养等条件,对传粉、受精也有直接或间接的影响。如氮肥过多过少,都会使受精所需的时间延长。所以,农业上应结合当地气候的具体情况,选用生育期合适的良种,或适当调节栽种季节,加强栽培管理,保证在作物的传粉、受精时期内少受不良环境条件的影响,使传粉、受精能顺利进行,这是农业生产上的一个重要问题。

第六节　种子和果实的发育与结构

花在受精以后,其各组成部分发生变化,花冠凋萎,花萼脱落或宿存,雄蕊和雌蕊的柱头、花柱通常也凋萎,子房逐渐膨大发育为果实,子房内的胚珠逐渐发育为种子,花梗变为果柄。有些植物的花托、花被等发育成为果实的一部分,如草莓、凤梨、桑葚、苹果、无花果等。

一、种子的形成

种子的形成,包括胚的发育、胚乳的形成和种皮的发育,即由受精卵发育成胚、受精的极核发育为胚乳、珠被发育为种皮,整个胚珠发育为种子。

1. 胚的发育

胚的发育是从受精卵（合子）开始的。合子成熟后，通常要经过一段休眠期才开始发育。其休眠期的长短随植物种类的不同而异，一般在数小时至数天内，如橡胶草为 5 小时，苹果为 5～6 天。但是有些种类合子的休眠期较长，如秋水仙为 4～5 个月，茶树为 5～6 个月。经过休眠以后，合子便进行细胞分裂，即由 1 个合子细胞逐渐发育成为 1 个具有胚根、胚芽、胚轴和子叶的幼胚。现以双子叶植物荠菜为例，说明胚的发育过程（如图 6-14）。

在胚的发育过程中，首先是合子伸长成管状，接着进行 1 次不等的横向分裂，形成两个大小极不等的细胞。其中，靠近珠孔的 1 个细胞体积大，称为基细胞，它具有吸收功能，不再进行分裂。靠近合点一端的 1 个细胞体积小，称为末端细胞，由末端细胞经过多次横向连续的分裂，形成单列多细胞的胚柄。其中，最末端的 2～3 层细胞继续进行不同方向的多次分裂，最后形成 1 个球形的胚体，称为原胚。以后由原胚再进一步发育时，中央生长较慢，呈现出凹陷；两侧生长较快，形成两个突起。由这两个突起继续生长便形成两片子叶。中央凹陷处形成胚芽。在原胚与胚柄相连接的一端发育成胚根。在胚芽和胚根之间的部分发育成为胚轴。这时由合子经过一个复杂的过程发育成 1 个完全的胚。由此可知，合子是新植物体的第 1 个细胞，而胚则是新植物体的原始体。

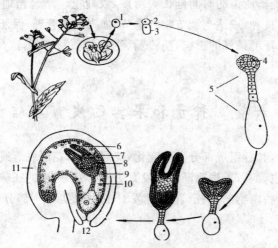

图 6-14　荠菜胚的发育

1. 合子　2. 顶细胞　3. 基细胞　4. 球状胚体　5. 胚柄　6. 子叶　7. 胚芽
8. 胚轴　9. 胚根　10. 胚乳　11. 珠被　12. 珠孔

2. 胚乳的形成

胚乳的形成是从受精的极核（中央细胞）开始的。受精后的极核称为初生胚乳核。完成双受精后的初生胚乳核，通常不经过休眠就进行核分裂，一般比合子的第 1 次分裂为早，这样就为幼胚的生长创造了营养条件。

胚乳的形成常有核型和细胞型两种。较普遍的是核型胚乳的形成（图 6-15），即初生胚乳核经多次分裂，产生许多没有细胞壁的游离核，分散在胚囊的细胞质中，以后才在各游离核间形成细胞壁，如核桃、椰子及禾本科等大多数植物种类属于这种方式。而有些植物在胚乳形成时，自初生胚乳的第 1 次分裂及以后的每次分裂，都同时进行细胞质分裂，并形成细胞壁。因此在胚乳形成过程中没有游离核时期，这种胚乳称为细胞型胚乳，如番茄、烟草、芝麻和唇形科等属于这种形式。

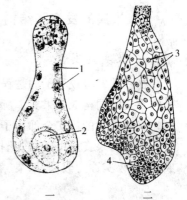

图 6-15　玉米胚乳的发育

一、受精后 12 小时的状态

二、受精后 36 小时的状态

1. 游离胚乳核　2. 合子

3. 胚乳细胞　4. 球状胚

胚乳在胚的发育过程中起着重要作用，也就是说，胚的发育要依赖胚乳的发育。因为胚乳初期阶段主要是供给胚发育所需要的营养物质。在胚发育成熟后，即胚乳发育的后期才成为贮藏养料的组织。它所贮藏的养料供种子萌发形成幼苗。有些植物在胚发育时，胚乳全部被胚吸收，其中的营养完全转移到子叶中贮藏起来。因此，当种子成熟后胚乳消失而子叶肥大，形成无胚乳的种子，如菜豆、紫藤、月季、合欢、板栗等。

3. 种皮的形成

种皮是由珠被发育而成的。在胚和胚乳发育的同时，珠被发育形成种皮，包在胚和胚乳的外面起保护作用。一般珠被分为内珠被和外珠被。有些植物的种子在发育过程中，内珠被发育成为内种皮，如蔷薇科、大戟科植物等。也有一些植物的种子在发育过程中，内珠被逐渐消失，只有外珠被发育成为一层坚韧的种皮，从而只有一层外种皮，如毛茛科、豆科植物等。还有一些植物的胚珠只有一层珠被，只能形成一层种皮，如向日葵等。

一般外种皮较厚而坚硬，因为这是由木化及角化的厚壁组织构成的，外面常有各种不同的色泽和花纹。有些植物种子的外皮上还具有附属物，如梓属植物的种子，其种皮延伸成翅；杨树和柳树种子的基部侧面，具有由珠柄发育而成的长毛。还有些植物种子的外种皮为肉质，如南蛇藤、石榴等。内种皮一般薄而柔软。由于种皮细胞中的养料在种子发育过程中被种子吸收，所以细胞呈解体状态。也有一些植物的种子虽有两层种皮,但由于二者结合紧密而很难区分开来。

除种皮以外,有少数植物的种子还具有假种皮。如卫矛的种子就具有橙红色的假种皮。假种皮是子房受精后,由珠柄细胞、珠心细胞或胎座发育而成的。它在种皮的外面,或包被种皮的一部分。

二、果实的发育和结构

1. 果实的发育

在胚珠发育成种子的过程中,子房壁也迅速生长,发育成为果皮。种子和包裹种子的果皮共同构成了果实。所以,果实的形成过程实际上就是种子和果皮的形成过程。有些植物的果实全部由子房发育而成的,称为真果,如桃、核桃、紫荆、豆类等。有些植物的果实是由子房、花托、花萼、花冠等共同发育而成,或由整个花序发育形成,这种果实称为假果,如梨、苹果、菠萝、桑葚、草莓等(如图 6-16)。

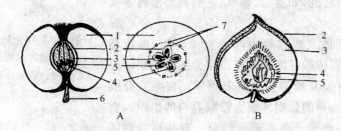

图 6-16　果实的构造
A. 苹果的纵切面与横切面(示假果构造)　B. 桃的纵切面(示真果构造)
1. 花托发育成的果实　2. 外果皮　3. 中果皮　4. 内果皮　5. 种子　6. 果柄　7. 维管束

2. 果实的结构

真果的结构比较简单,它是由果皮和种子构成。果皮是由子房壁发育而成。果皮通常分为外果皮、中果皮和内果皮 3 层。其中,外果皮是由子房的外壁形成的;中果皮是由子房的中层形成的,在中果皮中常有维管束分布其间;内果皮是由子房的内壁形成的。在种子的外面包上由子房壁形成的果皮,即形成果实。

假果的结构比较复杂,它的果皮是由子房壁和花托或花萼等其他部分共同形成的。如梨和苹果可食的部分是由花托形成的果肉,而子房壁仅形成了靠近种子的中央一小部分,其内包含种子。桑葚可食的部分是由肉质的花序轴和花萼形成的果肉,子房壁形成的部分在果皮中所占的比例也很小。

3. 果实的类型

由于构成雌蕊的心皮数、心皮之间离合的情况以及果皮的性质的不同,形成了各种不同的果实类型。主要分为单果、聚合果和聚花果三大类(如图 6-17)。

(1)单果　由 1 个单雌蕊或复雌蕊形成的果实,叫单果。因果皮的性质不同,单果又可分为肉果和干果两大类。

①肉果。果实成熟后,通常肉质多汁,大多数可供食用,这类果实称为肉果。肉果又可分为以下类型。

a. 浆果:外果皮很薄,中果皮和内果皮均肉质多浆,如葡萄、柿子、香蕉、枸杞、番茄等。

b. 核果:外果皮较薄,中果皮肉质多浆,内果皮坚硬,如桃、杏、李子、樱桃、梅等。

c. 柑果:外果皮革质,有挥发油腔;中果皮较疏松,具有分枝的维管束(橘络);内果皮薄膜状,每个心皮的内果皮形成 1 个囊瓣。其食用部分是向囊瓣内伸出的许多肉质多浆的表皮毛,如柑橘、柚子、橙子、佛手、柠檬等。

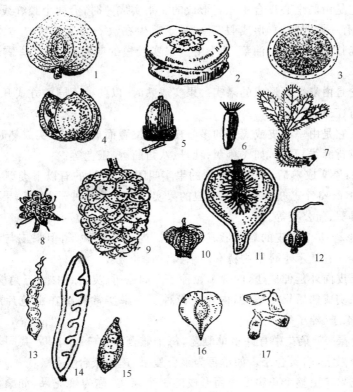

图 6-17　果实的类型

1. 核果　2. 浆果　3. 柑果　4. 蒴果　5. 坚果　6、7. 瘦果　8. 聚合果

9～12. 聚花果　13～15. 荚果　16、17. 翅果

d. 瓠果:它和浆果很相似,是由下位子房发育而成的假果。花托和外果皮结合形成较坚硬的果壁,中果皮和内果皮肉质多浆,胎座也很发达。它是葫芦科植物所特

有的果实,如各种瓜类。西瓜的食用部分主要是胎座。

　　e. 梨果:果实大部分是由杯形花托形成的,极少部分是由子房形成的,其中,花托、外果皮和中果皮均肉质。花托形成的部分是可食用的主要果肉,内果皮纸质或革质,如梨、苹果、山楂等。

　　②干果。果实成熟后,果皮干燥。根据果实成熟后,果皮是否开裂,分为裂果和闭果两类。

　　a. 裂果:果实成熟后,果皮开裂。根据开裂的方式不同,裂果又可分为以下类型。

　　荚果:由单心皮雌蕊发育而成的果实。子房一室,果实成熟时,沿背缝线和腹缝线开裂,如香豌豆、绿豆等。但也有不开裂的,如刺槐、紫荆、花生等。

　　角果:它是由两个心皮合生雌蕊形成的。果实成熟时,沿两个腹缝线自下而上的开裂。其内有一层假隔膜,形成假二室,种子着生在假隔膜上。其中,果实较长的叫长角果,如桂竹香、紫罗兰、油菜、萝卜等。果实较短的叫短角果,如香雪球、独行菜、荠菜等。

　　蒴果:它是由复雌蕊形成的果实。果实成熟时,以各种不同的方式开裂,如百合、牵牛花、石竹、三色堇等。

　　蓇葖果:它是由一心皮或离生的多心皮雌蕊发育而成的。果实成熟时,沿一个缝线(腹缝线或背缝线)开裂,如飞燕草、牡丹、八角茴香、玉兰等。

　　b. 闭果:果实成熟后,果皮不开裂的果实叫闭果,常见的有以下类型。

　　瘦果:由1~3个心皮雌蕊发育而成的果实。内含1粒种子,而且,果皮与种皮易分离,如向日葵、蒲公英等。

　　颖果:由2~3个心皮的雌蕊形成的果实。内含1粒种子,但果皮与种皮不易分离,如竹子等。它是禾本科植物特有的果实。

　　翅果:果皮向外延伸成翅,内含1粒种子。如榆树、臭椿、白蜡、五角枫等。

　　坚果:果实成熟后果皮坚硬,内含1粒种子。果实常埋藏在由苞片形成的壳斗中,如板栗、橡子、榛子等。

　　(2)聚合果　1朵花中有许多单雌蕊,每个雌蕊形成1个小果,共同着生在花托上,形成1个果实,叫聚合果。如草莓为聚合瘦果,莲为聚合坚果。

　　(3)聚花果　由整个花序发育而形成的1个果实,称为聚花果,如桑葚、无花果、菠萝等。

三、种子和果实成熟时的生理变化

　　植物受精后,受精卵发育成胚,胚珠发育成种子,子房发育成果实。种子和果实形成时,不只是形态上发生变化,在生理上也发生剧烈变化。

1. 种子成熟时的生理变化

种子成熟的过程就是受精卵发育成胚的过程,同时也是种子内积累贮藏物质的过程。在这个过程中,种子含水量、呼吸强度、干物质和酶的活动都发生一系列的变化。

在种子形成的初期,呼吸作用旺盛,因而有足够的能量供应种子的生长和有机物的转化和运输。随着种子的成熟,呼吸作用便逐渐降低,代谢过程也逐渐减弱。

种子成熟时,物质的转化大致与种子萌发时的变化相反。随着种子体积的增大,由其他部分运来的有机养料是一些较简单的可溶性有机物,如葡萄糖、蔗糖、氨基酸及酰胺等。这些有机物在种子内逐渐转化成为复杂的不溶解的有机物,如淀粉、脂肪及蛋白质。

2. 果实成熟时的生理变化

肉质果实在形成时,也伴随着营养物质的积累和转化,使果实到成熟时,在色、香、味等方面均发生显著的变化。主要变化是:

(1)果实由酸变甜、由硬变软、涩味消失　在果实形成的初期,从茎、叶运来的可溶性糖转变成淀粉贮藏在果肉细胞中,果实中还含有单宁和各种有机酸,这些有机酸包括有苹果酸、酒石酸等。同时细胞壁含有很多的不溶性的果胶物质,故未成熟的果实往往生硬、涩、酸,而没有甜味。随着果实的成熟,淀粉再转化成可溶性的糖,有机酸一部分发生氧化而用于呼吸,另一部分转化成糖,故有机酸含量降低。单宁则被氧化,或凝结成不溶性物质而使涩味消失。果胶物质则转化成可溶性的果胶酸等,可使细胞彼此分离。因此,果实成熟时,具有甜味,而酸味减少,涩味也消失,同时由硬变软。

(2)香味的产生　果实成熟时还产生微量的具有香味的脂类物质,如乙酸乙酯和乙酸戊酯等,使果实变香。

(3)色素的变化　许多果实在成熟时由绿色逐渐变为黄色、橙色、红色或紫色。这是由于叶绿素的破坏,使类胡萝卜素的颜色显现出来。另一方面则是由于花青素形成的结果。较高的温度和充足的氧气有利于花青素的形成,因此果实向阳的一面往往着色较好。

(4)乙烯的产生　在果实成熟过程中还产生乙烯气体。乙烯能加强果皮的透性,使氧气容易进入。所以,能加速单宁、有机酸类物质的氧化,并可加强酶的活性,加快淀粉及果胶物质的分解。故乙烯能促进果实的成熟。

(5)呼吸强度的变化　许多肉质果实在成熟过程中,呼吸作用首先降低,然后出现一个突然升高的时期,即呼吸高峰或跃变期,以后呼吸又逐渐下降。苹果、梨、番茄、香蕉等都有明显的呼吸高峰。但也有一些果实,如柑橘、柠檬、葡萄等没有呼吸高峰的出现。它们在成熟过程中呼吸强度是逐渐下降的。

　　呼吸高峰的出现与乙烯的产生有密切关系。因此人工施用乙烯气体或液体乙烯（乙烯利），可以诱导呼吸高峰的到来，促进成熟。而控制气体成分（降低 O_2 含量，提高 CO_2 或充 N_2）可延缓呼吸高峰的出现，从而可以延长贮藏期。

思考题

　　1. 完全花是由哪几部分组成？说明各部分的特征和功能。

　　2. 举例说明花序的种类和特点。

　　3. 什么叫传粉？传粉有哪几种方式？为什么异花传粉更具有优越性？

　　4. 什么叫受精作用？什么叫双受精作用？说明受精作用的过程及双受精的优越性。

　　5. 什么叫真果和假果？两者在构造上有何区别？

　　6. 果实有哪些类型？分别举例说明。

第七章　植物的生长发育及其调控

植物生长发育是植物各种生理与代谢活动的整合表现。它包括有器官发端、形态建成、营养生长向生殖生长的过渡,以及个体最终走向成熟、衰老与死亡。研究这些历程的内部变化及其调控因素,对于控制植物的生长发育及提高作物生产力具有极其重要的意义。

第一节　植物激素对生长发育的调控

在植物生长发育过程中,除了需要水分、矿质营养和有机营养外,还需要一些由植物体内产生的微量并具有生理活性的能调节植物体新陈代谢的生长发育的物质,这些物质叫植物激素。植物激素是植物体本身产生的,所以又称内源激素。它在植物体内含量甚微,多以微克来计算。随着科学技术的发展,现在已能由人工模拟植物激素的结构,合成一些能调节植物生长发育的化学物质,这些化学物质称为植物生长调节剂。由于它不是植物体所产生,所以又称外源激素。

植物激素在园林生产上已广泛应用。实践证明,它对种子发芽、植物生长、防止落花落果、花期控制等方面都有明显的作用。

目前已经发现的植物激素有五类,即生长素、赤霉素、细胞分裂素、脱落素和乙烯。

一、生长素类

植物体内普遍存在的生长素为吲哚乙酸,简称 IAA。生长素首先是在燕麦胚芽鞘中发现,是植物体内普遍存在的一类激素。

在植物体内,合成生长素最活跃的部位是具有分生能力的组织,特别是芽的顶端分生组织,一般说来,生长素的大部分集中在生长旺盛的部位,如根尖及茎尖的分生组织、形成层细胞和幼嫩的种子等,而在趋向衰老的组织中则较少。

生长素在植物体内容易受吲哚乙酸氧化酶的破坏,所以生产上一般不用吲哚乙酸来处理植物。而是用人工合成的类似生长素的药剂,如萘乙酸等。生长素的主要生理作用如下:

1. 促进细胞的伸长生长,从而促进植物生长

植物茎的向光性是生长素能够促进植物生长的很好例证。

2. 促进果实发育

实验证明,雌蕊受粉后,在胚珠发育成种子的过程中,发育的种子里合成了大量的生长素。这些生长素能够促进子房发育成果实。

3. 促进扦插的枝条生根

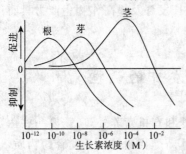

图 7-1 植物各器官生长速度与生长素浓度的关系

生长素对植物的作用与其浓度的高低有一定关系。一般地说,低浓度促进生长,高浓度抑制生长,甚至杀死植物。例如植物表现出的顶端优势——植物的顶芽优先生长而侧芽受抑制的现象,就是因为顶芽产生的生长素向下运输,大量地积累在侧芽部位,使这里的生长素浓度过高,从而使侧芽的生长受到抑制的缘故。另外,不同器官对生长素的敏感度也有很大差异。一般说来,根最敏感,茎较不敏感(如图 7-1)。不同植物对生长素的敏感度也不同,双子叶植物较单子叶植物敏感。根据以上原理,应用生长素时,应十分注意使用浓度。

二、赤霉素和细胞分裂素

1. 赤霉素

赤霉素是一类化合物的总称,现已发现 60 多种不同的赤霉素。赤霉素简称 GA,其中,应用最广的赤霉素是 GA_3。赤霉素普遍存在于高等植物体内,一般在幼根、幼芽和未成熟的种子等幼嫩组织中合成。赤霉素的主要生理作用是:

(1)促进植物开花　赤霉素能代替某些植物发育需要的低温和长日照条件。许多长日照植物,经赤霉素处理后,可在短日照下开花,但处理短日照植物对开花没有作用。此外,赤霉素还能刺激花粉萌发及促进花粉管伸长,这在杂交育种上有重大意义。

　　(2)促进细胞的分裂与伸长,增加植株高度　将微量的赤霉素一次滴于植物生长锥上,便能引起植物急剧的生长,尤其是对矮生植物更为突出(如图7-2)。

　　(3)破除休眠,促进发芽　赤霉素可以破除各种休眠,而且效果最为显著。如用赤霉素对紫苏、鸡冠花等植物种子进行浸种处理,可有效打破其休眠,促进发芽,提高发芽率。

　　(4)防止脱落,促进果实生长及形成无子果实。

2. 细胞分裂素

　　细胞分裂素又称"激动素",简称CK。它在高等植物各器官中普遍存在,特别是进行着细胞分裂的器官,如茎尖、根尖、萌发的种子,生长着的果

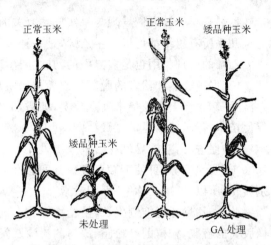

图 7-2　赤霉素对矮生玉米的影响

实都含有较多的细胞分裂素。现已可用人工合成与细胞分裂素相类似的物质,其中活性最强的有 6-苄基腺嘌呤(6-BA)等。

　　细胞分裂素最显著的生理作用是促进细胞分裂和分化。故在组织培养中,能诱导器官的分化和形成。如在组织培养中加入生长素和细胞分裂素,可以促使愈伤组织分化出芽和根。实验证明,愈伤组织产生根或芽与生长素和激素的比值有关,当细胞分裂素/生长素的比值低时,诱导根的分化;两者比值高时,则诱导芽的形成;两者比值处于中间水平时,愈伤组织只生长不分化。

　　此外,抑制衰老是细胞分裂素特有的作用。离体的叶子会逐渐衰老,叶绿体被破坏,叶色由绿变黄,如果把叶子插在细胞分裂素溶液中,就可以保持绿色,延迟衰老。

三、脱落酸和乙烯

1. 脱落酸

　　脱落酸简称 ABA,是植物体内存在的一种强有力的天然抑制剂,含量很低,但活性很高。它的生理作用与生长素、赤霉素、细胞分裂素的作用是对抗的。

　　(1)促进休眠,抑制萌发　在长日照下生长的槭树、蔷薇的种子外皮中含有脱落酸,不易萌发,经低温层积处理后,便能促进萌发。这是因为降低了脱落酸的含量,解除了抑制种子萌发的因素。

　　(2)加速衰老,促进脱落　脱落酸有明显促进叶片和果实脱落的作用。据测定,脱落的幼果比正常的果实中脱落酸的含量增加,正在发育的果实含量少。而果实成

熟、衰老以至开裂时,脱落酸含量又增加。

2. 乙烯

乙烯是早已被人们发现与果实成熟有关的一种气态激素。现已证实,不仅果实,而且几乎所有组织都可以产生乙烯,是一种正常的代谢产物。

乙烯的生理作用也是多方面的,其主要生理作用是:

(1)促进成熟和器官的脱落　乙烯与果实成熟过程有密切关系,有人称它为"成熟激素"。生产上用乙烯来催熟果实,如番茄、香蕉、梨、桃、苹果、西瓜等。还应用它促使苗木落叶,便于运输贮藏。

(2)促进开花,诱导雌花形成及雄性不育　乙烯可促进某些植物开花,用 $100\sim$ 1000 mg/kg 喷雾,可使菠萝开花。还可以促进瓜类增加雌花或少生雄花,即调节性别转化,所以,乙烯又称为"性别激素"。

此外,乙烯还能抑制生长,使植物矮化。能刺激乳汁和树脂的分泌作用,它对于橡胶树的流胶、松树的产松脂、漆树的流漆及安息树的产安息香精,都有增产的效果。

乙烯是气体,使用不方便,所以,在生产上所施用的乙烯是在一定条件下(pH4以上)能释放乙烯的、人工合成商品名叫乙烯利的化学药剂。

四、激素间的相互作用

上面我们介绍了存在于植物体内的几类激素以及它们各自在植物生长发育中的作用。但植物生长发育是受多种生长物质的调节,起作用的往往不是单一种物质,而是几种物质的平衡比例关系。植物激素之间既有相互促进或增效作用,也有相互拮抗或抵消的作用。所以,了解植物激素间的相互关系对于合理地使用合成生长调节剂是很重要的。

1. 生长素和赤霉素

已知低浓度生长素对离体器官或胚芽鞘、下胚轴、茎段的生长有促进作用。赤霉素对离体器官生长的促进效应不像生长素那样明显。若在离体器官上同时加生长素和赤霉素,它们的生长促进效果就比各自单独效果更大,由此可见,生长素与赤霉素之间有相辅相成的作用。

2. 生长素和乙烯

(1)生长素对乙烯生成的促进作用　从生产实践得知,生长素促进菠萝开花是由于乙烯的产生。黄花豌豆上胚轴切段的伸长生长,可被低浓度生长素促进,但超过 10^{-6} M 浓度,伸长作用就要受到抑制。因为这时组织内开始产生乙烯,细胞发生横向扩大,切段变得短粗和膨大。使用的生长素浓度越高,乙烯的生成也越多。对根发生抑制作用的生长素浓度为 10^{-7} M。现在知道生长素促进 ACC 合成酶的活性,所以有更多的乙烯产生。

(2)乙烯对生长素的抑制作用　乙烯对生长素的作用有三方面:第一,乙烯抑制生长素的极性运输;第二,乙烯抑制生长素的生物合成;第三,乙烯促进吲哚乙酸氧化酶的活性。总之,在乙烯的作用下,生长素的量减少,因而引起生长发育的一系列变化。

3. 生长素与细胞分裂素

细胞分裂素加强生长素的极性运输,因此可以加强生长素的作用。但在顶芽与侧芽的相互作用中,生长素与细胞分裂素相反。生长素抑制侧芽生长,而细胞分裂素则使侧芽生长成枝条。

4. 赤霉素与脱落酸

赤霉素可以打破芽或种子休眠,促进萌发,而脱落酸是促进休眠的物质。二者的作用恰恰相反。这是由于脱落酸调节赤霉素转变成束缚型的结果。

此外,细胞分裂素也可以使 GA 成为束缚型,乙烯可使 ABA 增加。

综上所述,植物内激素间存在着相互促进或相互抑制的关系。

第二节　植物的营养生长及其调控

植物的营养生长是十分重要的过程。如以营养器官为收获物,则营养器官的生长直接影响产量;如以生殖器官为收获物,由于生殖器官的形成和发育所需要的养料,绝大部分是营养器官供给的,所以营养生长对生殖器官生长影响极大。任何植物的营养生长都是从种子的休眠和萌发开始的。

一、种子休眠和萌发

1. 种子休眠

植物并不是一年四季都在生长,它们的生长有周期性的变化。植物的整体或某一部分在某一时期内停止生长的现象,叫做休眠。

一般生长在温带的植物是在春季开始生长,夏季生长旺盛,到秋季生长逐渐缓慢,而到冬季,叶子脱落,生长停止,这时植物就进入了休眠状态,以度过严寒的冬天。还有些植物不是冬季休眠,而是夏季休眠,如仙客来、水仙、风信子、天竺葵等在高温干旱的季节出现叶片脱落、芽不展开、生长停顿的现象。

植物一般以种子或休眠芽(冬芽)的形式休眠。如一年生植物以成熟的种子进入休眠越冬;多年生的落叶树种则以冬芽进行休眠。而有些植物是以贮藏器官休眠的,例如:唐菖蒲、仙客来、朱顶红是以球茎休眠;马铃薯以块茎休眠;水仙以鳞茎休眠;大丽花是以块根进行休眠的。

休眠的器官,生长虽然停止,但仍有微弱的呼吸作用来维持生命。在休眠状态下的器官或组织,因含水量较少而贮藏物质较多,同时,原生质也发生变化,所以对不良环境条件,特别是寒冷和干旱的抵抗力比处在生长时期强。因此,休眠是植物对不良季节的一种适应。

2. 种子的萌发

风干了的植物种子,一切生理活动都很微弱,胚的生长几乎完全停止,处于休眠状态。但当它们获得了适当的温度、充足的水分和足够的氧气时,种子的胚便由休眠状态转变为活动的状态,开始生长,这个过程叫做萌发。成熟的种子,在适当的条件下,经过同化和异化作用,便开始萌发,逐渐形成幼苗。

种子是有生命活动的,所以存在着寿命问题。种子是有一定寿命的,超过了一定的期限,就会丧失它的活力,不再萌发。作物种子的萌发率,经过一定的贮藏时期以后,将因贮藏时间长短而递减,直至完全丧失萌发能力。种子寿命的长短,因植物不同,差异很大。如橡胶树和柳树的种子寿命很短,成熟后随即播种可使部分或大部分种子发芽,如经过一星期(橡胶)至三星期(柳树)以后,发芽率就突然减低,此时绝大部分种子已死亡。

二、种子萌发的条件和生理变化

1. 影响种子萌发的环境条件

种子萌发所需要的环境条件主要是水分、温度和氧气。这 3 个条件是种子萌发所必需的,而且是缺一不可的。

(1)适当的水分　一般处于休眠状态的种子内含有水分为 10%～12%,而且大部分是束缚水,因不能流动,对种子萌发不起作用。种子萌发时需要吸收大量的水分。因此水在种子萌发过程中具有重要作用。首先种皮吸水后变软,然后胚乳或子叶吸水膨胀,给胚根突破种皮创造条件;胚乳或子叶吸水后,其内的酶活性增强,促使贮藏的物质分解,以供胚生长发育的需要;水是生命活动的介质,种子中的各种生命活动必须在水中进行。水也是新细胞的主要成分,新细胞的含水量可达 80%～90%;水是氧气的携带者,种子在吸收水分的同时吸入氧气,供萌发需要。

水分在种子萌发中起着决定性作用。但是,也不是越多越好,一定要适量。因为种子内含水量过多,会造成缺氧使种子腐烂;水分过少,不够萌发的需要,种子也不能萌发。不同类型的种子需水量不同,即淀粉类种子需水量最少,蛋白质类种子需水量较多,脂肪类种子需水量最多。

(2)适宜的温度 每种植物种子萌发都需要一定的温度范围。在适宜的范围时,随温度升高萌发的速度加快。温度过高会使酶变性,温度过低酶的活性降低。但不同的植物种类,其种子萌发所需要的温度也不同。一般原产于热带或亚热带的植物萌发时,需要的温度较高,如荔枝种子萌发要在 20℃以上,黄瓜要在 30℃以上才能萌发;原产于温带或寒带的植物,种子萌发所需要的温度较低,0℃以上就能萌发。多数种子萌发的最低温度为 0~5℃,最适温度为 25~30℃,最高温度为 30~40℃。

掌握各种种子萌发时的最低、最高、最适温度,对于确定播种期具有重要的指导意义。

(3)充足的氧气 氧气是植物进行呼吸作用的必要条件。种子萌发时,生命活动旺盛,呼吸强度增强,所需要的氧气也大大增加。如果氧气供应不足,不仅阻碍胚的生长,时间过长便会导致胚的死亡。

以上 3 个条件是种子萌发的必要条件,缺一不可。但是,它们之间不是孤立的,而是相互影响、相互制约的。在园林育苗中,在播种前进行翻地、浇水,选好播种期,以及播种后进行覆土、镇压等,都是围绕着调节温度、水分、氧气三者的关系,以满足种子萌发所需要的条件而所采取的技术措施。

2. 种子萌发的生理变化

种子萌发是植物生长的开始。在种子萌发成为幼苗的过程中,除了形态学上发生显著的变化外,内部生理也发生深刻的变化。

种子萌发的过程可分为吸胀、萌动和发芽 3 个阶段。其生理变化大体如下:

第一阶段是种子的吸水膨胀。种子内含有蛋白质、淀粉等亲水胶体,因此,种子能以吸胀作用吸收水分。生活的种子随着吸胀时,含水量的增加,酶的活性与呼吸作用用显著增强,这时物质代谢便大大加快。贮藏的淀粉、脂肪和蛋白质等大分子化合物,在各种水解酶的作用下,分解为简单的小分子化合物,由原来的不溶解状态转变为可溶解状态。如淀粉转化为葡萄糖,脂肪转化为甘油和脂肪酸,并进一步再转化为糖,蛋白质则转化为氨基酸和酰胺。这些可溶性的有机物经过运输,转移到胚以后,很快又转入合成的过程。其中的葡萄糖除一部分用于呼吸作用供给能量外,另一部分则用于原生质体和细胞壁的形成;氨基酸则可再分解成氨和不含氮的化合物(有机酸),氨又可和有机酸合成新的氨基酸,用于合成结构蛋白,并形成新的细胞,使胚生长。所以,在种子萌发过程中,有机物经历了水解、运输、重建 3 个环节。

胚由于细胞数目的增多和体积的增大,到达一定限度,就顶破种皮而出,这就是种子的萌动(又称露白),即种子萌发的第二阶段。在一般情况下,首先突破种皮的是胚根。

种子萌动后,胚继续生长,当胚根的长度与种子长度相等,胚芽长度达到种子长度的一半时,就达到发芽的标准,即种子萌发的第三阶段。种子发芽后,胚根深入土壤,胚芽形成茎、叶,胚就逐渐转变为能独立生活的幼苗。

　　种子萌发过程中,在胚生长的初期,主要是利用种子中贮藏的营养物质。所以发芽的种子,虽然体积和鲜重都在增加,但干重则明显减轻,直至胚芽出土,形成幼苗后,由于开始进行光合作用,制造有机物,干重才逐渐增加。如果种子中贮藏的营养物质多,则出苗快,生长一般比较健壮;相反,如果种子中贮藏养分少,而又迟迟不能出苗,或出苗后不能及时制造足够的有机物,则幼苗通常比较瘦弱,而且易遭受病虫害。因此,选用粒大饱满的种子播种是获得壮苗的基础。

三、植物的生长和运动

　　从种子萌发到幼苗形成后,植物便进入营养器官旺盛生长的时期。在生产上,不论是以营养器官为收获物,或以果实、种子等生殖器官为收获物的,这一阶段生长的好坏,对产量都有密切的关系。因此,为了使营养器官生长健壮,就需要了解它们生长的规律,以及生长与外界条件的关系,以便能更好地控制营养器官的生长,为丰产创造条件。

1. 营养器官生长的一般特性

　　(1)生长大周期　在植物生长过程中,不论是细胞、器官或整个植株的生长速度,都表现出慢→快→慢的规律。即开始时生长缓慢,以后逐渐加快,达到最高点,然后又逐渐减慢直至停止。这种生长现象的全部过程,称为生长大周期。以坐标来表示,则生长大周期呈 S 形曲线(如图 7-3)。

　　植物的生长大周期与细胞的生长过程有关。因为器官和整个植株的生长都是细胞生长的结果,而细胞生长的 3 个时期,即分生期、伸长期、分化期呈慢→快→慢的规律。在器官生长过程中,初期以细胞分裂为主,这时细胞数量虽然迅速增多,但体积增大较少,因而表现出生长较慢;到中期则以细胞伸长和扩大为主,这是器官体积和重量增加最显著的阶段,也是生长最快的时期;到后期则以细胞分化成熟为主,体积和重量增加不多,所以表现出生长逐渐缓慢、直至最后停止。

　　认识生长大周期对生产有很大的指导意义。首先,由于植物的生长是不可逆的,为了促进植物器官的生长,生产上就必须在植株或器官生长最快的时期到来之前,采取措施才有效。如果在生长速度已开始下降,器官及植株形态已建成的时候,才采取措施,往往效果很小或甚至不起作用。例如,在果树或茶树育苗时,要使树苗生长健壮,就

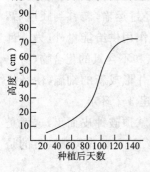

图 7-3　大麦的生长曲线

必须在树苗生长前期,加强肥水管理,使其形成大量分枝,这样就能积累大量的光合产物,使树苗生长良好;如果在树苗生长后期才加强肥水管理,不仅效果小,而且会使生长期延长、枝条幼嫩、不利越冬、树苗抗寒力低、易遭受冻害。另外,同一植物不同器官的生长大周期的进程是不一致的,在控制某一器官生长时,应注意对其他器官的影响。

(2)极性现象　植物某一器官的上下两端,在生理上的差异,叫做极性。极性现象不会因器官的颠倒而改变,例如,将柳枝悬挂在潮湿的环境中,无论正挂还是倒挂,总是在形态的上端长芽,下端长根。如果把长的枝条切成小段,则每一小段仍然是上端长芽,下端长根(如图 7-4)。根也具有极性现象,但极性较弱,通常在近根尖的一端形成根,而在近茎的一端形成芽。

极性现象产生的原因,目前认为和生长素的极性传导有关。生长素在茎中是由形态学的上端向下端传导,所以,在茎的基部积累了较高浓度的生长素,有利于根的形成,因此,在茎的下端切口上长出不定根,而上端长芽。

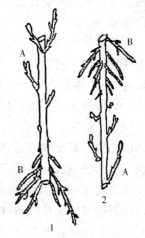

图 7-4　柳枝的极性
1. 正常悬挂在潮湿空气中的状态
2. 倒挂的生长状态
A. 形态学上端　B. 形态学下端

根据这个原理,在生产实践中进行扦插繁殖和甘蔗育苗时,要注意枝条和块根的极性,不要倒插,要顺插才能成活。扦插时,如果用生长素处理插条基部,也可促进不定根的形成,这种方法在插枝生根中已广泛应用。

(3)再生现象　植物体各部分不仅有密切的相互关系,而且也有一定的独立性。当植物失去某些部分后,在适宜的环境条件下,能恢复所失去的部分,重新形成一个完整的新个体,这种现象叫做再生现象。再生现象在生产上早已被广泛应用,例如,扦插繁殖及植物组织培养。

2. 植物生长的相关性

植物体各器官在生理机能上既存在着一定的分工,有相对的独立性,而且相互之间也存在着密切的联系。它们的生长彼此之间也存在着密切的联系,既相互制约,又相互促进。植物各部分在生长过程中相互影响的现象,叫做相关性。了解植物生长相关性的规律,可人为地创造条件,更有效地调节植物的生长。

(1)地下部(根)和地上部(茎、叶)的相关性　根与茎、叶相互之间具有密切关系,在生长过程中表现出相互促进又相互抑制。这是因为,一方面有大量营养物质的相互供应,茎、叶供给根系光合产物,如碳水化合物、蛋白质等,而根系供应地上部水和无机盐;另一方面又有微量生理活性物质相互交流,如某些维生素、生长素等,主要靠地上部分供应根系,使根正常生长,而最近证明,赤霉素、细胞分裂素是在根部合成的,这些物质沿导管向上输送到茎、叶。由于这种物质上的相互交流,使根和茎、叶处于相互依赖和相互促进之中。农谚说"育苗先育根"、"根深叶茂,本固枝荣"就是说明这种关系。

由于植物的根和茎、叶所处的环境不同,二者所要求的条件也不完全相同。当环境条件发生改变时,往往对于根和茎、叶的影响也不一致,使这两部分的关系除了相互促进外,还经常处于矛盾和相互抑制中。

一般根和茎、叶之间的生长关系用根冠比表示。根冠比就是指根和茎、叶的干重比值(根干重/茎、叶干重)。根冠比的大小与外界条件有密切关系。当土壤比较干燥、氧气充足、氮肥供应适宜、磷供应充足、光照较强、温度较低时,一般对根的生长更有利,能增大根冠比;相反,当土壤水分较多、氮肥供应过多、磷供应较少、光照较弱、温度较高时,一般对地上部分的生长更有利,能降低根冠比。

认识根冠比与环境条件的关系,根据植物不同发育阶段的生长特点,调整根冠比指标在生产上有着重要意义。园林植物育苗时,常采用控水蹲苗的办法,促使苗期根系向纵深发展,以获得发达的根系,为苗木以后的生长奠定基础。在植物栽培养护过程中,也常采用控水控肥、整枝修剪等措施,调整根冠比以获得理想的栽培效果。

应当指出,根冠比只是一个相对值,不能表明根和茎、叶绝对量的大小。因此,根冠比大的根,它的绝对重量不一定都大,很可能是由于地上部分生长更弱造成的。所以,在生产上应防止对根冠比有片面的理解。

(2)顶芽与侧芽、主根与侧根的相关性——顶端优势　一般植物茎顶端的生长都较快,而侧芽的生长较慢甚至潜伏不动。这种顶端生长占优势的现象,叫做顶端优势。很多植物的主根也具有顶端优势,当主根顶端受到破坏时,就能促进侧根的生长。

不同植物顶端优势表现不同。木本植物中顶端优势较普遍,如松柏类植物顶端优势明显,主干挺拔,侧枝斜向生长,形成圆锥形树冠。草本植物中,向日葵、菊花等都具有明显的顶端优势。

顶端优势产生的原因,一般认为与激素有关。由顶芽产生的生长素,在植物体内是由形态学的上端往下端运输,使侧芽附近的生长素浓度加大,而侧芽比顶芽对生长素更敏感,浓度稍大便被抑制。另一方面,生长素含量高的顶端,成为营养物质运输的"库",有机物多运往顶端,从而也造成了顶端优势(如图7-5)。

植物顶端优势现已广泛应用于生产实践中。在树木整形上,为使树木主干通直,就必须保持顶端优势,适当除去侧枝;而绿篱、盆栽花卉因欲达矮化丛生效果,就必须去除顶端优势。苗木移栽时,常要截断主根,为的是使移植后其侧根能大量发生。但是对于栽培在较干燥的土壤上的树木,则要保持主根的顶端优势。

　　(3)营养生长与生殖生长的相关性　植物一生中包括营养生长和生殖生长两个阶段,两者既相互依赖,又相互抑制。

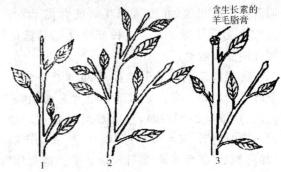

含生长素的
羊毛脂膏

图 7-5　顶端优势
1. 具有顶端的植株　2. 茎尖端被去掉后侧芽开始生长
3. 在茎尖断口涂以含有生长素的羊毛脂膏,侧芽仍不能生长

　　一方面营养生长是生殖生长的物质基础。生殖器官,如花、果实、种子的形成,需要大量的有机物质。而这些物质绝大部分是由根、茎、叶等营养器官所提供的。植物营养器官健壮,才有利于花、果实、种子等生殖器官的成熟。

但如果营养器官生长过旺,消耗过多营养,反而会影响到生殖器官的生长。徒长的植株往往花期延迟,结实不良或造成大量的花果脱落。

　　同样,植物的生殖生长也会影响营养生长。当植株进入生殖生长占优势时期,营养体的养分便集中供应生殖器官。草本植物大量开花结实以后,营养器官日渐衰弱,植株最后衰老、死亡。很容易看到多次开花结实的木本植物的生殖生长对营养生长的不良影响。竹子的营养生长转入生殖生长,往往造成竹林的枯萎死亡,其原因是生殖生长消耗了大量的营养物质。

　　了解营养生长与生殖生长的相关性,对于指导生产具有积极意义。例如,通过水、肥控制,抑制植株徒长,适时地向生殖生长转化,适时开花、结果。在树木养护管理中,通过合理修剪,适当疏花、疏果,协调树木的营养生长和生殖生长。

　　3. 植物的运动

　　高等植物多营固着生活,它们的运动一般不表现为整体位置的移动,主要表现为向性运动、感性运动、自动运动等。

　　(1)向性运动　是指植物受环境因子单方向刺激而产生的定向生长运动。如向日葵未完全成熟的花盘能随太阳的升降由东向西转动;爬附在墙壁上的爬山虎,叶片都朝一个方向生长。

　　我们把植物体向光生长的特性叫向光性。植物的茎、叶都有向光性,而根却向地生长。我们把植物的根向地生长的特性叫向重力性(如图 7-6)。此外,根还具有向肥料较多的区域及较潮湿的区域生长的特性,我们分别将其称为向化性、向水性。

　　(2)感性运动　是指没有一定方向的外界刺激所引起的运动,其反应方向与刺激方向无关。主要包括感夜运动和感震运动。

①感夜运动。落花生、合欢的小叶片以及明开夜合的果实,在夜幕降临时能合拢,而当太阳生起后又能展开。这种能感受光刺激的特性叫感夜运动。

②感震运动。最引人注意的例子是含羞草叶子的运动。当含羞草部分小叶受到接触、震动、热或电的刺激时,小叶成对地合拢。经过一定时间后,又可恢复原状。一些食虫植物

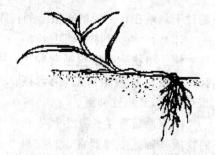

图 7-6　茎的背地生长与根的向地生长

(如猪笼草、茅膏菜等)的叶片能感受其他物体对它的触动。生活在西双版纳的舞草小叶片能随声波的震动而舞动。这种特性叫感震运动(如图 7-7)。

图 7-7　含羞草的感震运动

1. 未受刺激的叶子

2. 受刺激后向下的叶子

(3)自动运动　是指与外界因子无关,由植物体内部因子控制的运动。如毛牵牛幼苗的转头运动、舞草叶子的旋转运动、牵牛等缠绕植物沿着支持物旋转缠绕向上生长。

四、光和温度对植物生长的影响

植物的生长是体内各种生理活动协调进行的结果。这些生理活动包括光合作用、呼吸作用、水分代谢、矿质代谢等。因此,凡是能影响这些生理活动的外界条件都能影响植物的生长,主要有光照和温度。

1. 光照

光是绿色植物正常生长所必需的条件。因为一方面有光时才能进行光合作用,而光合产物是生长所必需的有机养料来源,并且光也是叶绿素形成的必需条件。另一方面光能抑制细胞的延长,促使细胞的成熟和分化,而且在强光下,还能加强蒸腾作用,降低大气的相对湿度和土壤水分,故也能抑制枝、叶的生长。所以,在充足的阳光下,植株长得虽然较矮小,但生长得健壮,茎、叶较发达,干重也较大。且光照强时,能促进根的生长,故根冠比也很大。

如果把栽培植物放在黑暗中,就会表现出不正常的外貌。由于细胞伸长不受抑制,因而茎部细长,机械组织和输导组织很不发达,根系生长不好,叶细小,因而不能形成叶绿素而呈黄色,这叫黄化现象(如图 7-8)。在阴处栽培的植物也会发生类似的现象。如种植过密,由于茎叶相互遮荫,使茎秆长得细长,根系发育不良,容易倒伏;但在蔬菜栽培上,可用遮光使植物黄化,以提高食用价值。如韭黄、蒜黄及豆芽,利用培土方法使大葱葱白增多等。

不同波长的光对植物生长的作用不同。红光对生长没有抑制作用,而短波的蓝光和紫光,特别是紫光对伸长生长有抑制作用,原因是短波光有破坏生长素的作用。高山上的植物长的特别矮小,就是由于高山上大气稀薄,短波光容易透过,而造成紫外光特别丰富的缘故。而在温室和塑料薄膜苗床中的植物,往往生长得比较细长,就是由于玻璃和塑料薄膜吸收了一部分光的结果。若用电灯光来栽培植物时,由于蓝紫光较少,植株也长得比较细长。所以在温室使用人工光照时,要注意使用短波光较多的光源,如日光灯等。最近还使用浅蓝色的塑料薄膜进行覆盖,培育水稻秧苗,因为它能透过较多的短波光,吸收较多的长波光,在这种薄膜下的秧苗要比在无色薄膜下的秧苗生长得健壮,分蘖也较多。

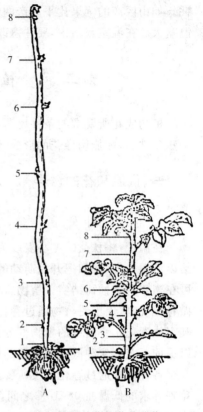

图 7-8 马铃薯的黄化幼苗

A. 黑暗中生长的幼苗 B. 光下生长的幼苗(图中数字表示节数)

2. 温度

植物生长有一定的温度范围。不同植物生长要求的温度不同,这与原产地的气候条件有关。原产热带地区的植物,生长温度的三基点较高,原产温带地区的植物生长温度的三基点较低。

不同器官,对温度的要求也有不同。一般根系生长的温度比地上部分低。如春季根系生长比枝、叶早,秋季停止生长比枝、叶晚。

表 7-1 植物生长的温度三基点

植　物	最低温度(℃)	最适温度(℃)	最高温度(℃)
温带植物	5	20～30	30～40
热带植物	10～15	30～40	45

植物生长在最适温度下,虽然生长最快,但并不健壮,由于消耗过多的有机物质,植株长得细长柔弱。通常要在生长最适温度稍低的情况下才能生长良好,这时植株生长虽然慢些,但长得健壮。

为有利于植物生长,也要求有一定的昼夜温差,一般植物以夜间温度低于白昼时生长好。这是因为白天较高的温度有利于光合作用,而夜晚温度较低,可减少呼吸消耗。如山区产的苹果比平原产的要甜,新疆的瓜果质量高,这其中原因之一就是昼夜温差大。在温室栽培中,要注意改变昼夜温度,使植株能健壮生长。

第三节　植物的生殖生长及其调控

植物成花所要求的条件比营养生长要求的条件更为特殊和严格,只有满足某些特殊条件后,才能诱导花的形成,影响成花的外界条件主要是温度和光周期。

一、低温和花的诱导

1. 春化作用

在温带,将秋播的冬小麦改为春播,仅有营养生长而不会开花,但如果在春播前给以低温处理(例如把开始萌动的种子放在瓦罐中置冷处 40～50 天),然后春播,便可在当年夏季抽穗结实。植物这种需要经过一定的低温后,才能开花结实的现象叫做春化现象,人工使植物通过春化,叫做春化处理。例如可用来处理萌动的种子,使其完成春化。将温室的植物部分枝条暴露于玻璃窗外,受低温的处理,这部分枝条可以提前开花。这种低温对开花的促进作用,称为春化作用。

各种植物通过春化阶段所要求的低温范围和时间长短是不同的,大多数二年生花卉要求的低温在 0～10℃之间,时间通常在 10～30 天左右。春化进行的快慢,还决定于植物的品种和所处的环境条件。用分期播种的方法可以看出,起源于南方的冬性较弱的品种,通过春化阶段的温度可稍高些,进行时间也可短些;而春性品种春化要求的温度可以更高,时间也可以更短。也有许多的植物,对低温春化的要求是不严格的,其生育期中即使不经过春化阶段,也能开花,只是开花延迟或开花减少。如秋播花卉三色堇、雏菊等改为春播,花期由原来的 3 月、4 月延迟至 5 月后,开花量也减少。

2. 春化作用的时期和部位

低温对于花的诱导,可以在种子萌动或在植株生长的任何时期进行。小麦、萝卜、白菜从萌动的种子到已经分蘖或成长的植株都可通过春化作用,但小麦以三叶期为最快,而甘蓝、洋葱等则以绿色幼苗才能通过春化作用。

试验证明,接受春化作用的器官是茎尖的生长点,就是说春化作用限于在尖端的分生组织。将芹菜种植于高温的温室中,由于得不到花诱导所需的低温,不能开花结实。但是,如果用橡皮管把芹菜的顶端缠绕起来,管内不断通过冷水,使茎生长点获得低温处理,结果完成了春化,在适宜的光照条件下可以开花结实。用甜菜做试验,也得到同样的结果。

3. 春化的解除与春化效果的积累

春化处理后的植株,如果遇到 30℃以上的高温,会使春化作用逐步解除,这种现象叫做"春化的解除"或"反春化"。春化进行的时间愈短,高温解除的作用愈明显。当春化处理的时间达到一定程度后,春化效果逐渐稳定,高温不易解除春化。园艺上利用解除春化的特性来控制洋葱的开花,洋葱在第一年形成的鳞茎,在冬季贮藏中可以被低温诱导而在第二年开花,这对第二年产生大的鳞茎不利,因而可用较高温度来防止。

解除春化的植物再给予低温处理,仍可继续春化,这种现象叫做"再春化现象"。春化低温时间过长,如低温时间过长,植株春化程度反而会削弱。因此每遇到冬季过长,如超过常年的低温期限,往往对植物的成花有不利的影响。

二、光周期和花的诱导

在自然条件下,昼夜的光照与黑暗总是交替进行,在不同纬度地区和不同季节里,昼夜的长短发生有规律的变化。这种表现在昼夜日照长短周期性的变化称为光周期。

光周期对于很多植物从营养生长到花原基的形成有决定性的影响。例如翠菊在昼长夜短的夏季,只有枝叶的生长,当进入秋季,日照出现昼短夜长时,才出现花蕾。这种昼夜日照长短影响植物成花的现象叫光周期现象。

1. 植物的光周期反应类型

不同植物对光周期的反应不同,植物对光周期的反应类型主要可分为三种。

(1)长日照植物　长日照植物要求在某一生长阶段内,每天日照时数大于一定限度(或黑暗时数短于一定限度)才能开花,而且每天日照时间越长,开花就越早。如果在日照短、黑暗长的环境里,长日照植物只进行营养生长而不形成花芽。这类植物原产地多在高纬度地区,其花期常在初夏前后,如石竹、金光菊、唐菖蒲、紫茉莉、鸢尾、紫罗兰、月见草等。

(2)短日照植物　短日照植物要求在某一生长阶段内,每天日照时数小于一定限度(或每天连续黑暗时数大于一定限度)才能开花。而且在一定限度内,黑暗时间越长,开花越早。这类植物原产地大多在低纬度地区,其花期常在早春或深秋,如一品红、菊花、叶子花、蟹爪莲、大豆、烟草、大麻等。

(3)日中性植物　日中性植物成花对光周期没有严格要求,只要其他条件适宜,不论日照时数长短都能开花。如天竺葵、仙客来、香石竹、马蹄莲、一串红、凤仙花等。

引起长日照植物开花的最小日照长度,或引起短日照植物开花的最大日照长度都叫临界日长(见表 7-2)。

表 7-2　　一些长日照植物和短日照植物的临界日长

植　物　名　称	24 h 周期中的临界日长(h)
长日植物	
毒麦属(*Lolium italicum*)	11
天仙子(*Hyoscyamus niger*)	
28.5℃	11.5
15.5℃	8.5
菠菜(*Spinacia deracea*)	13
白芥菜(*Sinapis alba*)	约 14
短日植物	
曼德临(Mandarin)早熟种	17
大豆〈北京(Peking)中熟种	15
比洛西克(Biloxi)晚熟种	13～14
烟草(*Nicotiana tabacum* var. Maryland Mammoth)	14
一品红(*Euphoria pulcherrima*)	12.5
瘤突苍耳(*Xanthium strumarium*)	15.5

由表 7-2 可见,长日照植物和短日照植物的区别,不在于它们对日照长短要求的绝对值上,而在于它们对临界日长的反应。长日照植物对日照的要求有一个最低的极限,即日照长度必须大于临界日长时才能开花;而短日照植物对日照的要求有一个最高的极限,即日照长度必须低于临界日长时才能开花。

2. 光周期的感受部位

试验证明,植物并不是在整个营养生长期都需要进行光周期诱导才能开花,而只要在花原基形成以前的一段时间进行即可。一般植物光周期诱导的时间只为 1～10 天。例如,大豆为 2～3 天,菊花为 12 天。

植物感受光周期的器官是叶片,这可以用短日照植物菊花的实验证实。把菊花下部的叶片给以短日照的处理,而把上部去叶的枝条给以长日照处理。不久就可以看到枝上形成花蕾并开花。但如果把上部去叶的枝条给以短日照处理,下部的叶片给以长日照处理,则枝条仍然继续生长而不形成花芽。由此证明,感受光周期的器官是叶片,而不是分生区,而叶片中以成长的叶片感受能力最强。

3. 光照期诱导

引起植物开花的适宜光周期(即适宜日照长度)处理,并不需要继续到花的分化为止。植物只需要一定时间适宜的光周期处理,以后即使处于不适宜的光周期下,仍然可以长期保持刺激的效果,即花的分化不出现在适宜的光周期处理的当时,而是在处理后若干天,这种现象叫做光周期诱导。光周期诱导所需的光周期处理天数因植物种类而异。如短日植物苍耳只需要 1 个光诱导周期，即 1 个循环的 15 小时照光及 9 小时黑暗(15L－9D)，可由在非光诱导周期，即 16 小时照光，8 小时黑暗(16L－8D)的试验(苍耳的临界日长为 15.5 小时)证明。试验还指出，短日植物，如水稻和日本牵牛的诱导期为 1 天。大部分短日植物需要 1 天以上，如大豆 2～3 天，大麻 4 天，菊花约为 12 天，长日照植物需要 1 天的有白芥、菠菜、油菜，其他长日植物也多于 1 天，如天仙子 2～3 天，一年生甜菜 15～20 天，矢车菊 13 天，拟南芥 4 天。每种植物光周期诱导需要的天

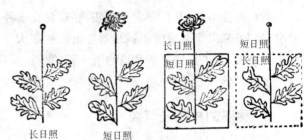

图 7-9　菊花叶子和顶端给以不同光周期处理对开花反应的影响(植株顶端的叶子全部去掉)

数随植物的年龄以及环境条件，特别是温度、光强及日照的长度而有些改变。

三、光敏色素

1. 花诱导的作用光谱和光敏素的吸收光谱

在暗期间断试验期，如果在暗期中间用各种单色光对植物进行闪光处理，几天之后开始观察花原基的发生。据研究得知，红光对植物开花反应的作用最有效。根据达到同样开花水平所需的不同波长光的能量，可以绘出作用光谱曲线。

根据光化学定律，光要有效必须先被吸收，这个吸收红光的色素就是光敏素。光敏素吸收光谱试验指出，它的有效形式远红光吸收型就是由红光吸收型在吸收红光下形成的。由于光敏素的吸收光谱在吸收红光上和开花的作用光谱一致，因此可以证明，在暗期间断中吸收光的色素就是光敏素。

2. 光敏素与开花诱导

光敏素对开花的作用是和它的两种类型：红光吸收型(Pr)和远红光吸收型(Pfr)间的相互转化有关系的。两种类型的转化受红光和远红光照射的影响，即在 660 纳米红光照射下由 Pr 型转化为 Pfr，而 Pfr 型在 730 纳米远红光照射下又转化为 Pr 型，两种类型可进行可逆的光化学转化。

光敏素在开花中详细的作用还不清楚。目前认为光敏素不是开花的刺激物，但是它可以触发开花刺激物的形成(合成或激活)。在光敏素的触发作用中，光敏素两种类型的可逆转化起着重要的作用。

第四节　植物的成熟、衰老及其调控

当植物受精后,受精卵发育成胚,胚珠发育成种子,子房壁发育成果皮,这就形成果实。种子和果实形成时不只是形态上发生很大变化,在生理生化上也发生剧烈的变化。果实、种子长得好坏和植物下一代的生长发育有很重要的关系,同时也决定作物产量的高低、品质的好坏,所以这方面的研究在理论上、实践上都有重大的意义。

一、种子的成熟及调控

1. 种子成熟时的生理变化

种子成熟的过程就是受精卵发育成胚的过程,同时也是种子内积累贮藏物质的过程。在这个过程中,种子含水量、呼吸强度、干物质和酶的活动都发生一系列的变化。

在种子形成的初期,呼吸作用旺盛,因而有足够的能量供应种子的生长和有机物的转化和运输。随着种子的成熟,呼吸作用便逐渐降低,代谢过程也逐渐减弱。

种子成熟时物质的转化大致与种子萌发时的变化相反。随着种子体积的增大,由其他部分运来的有机养料是一些较简单的可溶性有机物,如葡萄糖、蔗糖、氨基酸及酰胺等。这些有机物在种子内逐渐转化成为复杂的不溶解的有机物,如淀粉、脂肪及蛋白质。

2. 外界条件对种子成熟过程和化学成分的影响

尽管遗传性规定着不同种或品种的种子有它们特有的化学成分,但外界条件还是通过对基因的调控影响着种子的成熟过程和它们的化学成分。

风旱不实现象就是干燥与热风使种子灌浆不足。我国河西走廊的小麦常因遭遇这种气候而减产。叶片细胞必须在水分充足时才能进行物质的运输。在干风袭来造成萎蔫的情况下,同化物便不能继续流向正在灌浆的籽粒。此外,在正在成熟的籽粒中,合成酶活性占优势,所以有机物质才能在其中积累起来。当缺水时,水解酶活性增强,这就妨碍了贮藏物质的积累。同时由于水分也不再输送到籽粒中,籽粒便发生干缩和过早成熟的现象。即使干风过后,植株也不能像以前那样以各种营养物质供给籽粒,因而造成籽粒瘦小,产量大减。

在干旱地区,特别是稍微盐碱化地带,由于土壤溶液渗透势高,水分供应不良,即使在所谓好的年头,籽粒的成熟也经常在灌浆很困难的情况下度过的。所以籽粒比一般地区含淀粉少,而蛋白质含量多些,这种规律已经多次得到证明。我国小麦种子蛋白质的含量,从南到北有显著差异。因为北方雨量及土壤水分比南方少,所以北方小麦蛋白质含量比南方显著增加,有人分析杭州、济南、北京及黑龙江克山的小麦蛋白质含量(干重)分别为 11.7％、12.9％、16.1％及 19.0％。

温度对于油料种子的含油量和油分性质的影响很大。有人分析南京、济南和吉林公主岭的大豆含油量(干重)分别为 16.14％、19％及 19.6％,成熟期中适当的低温有利于油脂的累积。在油脂品质上,在亚麻种子成熟时,温度较低而昼夜温差大时,则利于不饱和脂肪酸的形成;在相反的情形下,则利于饱和脂肪酸的形成,所以,最好的干性油是从纬度较高或海拔较高地区的种子中得到的。

营养条件对种子的化学成分也有显著影响。对淀粉种子来说,因为氮是蛋白质的组成成分之一,氮肥能提高蛋白质含量。钾肥加速糖类由叶、茎运向籽粒或其他贮存器官(如块茎、块根)并加速其转化,增加淀粉含量。对油料种子来说,因为脂肪形成过程中需要磷的参加,磷肥对脂肪的形成有良好的作用。钾肥对脂肪的累积也有良好的影响,它有助于运输和转化。氮肥过多,就使植物体内大部分糖类和氮化合物结合成蛋白质;糖分少了必然影响到脂肪的合成,使种子中脂肪含量下降。

二、果实的成熟及调控

1. 果实成熟发生的变化

肉质果实在形成时也伴随着营养物质的积累和转化,使果实到成熟时在色、香、味等方面均发生以下显著的变化。

(1)果实由酸变甜、由硬变软、涩味消失　在果实形成的初期,从茎、叶运来的可溶性糖转变成淀粉贮积在果肉细胞中,果实中还含有单宁和各种有机酸,这些有机酸包括有苹果酸、酒石酸等,同时细胞壁含有很多的不溶性的果胶物质,故未成熟的果实往往生硬、涩、酸而没有甜味。随着果实的成熟,淀粉再转化成可溶性的糖,有机酸一部分发生氧化而用于呼吸;另一部分转化成糖,故有机酸含量降低。单宁则被氧化,或凝结成不溶性物质而使涩味消失。果胶物质则转化成可溶性的果胶酸等,可使细胞彼此分离。因此,果实成熟时,具有甜味,而酸味减少,涩味也消失,同时由硬变软。

(2)香味的产生　果实成熟时还产生微量的具有香味的脂类物质,如乙酸、乙酯和戊酯等,使果实变香。

(3)色素的变化　许多果实在成熟时由绿色逐渐变为黄色、橙色、红色或紫色。这是由于叶绿素的破坏,使类胡萝卜素的颜色显现出来;另一方面则是由于花青素形成的结果。较高的温度和充足的氧气有利于花青素的形成,因此果实向阳的一面往往着色较好。

（4）乙烯的产生　在果实成熟过程中还产生乙烯气体。乙烯能加强果皮的透性，使氧气容易进入，所以能加速单宁、有机酸类物质的氧化，并可加强酶的活性，加快淀粉及果胶物质的分解。故乙烯能促进果实的成熟。

（5）呼吸强度的变化　许多肉质果实在成熟过程中，呼吸作用首先是降低，然后出现一个突然升高的时期，即呼吸高峰或跃变期，以后呼吸又逐渐下降。如苹果、梨、番茄、香蕉等都有明显的呼吸高峰。但也有一些果实，如柑橘、柠檬、葡萄等没有呼吸高峰的出现，它们在成熟过程中呼吸强度是逐渐下降的。

呼吸高峰的出现与乙烯的产生有密切关系。因此人工施用乙烯气体（或乙烯利），可以诱导呼吸高峰的到来，促进成熟。而控制气体成分（降低氧气含量，提高二氧化碳或充氮气）延缓呼吸高峰的出现，则可以延长贮藏期。

2. 影响落花、落果的生理原因

在正常条件下，老叶与成熟果实的脱落是器官衰老的自然特征。但在营养失调、干旱、雨涝及病虫害等因素的影响下，可使器官未长成或提早脱落，给生产带来严重损失，应设法防止。

花和果实的脱落与这些器官的基部形成离层有关。由于离层的胞间层，甚至初生壁或整个细胞溶解，在重力的作用下，器官便脱落。

（1）受精及激素对花、果脱落的影响　对一般植物来说，受精是种子和果实发育的必要条件。如果不受精，花开后便要脱落。所以凡能影响受精的条件都能使花果脱落。

一般认为，受精后子房、胚或胚乳会产生较多促进生长的激素，如细胞分裂素、生长素、赤霉素等。这些激素能促进营养物质向果实和种子运输，因而不但能促进果实和种子的生长，而且有抑制离层形成的作用，因此能防止花果的脱落。而在果实、种子发育的某些时期，特别是后期，乙烯和脱落酸的含量增加，脱落酸可促进离层的形成，促进器官脱落，乙烯能促进果实成熟，也能促进脱落。因此，果实的形成与脱落，是各种激素相互作用的结果。

（2）营养对花果脱落的影响　果实和种子的形成需要大量营养物质供应，如果营养不良，果实的发育就会受到影响，甚至发生脱落。一般落果问题，主要是由于营养失调所引起的。通常有两种情况：一是由于肥水不足，植物生长不良，不但光合面积少，光合能力也弱，所以光合产物较少，不能满足大量花果生长的需要；另一种情况是水分和氮肥过多，营养生长过旺，光合产物大量消耗在营养生长上，使花果得不到足够的养分，这样使植株前期花果大量脱落。上述两种情况虽然不同，但都是由于营养失调，使花果得不到足够的营养造成的。至于干旱、高温、光照较弱、病虫害等造成的落花落果，主要也在于这些因素影响了植物的营养之故。而营养失调则是引起落花、落果的主要原因。

三、植物的衰老及调控

1. 植物衰老及衰老的形式

衰老是导致植物自然死亡的一系列恶化过程。在季节性变化明显的地区,如温带,随着气候条件的变化,植物的活跃生长总是与休眠(生长迟滞)相互交替进行。在不适合的季节,植物发生整株的休眠或部分器官的衰老或脱落。

植物按其生长习性以不同方式衰老。一、二年生植物在开花结实后,整株衰老和死亡。多年生草本植物,地上部分每年死去,根系和其他地下系统仍然继续生存多年。多年生木本植物的茎秆和根生活多年,但是叶子和繁育器官每年同时或逐渐衰老脱落。

另外,在组织成熟过程中,有些细胞,如木质部导管或管胞或厚壁,已衰老和死亡,而整株植物仍处于旺盛生长阶段。

各种花器官有各自特殊的衰老形式。花瓣(有些情况下是萼片)是最初脱落和死亡的。雄蕊一般放散花粉后不久衰老和脱落,整个雄花也是如此。雌花如果未授粉和受精也很快衰老脱落。果实成熟后衰老而且脱离母体,这从种的繁衍来说是有利的。对人类生产来说正好达到收获的目的。

2. 影响植物衰老的因素

(1)衰老的激素调节　在成熟和衰老组织中有各种激素以不同浓度存在。施用植物激素于衰老器官上,可以加速衰老或延迟衰老,这与施加物质的种类和浓度有关。细胞分裂素对许多草本植物有效。赤霉素对阻止蒲公英和白蜡树衰老有效。在衰老期间,内源激素赤霉素水平逐渐降低。低浓度吲哚乙酸可延迟大豆叶片衰老;吲哚乙酸或 2,4-D 可阻碍有些树木衰老,但对有些树木则无效。脱落酸和乙烯对衰老也有促进作用。用脱落酸处理许多种植物的离体叶子,可以导致衰老加速。因为脱落酸可抑制蛋白质合成,加速叶片中 RNA 和蛋白质分解,促使气孔关闭。在土壤干旱和黑暗条件下,植物体内 ABA 增加,也可加速器官衰老。乙烯可促进果实成熟,也可促进离体叶片衰老,但效果不及对果实的效果明显。

(2)环境因素对植物衰老的影响　有些环境因素可促进衰老。如高温、缺水、缺氮或各种矿质、电离辐射、病原体和短日照。在有些情况下外界因素影响了激素的水平从而导致器官衰老,比如干旱时随叶片中脱落酸增加,叶子发生衰老。高温下随根合成的细胞分裂素的减少,叶片开始衰老。短日照也是引起衰老的重要环境因子。

生产实践上已运用各种生长调节剂配合其他环境条件,促进或延缓植物部分的衰老。如香蕉、柿子、梨、苹果、番茄、辣椒等的催熟剂可使用乙烯利。苄基腺嘌呤

(BA)则可用来延缓蔬菜水果和食用菌的衰老。硝酸银、AVG 用于延长切花的寿命。

思考题

1. 生长素是在植物体的哪些部位合成的？合成的途径有哪些？
2. 生长素、赤霉素、细胞分裂素、脱落酸和乙烯在农业生产上有何作用？
3. 什么是春化作用？它对农业生产有何指导意义？
4. 什么是光周期现象？有哪些主要的光周期类型？各举一例。

第八章　植物界的基本类群

第一节　植物分类的基础知识

　　自然界的植物种类繁多,目前已被人类发现和记载的近 50 万种。面对数目庞大、彼此又千差万别的植物,如果没有科学系统的识别、整理、分类,就无法进行研究与利用。植物分类学是一门历史悠久的学科,是人类在利用植物的实践中发展起来的。植物分类的目的是通过对各种植物进行描述记载、鉴定、命名,从而认识植物、了解植物系统发育规律,进而科学地利用植物,为人类造福。植物分类是研究园林植物各学科必备的基础。

一、植物分类的方法

　　植物分类的方法很多,归纳起来分为两种,即人为分类法和自然分类法。

1. 人为分类法

　　人为分类法是人们按照自己的目的,选择植物的一个或几个形态特征或经济性状作为分类的依据,按照一定顺序排列起来的分类方法。如花卉中按照越冬习性分为露地花卉和温室花卉两大类;花卉又可按照观赏部位分为观花花卉、观叶花卉、观果花卉、观茎花卉、观根花卉等;球根花卉按形态的不同可分为鳞茎类、球茎类、块茎类、根茎类、块根类五类。又如根据树木生长类型,园林树木可分为乔木类、灌木类、藤木类、匍地类等;依树木在园林绿化中的用途,园林树木又可分为观赏树类、行道树类、庭荫树类、园景树类、地被植物类、绿篱类、防护林类等。这些都属于人为分类方法。

　　人为分类法使用方便、通俗易懂,且与生产实际紧密联系,在园林花卉生产中有广泛应用。但是这种分类方法不能反映出植物间的亲缘关系和进化情况。

2. 自然分类法

自然分类法是依据植物进化趋向和彼此间亲缘关系进行分类的方法。亲缘关系的远近主要根据各类植物的形态和解剖构造特征、特性及植物化石等进行比较而确定。这种分类方法能反映植物类群间的进化规律与亲缘关系，科学性较强，同时在生产实践中也有重要的意义。了解植物间的亲缘关系，对杂交育种、病虫害防治、野生植物的开发利用等都具有指导意义。自然分类法是植物学中采用的主要分类方法。

二、植物分类的基本单位

在植物分类系统中，根据各种植物在形态结构上的相同和不同特征，使用了界、门、纲、目、科、属、种等不同级别的分类单位，其中种是植物分类的基本单位。在各级分类单位中，有时又根据实际需要，再划分更细的单位。如亚门、亚纲、亚目、亚科、亚属、亚种等。

"种"又称物种。"种"是在自然界中客观存在的一种类群，是具有相似的形态特征，具有一定的生物学特性以及要求一定生存条件的无数个体的总和。在自然界中占有一定的地理分布区域。每一个"种"都有自己的特征、特性。不同的"种"之间不能结合产生后代，即使产生后代也不具有正常的生育能力。

另外，在园林、农业、园艺等应用科学及生产实践中，由人工培育出的栽培植物，常根据其经济形状，如植株的大小，果实的色、香、味及成熟期等来划分为很多品种。品种不是植物学上的分类单位，只适用于栽培植物。例如，苹果中有国光、红玉、红富士、黄香蕉等品种。

现以月季、牡丹为例，说明各级分类单位。

界……植物界　　　　　　　　　　界……植物界
　门……种子植物门　　　　　　　　　门……种子植物门
　　亚门……被子植物亚门　　　　　　　亚门……被子植物亚门
　　　纲……双子叶植物纲　　　　　　　　纲……双子叶植物纲
　　　　目……蔷薇目　　　　　　　　　　　目……毛茛目
　　　　　科……蔷薇科　　　　　　　　　　　科……毛茛科
　　　　　　亚科……蔷薇亚科　　　　　　　　属……芍药属
　　　　　　　属……蔷薇属　　　　　　　　　　种……牡丹
　　　　　　　　种……月季

三、植物的命名法规

植物命名是植物分类学的重要任务之一。每一种植物都有自己的名称，但是由于植物种类极其繁多，叫法不一，常常发生同物异名或同名异物的混乱现象。例如在我国马铃薯又叫土豆、山药、洋芋、地瓜等；银杏又叫白果树、公孙树等；有 16 种植物都叫白头翁，它们分别属于 4 个科 16 个属。可见，植物的科学命名非常必要。为了科学研究和应用上的方便，国际植物学会统一规定，采用瑞典植物学家林奈所提出的"双名法"，作为植物命名的方法。由"双名法"命名的植物名称称为植物的学名。

　　"双名法"规定，植物的学名由两个拉丁词组成。第一个词为属名，多为名词，第一个字母要大写；第二个词是种名，多为形容词，第一个字母要小写；两个词都要用斜体书写。一个完整的学名还要在种名之后附以命名人的姓氏缩写，即属名＋种名＋命名人姓氏缩写。例如银杏的学名是 *Ginkgo biloba* L. ，桃的学名是 *Prunus persica* Batsch. ，梅花的学名是 *Prunus mume* S. et Z. 。用"双名法"定出的学名，不仅便于国际交流与研究，而且还能反映出相互间亲缘关系的远近。如桃与梅花是同属异种，亲缘较近；桃与银杏则不同属也不同种，亲缘就比较远了。

第二节　植物界的基本类群

　　植物界是一个庞大的世界，地球上现有植物 50 多万种。这些植物不仅分布广，形态和构造差别大，而且生活方式也各不相同。要对数目庞大、彼此又千差万别的植物进行研究，必须先根据植物体的结构、机能的分化、生活方式、生殖类型等方面的差异及进化顺序进行分类。自然界中的所有植物组成植物界，植物界之下通常分为 16个门，表解如下：

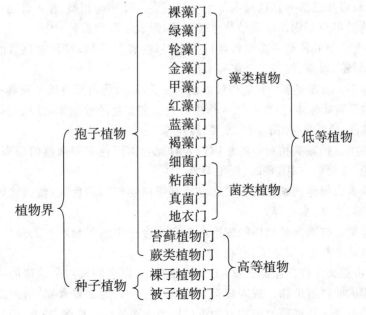

　　藻类、菌类、地衣、苔藓、蕨类植物是由孢子繁衍后代，叫做孢子植物。由于这些植物不开花，也不结果，所以又叫做隐花植物；裸子植物和被子植物开花结实，用种子繁衍后代，叫做种子植物或显花植物。藻类、菌类、地衣门植物合称为低等植物。它们在形态上无根、茎、叶的分化，构造上一般无组织分化，生殖器官为单细胞，合子发育时离开母体，不形成胚，又叫无胚植物。苔藓、蕨类和种子植物合称为高等植物。它们形态上有根、茎、叶的分化，构造上有组织分化，生殖器官为多细胞，合子在母体内发育成胚，故又称为有胚植物。

一、低等植物

1. 藻类植物

　　(1)藻类植物的一般特征　　藻类植物是一群古老的植物，一般个体较小，结构简单，形态结构多样，反映它从单细胞到多细胞的进化过程。植物体内含有光合作用色素和其他色素，能进行光合作用制造有机物，是自养植物。藻类植物多数生活在海水或淡水中，少数生活在陆地上，世界各地凡是潮湿地区都可以见到。藻类植物个体大小差别很大，许多浮游的单细胞或群体，肉眼不易看清，要借助显微镜才能看清其形态和结构。但有些藻类可高达几米或几十米，重达数百千克。藻类植物结构的差异也极大，如小球藻和衣藻是单细胞植物，盘藻是由 4 个或 16 个细胞组成的群体植物，水绵是多细胞的丝状体。海带是结构复杂的多细胞植物，它不仅个体大，而且已分化为假根、柄和带片三部分。这与高等植物的根、茎、叶结构相似，在内部结构上也有类似高等植物的组织分化。这类植物生长繁茂，形成了海底森林。

　　(2)藻类植物的种类　　藻类植物种类很多，约有 3 万种，按其含色素的不同又可分为蓝藻、绿藻、褐藻、红藻和金藻等类型。

　　①蓝藻类。蓝藻是藻类植物中最原始的一类，其细胞内没有细胞核和细胞器的分化。细胞内没有叶绿体，但含有光合作用的色素和蓝色的藻蓝素，使植物体呈现蓝绿色。如念珠藻、鱼腥藻(如图 8-1)、发菜、地耳等。

　　②褐藻类。褐藻类植物体的细胞内含有光合作用色素和褐色的藻褐素，使植物体呈现褐色，如海带(如图 8-2)、鹿角菜等。

　　③绿藻类。绿藻的细胞内含有和绿色高等植物相同的色素，使植物体呈现草绿色，如小球藻、衣藻、水绵等。

　　④红藻类。红藻类植物体的细胞内含有光合作用色素和红色的藻红素，使植物体呈现深红或紫红色，如紫菜、石花菜等。

　　(3)经济意义　　许多藻类植物，虽个体非常小，但它们在整个地球的水域中却构成了体积很大的浮游植物。成为鱼类和其他水生动物的主要食物，对发展水产养殖业有重要的意义。这些藻类植物有的可以作为家畜的饲料或绿肥；有的可以食用，如海带、海白菜、紫菜、鹿角菜等;有的是工业上的重要原料,如硅藻土等;有的是重要的医药原料,如鹧鸪菜等;有的还可以吸收水中的有毒物质,净化水体,清除水中的厌氧性细菌,并可根据它是否存在及存在的数量来鉴定水质,测定水源的清洁程度;有的能分解石灰石,促使大量的碳酸循环;有的具有固氮作用,如大多数具有异形孢子的蓝藻都具有固氮作用。总之,藻类植物的用途很广。目前,人们对很多经济价值较高的藻类已进行专门养殖。

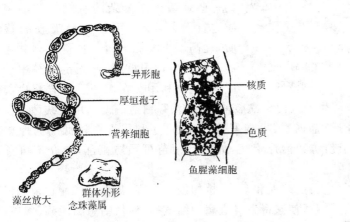

图 8-1 蓝藻

图 8-2 海带

2. 菌类植物

(1)菌类植物的一般特征　菌类植物本身不含光合作用色素,不能进行光合作用,是需要依赖"异养"生活的低等植物。除极少数外均不能制造有机物养活自己,因此绝大多数为异养植物,即寄生在活的有机体上,吸收现成的有机物为自身的营养。因为体内不含叶绿体,所以都不呈绿色,称它们为非绿色植物。这类植物种类多,分布广,还具有生长快、生殖时间短、适应能力强等特点。

(2)菌类植物的种类及其经济意义　菌类植物分为细菌、粘菌和真菌。它们之间差别很大,关系也不密切,只因为它们都是异养植物,才列入同一类中。其中粘菌类是介于植物和动物之间的真核植物。它不仅种类少,而且又无经济价值,所以这里仅介绍细菌和真菌两大类。

①细菌门。细菌是一类个体极小的单细胞植物,只有在显微镜下才能看清它的形态和结构。根据它们的形态差异分为球菌、杆菌、螺旋菌和放线菌 4 种类型(如图8-3)。细菌适应能力很强,在不利的条件下便产生芽孢,当条件好转时,芽孢萌发,再形成一个细菌。这样形成的细菌灭菌相当困难。

细菌在自然界的物质循环中起着重要的作用。它可将动、植物遗体腐烂分解,使复杂的有机物还原成为一些简单的化合物,重新被植物利用。

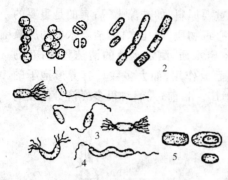

图 8-3　细菌的形态
1. 球菌　2. 杆菌　3. 带鞭毛的杆菌
4. 弧菌及螺旋菌　5. 芽孢的形成

细菌在工业、农业和医药卫生等方面都起着很大作用。在工业上,制革、制蜡、造纸、制糖、腌菜等都需要利用细菌的作用。在食品工业上作用也很大,如谷氨酸杆菌可生产谷氨酸,乳酸杆菌可产生乳酸,醋酸杆菌可产生醋酸等。在园林种植方面,土壤中的一些细菌可把复杂的有机物和不溶性物质进行分解,变为可被植物吸收的营养物质,提高了土壤肥力。与豆科植物共生的根瘤菌和自生性固氮菌,能固定大气中游离的氮,被植物利用。在医药卫生方面也起着重要作用,如大肠杆菌产生的天门冬酰胺酶,用于治疗白血病。利用放线菌等抗生菌提取抗生素,如链霉素、金霉素、土霉素等。此外,还利用毒性较低的病原菌制造菌苗和抗血清。用于预防和治疗疾病,如霍乱菌苗可预防霍乱,卡介苗可预防肺结核。

　　细菌也具有害处,它可引起人和动物、植物发生病害,甚至造成死亡。如使人患肺炎、结核、伤寒、霍乱等病,使家畜患炭疽病和结核病,使植物患腐烂病、黑斑病、根癌病等。

　　②真菌门。真菌通常是由多细胞组成。营养体由许多分枝或不分枝的丝状体构成,称为菌丝体。真菌细胞中都有细胞核,大多数具有细胞壁,但不含光合作用色素,属于真核异养植物。多数真菌腐生或寄生,但也有少数为共生,如真菌与高等植物的根共生,形成菌根。真菌的繁殖方式多种多样,既可进行有性生殖,更可通过无性繁殖产生后代。真菌的种类很多,广泛分布于水中、陆地、空气、土壤及动植物体上。常见的真菌有霉菌、酵母菌、伞菌等(如图 8-4)。

　　真菌对人类生活、自然界及国民经济都具有重要意义。在自然界腐生的真菌能使土壤中的动、植物遗体腐烂,把复杂的有机物分解为简单物质,为绿色植物利用,促进物质的循环。在工业方面,特别是在酿造和食品工业上真菌也起着重要的作用,如根菌和毛菌可产生脂肪酶来分解脂肪,使皮革软化,用于制革工业;酵母菌能使单糖在无氧条件下分解为二氧化碳和酒精,用于酿酒和

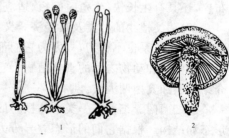

图 8-4　真菌的类型
1. 霉菌　2. 伞菌

石油脱蜡;根霉和毛霉还可用于酿酒、制酱油和豆腐乳;有些真菌可以食用,如香菇、

口蘑、木耳等；有些可以药用，如灵芝、白木耳、猴头等。特别是一些担子菌的代谢产物，可以防治肿瘤。有些真菌的代谢产物，如赤霉素能使植物体内新陈代谢作用强度增加，对刺激植物生长有显著作用。

此外，真菌也给人类带来一些灾害。栽培植物所发生的病害，80％以上都是由真菌造成的，如小麦锈病、月季黑斑病、白粉病、菊花的褐斑病、苹果的腐烂病、葡萄的霜霉病等。人体所生的癣也是真菌引起的。面包霉和毛霉可使馒头和面包变质，造成果、菜等在贮藏和运输中大量腐烂。

3. 地衣植物

(1)地衣植物的一般特征 地衣植物是真菌与藻类共生的复合体。植物体的大部分是由菌丝体造成的，其真菌多为子囊菌，也有少数为担子菌。藻类则分布在复合体的内部，聚成一层或若干团，多为单细胞或丝状的绿藻和蓝藻，菌类包在藻类的外面。在生长过程中，菌类吸收水分和无机盐等供给藻类，为光合作用的原料，并在环境干燥时保护藻类不致干死。藻类进行光合作用，制造有机物供给复合体营养的需要。地衣植物的适应能力很强，特别能耐寒、耐贫瘠。广布于世界各地，从南北极到赤道，从高山到平原，从沙漠到森林，岩石上及树叶、树皮上均能生长，尤其以高山森林中生长最多。根据地衣的外部形态分为壳状地衣、叶状地衣和枝状地衣三种类型(如图 8-5)。

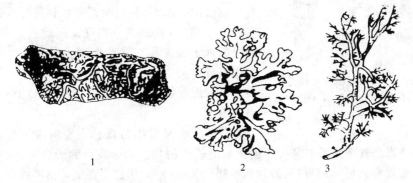

1   2   3

图 8-5 地衣的形态

1. 壳状地衣 2. 叶状地衣 3. 枝状地衣

(2)地衣在自然界中的作用及经济意义 地衣为多年生植物，能在其他植物不能生长的环境下生存，是植物界拓荒的先锋之一。地衣能分泌地衣酸，使岩石碎裂，与土壤的形成有密切关系。

地衣具有一定的经济价值，如庐山石耳可食用；松萝利尿、止咳、治溃疡；有些地衣是鹿等动物的饲料。除此之外，根据地衣的存在与否，可判断某地的空气新鲜程度。因此，地衣又是一种环境监测的指示植物。

二、高等植物

1. 苔藓植物

(1)苔藓植物的一般特征　苔藓植物是高等植物中最原始的类型。陆生,但其有性生殖阶段仍需水的帮助才能完成受精。故它们绝大多数生长在潮湿温暖的环境中,如林下、沟边、沼泽地等。因此,苔藓植物是由水生过渡到陆生生活的典型代表。苔藓植物植株矮小,没有维管束组织和真根,只有假根。假根是单细胞或单列细胞组成的丝状分支结构,有吸收水分、无机盐和固着植物体的功能。较低级的种类为扁平的叶状体,较高级的种类有假根和似茎、叶的分化。

(2)苔藓植物常见种类　世界上约有苔藓植物 23000 余种,我国有 3000 余种。常见的苔藓植物为地钱和葫芦藓(如图 8-6)。

图 8-6　苔藓植物常见种类
1、2. 地钱(1. 雄株,2. 雌株)
3、4. 葫芦藓(配子体和孢子体)

(3)苔藓植物在自然界中的作用和经济意义　苔藓植物在土壤形成过程中起着重要的作用。苔藓植物生活在岩石上,它可以分泌出一种酸性溶液,缓慢地溶解岩石表面,使岩石逐渐形成土壤,它是植物界的拓荒者之一。苔藓植物有保持水土的作用,由于苔藓植物多丛生,植株之间空隙很多,具有毛细管的吸水作用;同时苔藓植物的叶片具有特殊的吸水构造,吸水能力很强。因此它们对林地、山野的水土保持具有重要作用。在园林生产中也利用苔藓植物的这种特性,作为苗木长途运输的包装材料。此外,还可以用于盆花或盆景的土面上或假山石上面。

苔藓植物又可作为森林类型的指示植物。在不同的生态条件下生长着各种不同类型的苔藓植物。如金发藓和云杉生长在一起,形成了金发藓云杉林;而泥炭藓和落叶松生长在一起,形成了泥炭藓落叶松林。

有些苔藓植物还具有药用价值,如金发藓、真藓和树藓等。据统计,全国有近 50 种苔藓植物均能作药用。

2. 蕨类植物

(1)蕨类植物的一般特征及常见种类　蕨类植物又称羊齿植物,是陆生植物。个体大,生长速度快。植物体有根、茎、叶的分化,有维管束组织。维管束由木质部和韧皮部组成,分别承担着水分、无机盐和有机物的运输功能。蕨类植物有明显的世代交替,孢子体和配子体都能独立生活。常见的种类有木贼、贯众、问荆、肾蕨、铁线蕨、石松、蕨等(如图 8-7)。

（2）蕨类植物的经济意义　蕨类植物有一定的经济价值。有药用品种，如木贼，石松；可食用，如树蕨；可以作指示植物，指示土壤的酸碱性，如石蕨、肾蕨、铁线蕨等，生长在石灰岩或钙质土壤上，而石松生长在酸性土壤上；水生的蕨类可作为鱼类、家畜的饲料或绿肥用；有些种类可作为园林观赏或室内装饰用，如肾蕨和凤尾蕨。

图 8-7　蕨类植物
1. 问荆（a. 营养枝，b. 根状茎及生殖枝）
2. 蕨

3. 种子植物

种子植物是当今地球上最繁盛的植物类群。根据其种子的外面是否有果皮包被，分为裸子植物和被子植物两大类。

（1）裸子植物

①裸子植物的一般特征及常见种类。裸子植物的孢子体特别发达，都是多年生木本植物。大多数为高大乔木，而且多为常绿树种；单轴分枝，叶为针形，在枝条上螺旋状排列；花单性，大多数无花被；胚珠裸露，种子外无子房壁形成的果皮包被（裸子植物由此得名）；内部结构比较复杂，有形成层和次生构造。

裸子植物是种子植物中比较原始的类群。全世界共有 13 科 760 种，我国有 10 科 200 多种。常见种类有银杏、苏铁、松、柏、杉等，其中银杏、水杉、水松是我国特有的裸子植物，科学家们把它们称为活化石，世界各地都从我国引种栽培（如图 8-8）。

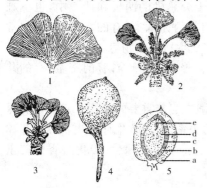

图 8-8　裸子植物常见种类（银杏）
1. 叶　2. 生小孢子叶球的短枝　3. 生大孢子叶球的短枝　4. 种子　5. 种子纵切面（a. 外种皮，b. 中种皮，c. 内种皮，d. 胚乳，e. 胚）

②裸子植物的经济意义。裸子植物是组成森林的主要树种，占森林总面积的 80％；裸子植物的木材质优、坚硬、不易腐烂，是重要的建筑用材和造纸原料。从针叶树中可提取染料、酒精、人造丝、照相胶片、糖、汽油、火药、毒气等化工原料；有些种类的种子可食用或榨油，如华山松、红松、白皮松、银杏。有些品种可供药用，如苏铁、侧柏的种子。裸子植物多数为常绿植物，所以，在城市绿化和园林绿化中也起着重要作用。

（2）被子植物　被子植物是现代植物界中最高级、最繁茂、分布最广的一个类群。

①被子植物的一般特征

a. 被子植物的孢子体形态、结构更加发达和完善,有乔木、灌木和草本。

b. 输导组织进一步分化,木质部中有管胞、导管和木纤维;韧皮部中有筛管、伴胞及韧皮纤维。因此输导和支持作用大大增强,从而使其对陆生环境更加适应。

c. 有了结构完善的花,通常由花萼、花冠、雄蕊群和雌蕊群等组成。花中具有大孢子叶(心皮)组成的封闭囊状结构的雌蕊,形成了子房的结构。雄蕊的结构也更加进化,当花粉粒萌发后产生特长的花粉管,将精子送到胚囊内和卵细胞融合完成传粉受精。

d. 受精后所形成的胚珠包藏在子房内,即形成果实。果实里的种子有果皮包被(被子植物也由此而得名),使下一代幼小植物体的发育和传播得到了更可靠的保证。

e. 受精过程中有双受精特性,即雄配子体简化为二核或三核的花粉粒,雌配子体简化为八核的胚囊。双受精作用和三倍体胚乳的出现就更有利于种族的繁衍,更能适应各种不同的自然环境。

由于被子植物具有以上的一些特性,因此在高山、平地、高原、沼泽、陆地、水中、热带、温带和寒带到处都有分布,甚至在自然条件十分恶劣的两极和沙漠中,也不难找到它们的踪迹。为了适应各种不同的环境,它们有的为木本,有的为草本,有的常绿,有的落叶,有的一、二年生,有的多年生,还有多年生宿根植物等。

被子植物的营养方式也是多种多样的。有的自养,有的异养;有的寄生,有的共生,甚至有些植物还能捕捉昆虫来补充营养。

②被子植物的经济意义。被子植物在生产实践中起着重要的作用。它们具有绿色植物的功能,与人类的生产和生活有密不可分的关系;是人类生存及生物界生存和发展的一个重要生物链环;许多品种的观赏价值很高,是园林绿化、美化和香化的重要材料。

第三节　　植物界的发生和演化

地球已有 45～60 亿年的历史。在原始地球上,经历了漫长的化学演化时期以后,大约在 30 亿年前出现了原始生物。虽然开始只有少数原始的植物种,但在漫长的历史发展演化过程中,种类单调贫乏的植物通过不断地发生、发展和变异,经过自然选择,有些种灭绝,有些种存活下来日渐昌盛,还有些新的物种在不断形成。适者生存,终于发展成为今天种类繁多、千姿百态的植物界,这就是植物界的进化。植物界进化的一般规律为以下几方面。

一、在形态构造上遵循由简单到复杂的发展过程

植物在长期的演化过程中,从原核细胞到真核细胞,从单细胞经植物群体,再到多细胞植物,并逐渐分化出各种组织和器官。如藻类植物就反映了植物从单细胞到多细胞的进化过程。蓝藻类没有真正的细胞核和染色体,属原核生物。绿藻类就有了细胞核、细胞质和染色体的分化,属真核生物。而褐藻类则为多细胞的真核生物。细菌属原核生物,真菌是多细胞的真核生物,并形成了丝状体。苔藓植物出现了原始的茎、叶和假根。蕨类植物更具有了真根和维管束。裸子植物已形成种子,但无真正的花。到被子植物才出现了构造完善的花,组织与器官分化得更完善。

二、在生态习性上遵循由水生到陆生的发展过程

低等植物主要是水生的,它们在地球历史上发生的时代远远早于高等植物。而高等植物的组织器官是对陆生生活环境的长期适应过程中逐渐发展起来的。低等植物的植物体没有根、茎、叶的分化,整个植物体都能吸收水分和营养物质。高等植物中的苔藓植物,虽然几乎都是陆生,但仍需水分来完成它们的生活史,它们绝大多数仍需生长在潮湿温暖的环境中,它们虽然有了原始的茎、叶和假根,但没有真根和维管组织,有性生殖离不开水。蕨类植物有了根、茎、叶的分化,有了真根和维管束,但有性生殖仍离不开水。裸子植物的维管组织更加完善,陆生的适应性更强。有性生殖不再依赖水,同时产生了种子,但种子无果皮包被。被子植物构造更加完善,根、茎、叶得到进一步发展,产生了构造完善的花,种子有果皮包被,因此被子植物是适应陆生生活发展到最高级、最完善的类群。

三、在繁殖方式上遵循由低级到高级的发展过程

在植物进化过程中,随着植物进化的程度越高级,在繁殖方式上利用的无性生殖就越少。在低等植物中,如藻类植物,其个体不能长期存活,就需无性繁殖快速补偿。而高等植物出现了明显的世代交替,裸子植物和被子植物则用种子繁殖,种子内含有胚和胚乳,外有种皮保护,更加适于陆上传播和幼苗的生存。同时,在世代交替中孢子体越来越发达,配子体越来越简化。

总之,植物界进化的规律是:由简单到复杂,由水生到陆生,由低级到高级,并向着孢子体逐渐占绝对优势,而配子体高度简化的方向发展。

思考题

1. 植物界包括哪些基本类群?

2. 低等植物与高等植物有哪些主要区别?

3. 举例说明低等植物在人们生活及国民经济中的作用。

4. 为什么说苔藓植物和蕨类植物既属于高等植物又属于孢子植物?

5. 裸子植物常见种类有哪些? 简述裸子植物在经济生活中的意义。

6. 为什么说被子植物是适应陆地环境最完善、最高级的一类植物?

7. 植物进化的一般规律是什么?

第九章　被子植物

第一节　被子植物的主要特征

　　被子植物是植物界最高级、最完善的类群。具有真正的花是被子植物的最大特征，所以又称为有花植物。心皮组成了雌蕊，胚珠包藏于子房内，不裸露，受精作用后胚珠发育为种子。子房发育为果实，果实包被着种子，不裸露，种子得到了更好的保护和传播。在有性生殖过程中，出现了特殊的双受精现象，双受精以后形成的胚和胚乳都含有父母双方的遗传物质，具有更强的生命力和适应性。被子植物的孢子体极度发达，比配子体占绝对的优势。被子植物比其他各类植物在形态和结构等方面更加完善和复杂。被子植物包含乔木、灌木和草本；多年生、一年生和短命的都有。由于被子植物的内部有了导管、管胞和木纤维；韧皮部有了筛管、伴胞和韧皮纤维，使输导和支持能力进一步增强，并适应了陆地生活。被子植物的配子体更为简化（退化），成熟花粉粒（雄配子体）内仅有 2～3 个细胞；成熟胚囊（雌配子体）内仅有 7 个细胞 8 个核，其中 1 个卵细胞和 2 个助细胞组成卵器。

第二节　被子植物的分类

一、分类原则与依据

　　多数学者认为，被子植物的形态尤其是花和果实逐渐向更适应环境的方向发展，因此得到了被子植物的一些分类原则和依据，表 9-1，表 9-2。

表 9-1 被子植物生殖器官的演化规律(分类原则和依据)

	原始性状	进化性状
花	花单生	形成花序
	有限花序	无限花序
	花两性	花单性
	雌雄同株	雌雄异株
	花的各部分螺旋状排列	轮状排列
	花部多而不定数	花部少而定数
	花被无萼、瓣之分	有萼、瓣之分;单被或无被
	花部离生	花部合生
	整齐花	不整齐花
	单沟花粉粒	3沟或多孔花粉粒
	上位子房	下位子房
	边缘胎座	侧膜胎座和特立中央胎座
	胚珠多数	胚珠少数
	虫媒花	风媒花
果实	真果	假果
	单果和聚合果	聚花果
种子	双子叶	单子叶
	具胚乳	无胚乳

表 9-2 被子植物营养器官和生活型的演化规律(分类原则和依据)

	原始性状	进化性状
生活型	多年生植物	一年生植物
	自养植物	寄生或腐生植物
	常绿植物	落叶植物
茎	木本植物	草本植物
	茎直立	茎缠绕
	维管束环状	维管束散生
叶	单叶、叶全缘	复叶、叶形复杂
	叶互生	叶对生或轮生

根据以上分类原则和依据,形成了被子植物 4 个著名的分类系统。

1. 恩格勒系统

植物学家恩格勒(A. Engler)和百兰特(K. Prantl)于 1887 年发表《植物自然分科志》,建立了恩格勒系统。恩格勒系统把被子植物分为双子叶植物和单子叶植物两个纲,以假花说为理论基础,主要认为柔荑花序类植物是被子植物的原始类群,并将双子叶植物分为古生花被亚纲(离瓣花类)和后生花被亚纲(合瓣花类)。恩格勒系统是第一个比较完善的被子植物分类系统,采用这个系统的国家很多,《中国植物志》、我国多数地方植物志和大多数植物标本馆(室)也采用这个系统。

2. 哈钦松系统

哈钦松(J. Hutchinson)于 1926 年发表了《有花植物科志》,建立了哈钦松系统。哈钦松系统以真花说为理论依据,主要认为双子叶植物从木兰目演化出一支木本植物。从毛茛目演化出一支草本植物,柔荑花序类起源于金缕梅目,单子叶植物起源于双子叶植物的毛茛目。《广东植物志》、《广西植物志》、《云南植物志》、《海南植物志》、《广州植物志》等采用哈钦松系统。

3. 塔赫他间系统

塔赫他间(A. Takhtajan)于 1954 年将其系统公布于世,主要认为被子植物起源于种子蕨,木本植物演化出草本植物,水生双子叶植物睡莲目演化出单子叶植物,木兰目最原始,毛茛目和睡莲目起源于木兰目,柔荑花序类各自起源于金缕梅目。

4. 克朗奎斯特系统

克朗奎斯特(A. Cronquist)于 1968 年提出这个系统。把被子植物分为木兰纲和百合纲,木兰纲又分为 6 个亚纲,百合纲又分为 5 个亚纲。主要认为木兰亚纲是被子植物演化基础的复合群,单子叶植物从睡莲目的祖先演化而来。

本教材按恩格勒系统排列,被子植物亚门通常分为双子叶植物纲和单子叶植物纲。

二、双子叶植物纲

双子叶植物种子的胚具有 2 片子叶;主根发达,多为直根系;茎内维管束在横切面上排列成环状,有形成层,能产生次生组织而增粗;叶脉常为网状;花部通常以 5 或 4 为基数。

1. 木兰科

木本,单叶互生;托叶大,脱落后在枝上留有环状托叶痕。花大,单生,常两性,辐射对称;花被片常呈花瓣状,分离;雄蕊多数,分离,螺旋状排列于柱状花托的下半部,花丝短,花药长,2 室,纵裂;心皮常为多数,离生,螺旋状排列于柱状花托的上半部。果多为聚合蓇葖果,背缝开裂,稀为翅果。种子胚小,胚乳丰富。

本科是现代被子植物中最原始的类群。

玉兰（*Magnolia denudata* Desr.）（图 9-1），落叶乔木，叶互生，倒卵形，先端突尖。花大，顶生，花被片3轮，每轮3片，白色，带肉质；雄蕊、雌蕊均为多数，离生，螺旋状排列于柱状花托上。聚合蓇葖果。花供观赏，花蕾入药。

此外，庭园观赏植物还有：洋玉兰（荷花玉兰）（*M. grandiflora* L.），常绿乔木；辛夷（*M. liliflora* Desr.），落叶灌木，花蕾入药。白兰花（*Michelia alba* DC.），花腋生，极香。鹅掌楸 [*Liriodendron chinense* (Hemsl.) Sarg.]，具马褂形叶。药用植物有厚朴（*Magnolia officinalis* Rehd. et Wils.），树皮可入药治腹胀等。

图 9-1　玉　兰

A. 花枝　B. 聚合蓇葖果　C. 花图式

2. 毛茛科（Ranunculaceae）

草本或草质藤本，稀木质藤本。叶基生、互生，少对生；单叶有裂或为复叶，无托叶。花两性，稀单性，多整齐花，花的各部均为分离；萼片3至多数；花瓣3至多数；雄蕊多数，心皮多数，离生，均常成螺旋状排列；子房1室，胚珠1至多个。果为聚合蓇葖果或聚合瘦果，稀浆果。种子胚小，胚乳丰富。

本科与木兰科相似，是具原始性状的科，科内有重要的观赏植物和多种药用植物。

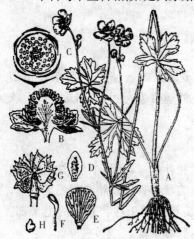

图 9-2　毛　茛

A. 植株外形　D. 花的纵剖　C. 花图式

D. 萼片　E. 花瓣　F. 心皮　G. 聚合瘦果

H. 瘦果

毛茛（*Ranunculus japonicus* Thunb.）（图 9-2），多年生草本，基生叶常3深裂；萼片5，花瓣5，金黄色，基部具蜜槽；雄蕊和雌蕊均为多数，分离，螺旋状排列于花托上，每心皮含1胚珠。聚合瘦果近球形，杂草，有毒，可作外用发泡药或敷治淋巴结核。

本科常见的栽培观赏种类有牡丹（*Paeonia suffruticosa* Andr.）和芍药（*Paeonia lactiflora* Pall.）。前者为灌木，后者为草本，它们的花大而美，均为著名花卉。飞燕草 [*Consolida ajacis* (L.) Schur.]，花蓝色，萼具长距，为观赏草花。白头翁 [*Pulsatilla chinensis* (Bge.) Regel]，全株密生白毛，花大紫色，瘦果集生为头状，花柱羽毛状宿存，下垂。根入药，能清热解毒，凉血止痢。药用植物有乌头（*Aconitum carmichaeli* Debx.），块根入药称乌头，子根入药称附子，均有大毒，经加工炮制后,毒性减低,主治风寒湿痹等。黄连(*Coptis chinensis* Franch.),根状茎黄色,可提取黄连素,治细菌性痢疾等。猫爪草(小毛茛)(*Ranunculus ternatus* Thunb.),多年生小草本,块根数个,纺锤形,似猫爪,茎生叶细裂。块根入药,治淋巴结核有特效。杂草有茴茴蒜(*R. chinensis* Bge.),多年生草本,3出复叶,茎叶被开展长毛,聚合果椭圆形,全草有毒。石龙芮(*R. sceleratus* L.),一年生草本,植物体近无毛,茎生叶裂片较窄,聚合果长圆形,瘦果较小,长约 1 mm,全草有毒。

3. 十字花科(Cruciferae)

多为草本,常具辛辣味。叶互生,基生叶常呈莲座状,无托叶。花两性,辐射对称,常排成总状花序;萼片4,分离,2轮,花瓣4,具爪,排成十字形(十字形花冠);雄蕊6,2短4长(四强雄蕊);雌蕊2心皮,合生,子房上位,侧膜胎座,中央被假隔膜(胎座延伸进去的薄膜)分成2室,每室常具多数胚珠。果常为长角果或短角果,种子无胚乳。

芸苔属(*Brassica* L.)(图 9-3)是本科的一个重要属。总状花序,花瓣黄色,基部具爪,四强雄蕊,外轮雄蕊内方各具1蜜腺(侧腺),内轮两对雄蕊之间各具一对蜜腺(中央腺)。长角果,细长,具喙(顶端无种子不开裂部分),每室有种子一列,种子近球形。本属有多种常见的蔬菜,如大白菜(*B. pekinensis* Rupr.),是东北、华北冬季和春季主要蔬菜之一。叶包裹成球状体的卷心菜(*B. oleracea* var. *capitata* L.)花序发达的花椰菜(菜花)(*B. oleracea* L. var. *botrytis* L.)以及青菜(*B. chinensis* L.)、瓢菜(塌棵菜)(*B. narinosa* Bailey)等,均为人们喜食的蔬菜。油菜(*B. campestris* L.)的种子含油量高,供食用,为我国4大油料作物之一。芸苔属植物花部有蜜腺,为重要的蜜源植物。

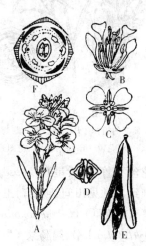

图 9-3 芸苔属
A. 花果枝 B. 花 C. 花的正面观
D. 子房横切面 E. 长角果 F. 花图式

本科其他属的常见蔬菜还有:萝卜(*Raphanus sativus* L.),直根肥大肉质,供食用。豆瓣菜(西洋菜)(*Nasturtium officinale* R. Br.),水生草本,茎叶肉质可食用。荠菜[*Capsella bursa-pastoris* (L.)Medic.],嫩茎叶可作蔬菜,亦为常见杂草。药用植物有菘蓝(*Isatis tinctoria* L.),根称板蓝根,叶称大青叶,均可入药,治疗病毒性感染,如流感和肝炎等,叶可提蓝色染料。观赏植物有紫罗兰[*Matthiola incana* (L.) R. Br.]、桂竹香(*Cheiranthus cheiri* L.)等。田间杂草有播娘蒿[*Descurainia sophia* (L.) Webb.]、独行菜(*Lepidium apetalum* Willd.)等。

4. 石竹科（Caryophyllaceae ）

草本,茎节部膨大。单叶,全缘,对生,基部常横向相连。花两性,辐射对称,组成聚伞花序或单生;萼片 4～5,分离或合生成管状;花瓣与萼片同数,有时无花瓣;雄蕊为花瓣的 2 倍,分离;心皮 2～5,合生,子房上位,1 室,特立中央胎座。蒴果,常瓣裂或顶端齿裂,稀为浆果;胚弯曲,具外胚乳。

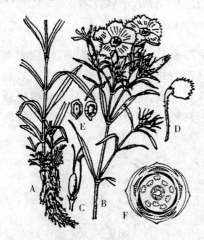

图 9-4 石 竹
A. 具根的植株　B. 花枝　C. 雌蕊及雄蕊
D. 花瓣　E. 种子　F. 花图式

石竹（*Dianthus chinensis* L.）（图 9-4）,多年生草本,节部膨大,单叶对生,叶片线状披针形。花顶生,萼下有叶下苞片,萼片 5,合生,花瓣 5,下部具爪,上部宽,平展,顶端具细齿,有各种颜色,雄蕊 10 个,2 轮,心皮 2,合生,花柱 2,特立中央胎座,胚珠多数。蒴果圆筒形,上部齿裂。花供观赏,全草入药利尿。同属植物可供观赏的还有瞿麦（*D. superbus* L.）,花瓣先端条状细裂,全草又可入药利尿。香石竹（*D. caryophyllus* L.）,开花时具香气,花瓣连生,重瓣,供切花用。什样锦（*D. barbatus* L.）,花繁多,有各种颜色,观赏价值甚高。

本科观赏植物还有剪夏罗（*Lychnis coronata* Thunb.）、剪秋罗（*L. senno* Sieb. et Zucc.）、锥花丝石竹(满天星)（*Gypsophila paniculata* L.）,花枝多,花小,白色,可作插花,颇为雅致。常见田间杂草有:王不留行(麦蓝菜)［*Vaccaria segetalis* (Neck.)Garcke］、米瓦罐(麦瓶草)（*Silene conoidea* L.）、繁缕［*Stellaria media* (L.)Cyr.］、蚤缀（*Arenaria serpyllifolia* L.）、鹅肠莱(牛繁缕)［*Malachium aquaticum* (L.) Fries］为水边湿地常见杂草。

5. 蓼科（Polygonaceae）

多为草本,茎的节部常膨大;单叶互生,全缘,少分裂,托叶膜质,鞘状或叶状,包茎成托叶鞘。花小型,常两性,花序穗状、圆锥状等;花被片 3～6 个,花瓣状,宿存;雄蕊 3～9 个,常与花被片对生;子房上位,1 室,1 胚珠,基生,花柱 2～4,常分离。瘦果双凸镜状、三棱形或近圆形,全部或部分包于宿存的花被内;种子具丰富的胚乳,胚弯曲。

荞麦（*Fagopyrum esculentum* Moench.）（图 9-5）,一年生草本,茎常带红色,叶常为卵状三角形,托叶鞘膜质,斜生早落。花两性,花被 5 深裂,雄蕊 8 个;花柱 3。瘦果三棱形,种子胚乳含丰富的淀粉,磨面(荞麦面)可食,也为蜜源植物。

本科药用植物有何首乌（*Polygonum multiflorum* Thunb.）,多年生缠绕草本,

叶卵状心形,块根入药,生用可解毒消肿,润肠通便,何首
乌能补肝肾,益精血。大黄(*Rumex officinale* Baill.),
多年生粗壮草本,基生叶掌状浅裂,根和根茎可入药,泻
热通便。此外,虎杖(*Polygonum cuspidatum* Sied. et
Zucc.)、杠板归(*P. perfoliatum* L.)等亦为常用中草
药。本科的杂草种类甚多,如酸模叶蓼
(*P. lapathifolium* L.),一年生草本,叶上面常有黑斑,
茎、叶可为猪饲料;还有水蓼(*P. hydropiper* L.)两栖蓼
(*P. amphibium* L.)、萹蓄(*P. aviculare* L.)等。

图 9-5　荞　麦
A. 花枝　B. 托叶鞘　C. 花
D. 瘦果　E. 花图式

6. 藜科(Chenopodiaceae)

多为草本,植物体外常具粉粒状物;叶多互生,常肉
质,扁平状或圆柱状,无托叶。花小,单被,常为绿色,多
为两性,花单生或聚伞式密集簇生,再组成穗状或圆锥花
序;有苞片或小苞片,有时无,萼裂片草质或肉质,2~5 深裂,在果期常增大,宿存,无
花瓣,雄蕊常与萼片同数而对生;常子房上位,由 2~3 心皮合生,1 室,1 胚珠。胞果,
包于宿萼内,种子具弯曲胚或螺旋状胚,具外胚乳。

图 9-6　菠　菜
A. 植株外形　B. 雄花　C. 雌花包藏
于萼状苞片内　D. 雌蕊　E. 螺旋胚

菠菜(*Spinacia oleracea* L.)(图 9-6),一年生
草本,雌雄异株;雄花的萼片 4,雄蕊 4 个;雌花无花
被,子房生于 2 个苞片内。胞果具刺。为大众化蔬
菜,富含维生素及磷、铁等。

甜菜(*Beta vulgare* L.),草本,根肥厚,纺缍
形,多汁。花小,两性,常 2 或数朵成腋生花簇;花被
片 5,基部与子房合生结合,果时变硬,包围果实;雄蕊
5 个,生于肥厚花盘上。胞果常 2 个或数个基部结合。
根为制糖原料,叶可作蔬菜或饲料。其变种莙荙菜
(*B. vulgare* var. *cicla* L.),叶亦作蔬菜食用。

本科的杂草有:藜(*Chenopodium album* L.),
恶性杂草,幼苗可作野菜食用,茎、叶可喂家畜。灰绿藜(*C. glaucum* L)、碱蓬
(*Suaeda glauca* Bge.)生于盐碱地上,可为盐碱地指示植物。沙蓬〔*Agriophyllum
squarrosum* (L.) Moq.〕生于沙丘可固沙。猪毛菜(*Salsola collina* Pall.),叶先端
具硬针刺,杂草,全菜入药,有降血压之疗效。

7. 苋科(Amaranthaceae)

通常草本,单叶互生或对生,无托叶。花小,常两性,单生或排成穗状、头状或圆

锥状的聚伞花序;单被花,萼片 3～5,干膜质,花下常有 1 枚干膜质苞片和 2 枚小苞片;雄蕊 1～5 个,与萼片对生,花丝基部常连合;子房上位,由 2～3 心皮组成 1 室,有胚珠 1 个,常为胞果。种子有丰富的胚乳与环形胚。

苋(*Amaranthus tricolor* L.)(图 9-7),一年生草本,茎粗壮,常分枝;叶卵状椭

图 9-7 苋
A. 花果枝 B. 雄花 C. 雌花

圆形至披针形,除绿色外,常成红色、紫色等其他颜色,无毛。花单性或杂性,花序呈穗状;萼片与雄蕊各 3 个,柱头 3。胞果。我国各地均有栽培。嫩茎、叶可作蔬菜,叶色不同的品种,可供观赏。同属植物栽培作蔬菜的还有:繁穗苋(*A. paniculatus* L.),叶卵状长圆形或卵状披针形;圆锥状花序,萼片与雄蕊各 5 个,我国各地都有栽培或野生,也可供观赏。尾穗苋(*A. caudatus* L.),叶菱状卵形或菱状披针形。花序下垂,特长,萼片与雄蕊各 5 个。作菜用,种子供食用。同属植物为农田杂草的有反枝苋(*A. ret-roflexus* L.),全株有短柔毛,苞片和小苞片钻形。皱果苋(绿苋)(*A. viridis* L.),全株无毛,叶面常具"V"字形斑。萼片与雄蕊常各 3 个,果皮皱,不裂。凹头苋(野苋)(*A. lividus* L.),无毛,叶先端有凹缺。刺苋(*A. spinosus* L.),叶柄基部两侧各有 1 刺,嫩茎、叶也可作蔬菜。

本科作药用的有牛膝(*Achyrantes bidentata* Bl.),多年生草本,叶对生,节部膝状膨大,花序穗状。根茎入药,具有破血行淤、补肝肾、强筋骨的作用。

本科作观赏的有鸡冠花(*Celosia cristata* L),一年生草本,穗状花序顶生,扁平鸡冠状,紫色、淡红色或黄色,我国各地均有栽培。青葙(*C. argenta* L.),一年生旱地杂草,穗状花序圆柱形或塔形,无分枝,也可供观赏。其盖裂蒴果中的种子可入药,有清肝明目、降压之效。千日红(*Gomphrena globosa* L.),叶对生,花序球形,红色,下边有 2 个叶状苞,栽培供观赏。

8. 葫芦科(Cucurbitaceae)

草质藤本,植株被毛,粗糙,常具卷须;单叶互生,常掌状分裂。花单性,雌雄同株或异株;雄花的花萼 5 裂,花冠 5 裂,雄蕊 5 个,常两两连合,一条单独,外形似 3 枚雄蕊,花药常盘曲成"S"或"U"形;雌花花被数与雄花相同,雌蕊有 3 个心皮,合生,子房下位,1 室,侧膜胎座,多数胚珠。瓠果,稀蒴果。

南瓜[*Cucurbita moschata*(Duch.)Poir.](图 9-8),一年生蔓生草本,植物体外被粗毛,茎节部生根,卷须分 3～4 叉,叶 5 浅裂。花单生,雌雄同株;花冠钟状,黄色,5 中裂,5 枚雄蕊,其中 2 对合生,另一分离,药室折曲呈 S 形;子房下位,侧膜胎

座,柱头 3。瓠果形状因品种而异。果实作蔬菜,种子含油可食用,种子和瓜蒂常入药,能驱虫,健脾、下乳。同属植物有:笋瓜(*C. maxima* Duch.),叶无裂,用途同南瓜。西葫芦(*C. pepo* L.)夏日果菜,亦可入药。

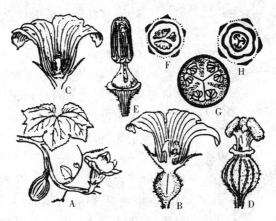

图 9-8 南 瓜

A. 花果枝 B. 雌花纵切 C. 雄花纵切 D. 雌蕊 E. 雄蕊
F. 雄花的花图式 G. 子房的横切,示侧膜胎座 H. 雌花的花图式

本科其他属中还有多种瓜类果蔬,如黄瓜(*Cucumis sativus* L.),果常具刺或疣状突起,重要果菜。苦瓜(*Momordica charantia* L),果味稍苦,作蔬菜,具特殊风味。丝瓜[*Luffa cylindrica* (L.)Roem]、冬瓜[*Benincasa hispida* (Thunb.) Cogn.]、节瓜 (*B. hispida* var. *chiehqua* How.)、葫芦 [*Lagenaria siceraria* (Molina) Standl.]、瓠子 [*L. siceraria* var. *hispida* (Thunb.) Hora]等均为常见果菜。作水果的有西瓜[*Citrullus lanatus* (Thunb.) Mansfeld]、甜瓜(*Cucumis melo* L.),果有香气和甜味,哈密瓜(新疆)和白兰瓜(甘肃)为甜瓜的不同变种和品系,是著名的水果。药用植物有栝楼(*Trichosanthes kirilowii* Maxim.),根入药,名"天花粉",可生津止渴,排脓消肿,瓠果与种子都属常用中药。罗汉果[*Siraitia grosvenori* (Swingle) C. Jafrey],果圆球形,可治咳嗽。绞股蓝[*Gynostemma pentaphyllum* (Thunb.) Makino],植物体含有 50 多种皂甙,其中绞股蓝皂甙和人参皂甙为同类物质,故有南方人参之称,对肝癌、子宫癌、肺癌有一定疗效,并有镇静、催眠、降血压等作用;还可制绞股蓝茶饮用。

9. 山茶科(Theaceae)

乔木或灌木,多为常绿,单叶互生,常革质,无托叶。花常为两性,辐射对称,单生于叶腋或簇生;萼片 5～7,花瓣常为 5,少为 4 或多数,分离或基部连合,多复瓦状排列;雄蕊多数,离生或少为单体或 5 束,基部与花瓣合生,子房上位,3～5 室,中轴胎座。蒴果、核果状或浆果；种子略具胚乳，往往含油质。

山茶属（茶属）（*Camellia* L.），常绿灌木或小乔木，叶革质，叶缘具锯齿。花两性，萼片 5 至多数；花瓣 5～7，基部稍连合；雄蕊多数。蒴果，室背开裂。本属有多种重要经济植物和观赏植物。

图 9-9　茶
A. 花枝　B. 除去花被的花纵切面
C. 蒴果　D. 种子

茶（*C. sinensis* O. Ktze.）（图 9-9），常绿灌木，叶椭圆状披针形，花较小，花梗下弯，萼片宿存。茶是世界四大饮料之一，我国栽茶和制茶已有数千年的历史，闻名世界。茶叶内含有咖啡碱、茶碱、可可碱、挥发油等，可以兴奋神经中枢及利尿，能祛除精神疲劳。油茶（*C. oleifera* Abel.），小乔木，枝微被毛，叶下面侧脉不明显。花较大，白色，几无梗，萼片在果期脱落，花瓣倒卵形，子房及花柱基部被丝质毛，果实较大。种子油可食，亦可作润滑及防锈用，为华南主要的木本油料植物。山茶（*C. japonica* L.），灌木或小乔木，枝无毛，叶上面有明显光泽，下面侧脉明显。花大美丽，花瓣圆形，常红色，为我国十大名花之一，各地栽培供观赏。金花茶 [*C. chrysantha*（Hu）Tuyama]，花金黄色，是新发现的珍稀种，已列为国家一级保护植物。

10. 椴树科（Tiliaceae）

木本，稀草本，具星状毛，树皮纤维发达；单叶，互生，多为三出脉。花两性，聚伞花序或圆锥花序；萼片 5，花瓣 5 或缺；雄蕊多数或 10，分离或仅基部连成数束；子房上位，2～10 室。蒴果、核果、少为浆果。

本科重要纤维植物有：黄麻（*Corchorus capsularis* L.）（图 9-10），一年生草本，无毛，近顶端有分枝，叶长椭圆形，边缘具锯齿，基部 2 齿具长尖，基生脉 3 条。聚伞花序腋生，花两性，萼片 5；花瓣 5；雄蕊多数；子房上位。蒴果球形，有 10 条纵棱皱起，并有小瘤，熟后裂成 5 瓣，每室有 2 列种子。为著名的麻类作物，我国长江以南广泛栽培，茎韧皮纤维为制麻袋的主要原料，又可混纺织布。长蒴黄麻（*C. olitorius* L.）一年生草本，叶长椭圆形，有锯齿，基部两侧各有 1～2 个锯齿具长尖。蒴果为长圆筒形，有 8～10 个棱，每室有 1 列种子。茎韧皮纤维可织麻袋，搓绳索。

此外，还有糖椴（大叶椴）（*Tilia mandshurica* Rupr. et Maxim.）、蒙椴（*T. mongolica* Maxim.）、南京椴树（*T. miqueliana* Maxim.）等，皆为落叶乔木。花

序柄约一半与膜质舌状的大苞片合生；茎韧皮纤维可代麻，为优良用材和绿化
树种。

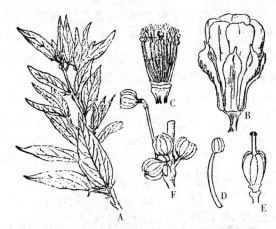

图 9-10　黄　麻

A. 枝　B. 花　C. 去掉花被的花,示雄蕊与雌蕊　D. 雄蕊　E. 雌蕊　F. 蒴果

11. 锦葵科（Malvaceae）

木本或草本,茎韧皮纤维发达,具粘液；单叶互生,常具掌状脉,托叶早落。花单
生或聚伞状,常为两性,辐射对称；萼片 5,分离或合生,其外常具副萼（苞叶）；花瓣
5,旋转状排列,近基部与雄蕊管连生；雄蕊多数,花丝连合成管,成单体雄蕊,花药 1
室,纵裂,花粉粒大,具刺；子房上位,3 至多室,中轴胎座,每室有 1 至多数倒生胚珠,
蒴果或分果。

棉属（Gossypium L.）,灌木状草本；单叶,掌状分裂。花大,单生于叶腋；副萼通
常为 3 片,叶状；萼片 5,花瓣 5；单体雄蕊,子房 4～5 室。蒴果,室背开裂,种子外被
由种皮特化的长绵毛。陆地棉（C. hirsutum L.）（图 9-11）,草本,叶掌状 3 浅裂,副
萼离生,基部心形。棉种子的长绒毛可纺纱织布,种子可榨油食用,我国普遍栽培。
海岛棉（G. barbadense L.）,叶掌状 3～5 深裂,副萼基部圆心形,离生；纤维特长,为
纺细纱的好原料,我国南方有栽培。树棉（中棉）（G. arboreum L.）,叶裂片 3～5,
副萼基部合生,全缘或近顶端具粗齿 3～4。蒴果圆锥形,向顶端渐狭。黄河流域至
长江流域均栽培。草棉（G. herbaceum L.）,叶裂片常为 5,副萼基部合生,顶端具
6～8 齿；蒴果圆形,具喙。生长期短,仅 130 天左右。

木槿属（Hibiscus L.）,木本或草本。副萼 5～15,花萼 5 裂,宿存；花柱 5 裂。
蒴果；种子肾形,无毛。观赏植物有：木槿（H. syriacus L.）,灌木,花美丽,雄蕊柱不
超出花冠；朱槿（扶桑）（H. rosa-sinensis L.）,灌木花卉,雄蕊柱超出花冠。吊灯花

（*H. schizopetalus* Hook. f.），灌木，花瓣深裂，裂片成流苏状，向上反卷，为比较名贵的观赏植物。可作食品的有玫瑰茄（*H. sabdariffa* L.），一年生直立草本，茎无刺，副萼和萼片紫红色，富含维生素 C 及有机酸，可制作玫瑰茄汁、玫瑰茄酱，是一种酸甜适合的天然饮料和食品。纤维作物有洋麻（*H. cannabinus* L.），株高 1～5 m，一年生草本，茎疏生小刺，叶掌状 5～7 深裂。花黄色，花心深红色。茎韧皮纤维供织麻袋、鱼网、绳索等，为重要的麻类作物。田间杂草有野西瓜苗（*H. triónum* L.）一年生草本，叶 3 深裂，萼 5 片，膜质。

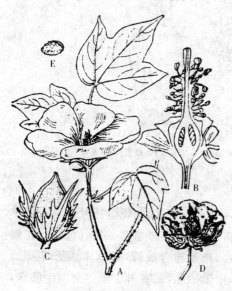

图 9-11　陆地棉
A. 花枝　B. 花的纵切　C. 蒴果
A. 开裂的果　E. 去绒的种子

本科其他属的经济植物还有：锦葵（*Malva sinensis* Cav.）和蜀葵［*Althaea rosea*（L.）Cav.］，花大而鲜艳，供观赏。冬葵（*Malva verticillata* L.），嫩苗可作蔬菜。秋葵［*Abelmoschus esculentus*（L.）Moench.］的长柱状蒴果在幼嫩时可作蔬菜。苘麻（*Abutilon theophrasti* Medic.），一年生草本，花黄色，为重要的纤维作物之一，可作绳索。

12. 大戟科（Euphorbiaceae）

草本、灌木或乔木，有时成肉质植物。常含乳汁；单叶互生，多具托叶，叶基部常有腺体。花多单性，常雌雄同株，多成聚伞花序；单被，有时双被或无花被；具花盘或腺体；雄蕊 1 至多枚，花丝分离或合生；雌蕊通常由 3 个心皮组成，子房上位，3 室，中轴胎座，每室有 2～1 枚胚珠，珠孔外盖有种阜，花柱 3 或 6。蒴果，少数为浆果或核果状。种子具胚乳。

大戟属（*Euphorbia* L.）（图 9-12），草本或亚灌木，具乳汁。杯状聚伞花序，外面围以杯状总苞，顶端 4～5 裂，裂片之间具黄色蜜腺，缺少蜜腺的一面常是雌花外伸下垂的地方；杯状总苞中央有一朵雌花，周围以 4～5 组聚伞排列的雄花；雄花无花被，仅具 1 雄蕊，花丝和花柄之间有关节；雌花无花被，仅 1 雌蕊，3 心皮合生，3 室，每室有 1 胚珠，蒴果。田间杂草有：泽漆（*E. helioscopia* L.），一年生或二年生草本，叶倒卵形或匙形，蒴果无毛。大戟（京大戟）（*E. pekinensis* Rupr.），多年生草本，叶长圆形至长椭圆状披针形。蒴果具疣状突起。地锦草（*E. humifusa* Willd.），一年生平卧小草本，叶常对生，花序无轮生的苞叶。观赏植物有：一品红（*E. pulcherrima*

Willd.),灌木,开花时上部叶呈朱红色,鲜艳美丽。一年生直立草本,上部叶常基部红色或有红、白斑纹。本科其他属中还有许多有经济价值的植物,如蓖麻(*Ricinus commumis* L.)(图 9-13),一年生草本(在南方可成小乔木),单叶掌状深裂,叶柄上有腺体。花单性,同株,圆锥花序,雄花在下,雌花在上,萼片 3～5,无花瓣,雄的雄蕊多数,结合成多体。花丝呈树状分枝;雌花结具软刺的蒴果,种子具明显的种阜,胚乳丰富。种子可榨油,药用或工业用,叶可喂养蓖麻蚕。

油桐[*Vernicia fordii*(Hemsl.)Airy-Shaw.],乔木,花大,花瓣 5 片,白色,核果近球形;种子油即桐油,为最好的干性油,可制油漆、涂料、玻璃纸等,为我国特产。

乌桕[*Sapium sebiferum*(L.)Roxb.],乔木,叶近菱形,蒴果球形;种子外被白蜡层,为制蜡烛和肥皂原料,种子油为干性油,可作油漆原料、涂油纸、雨伞用。

猩猩草(*E. heterophylla* L.),

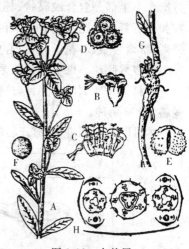

图 9-12　大戟属
A. 花枝　B. 杯状聚伞花序外观　C. 杯状聚伞花序展开　D. 子房横切面　E. 果
F. 种子　G. 根部　H. 花序图式

木薯(*Manihot esculenta* Crantz.),直立亚灌木;块根圆柱形,肉质,叶掌状 3～7 深裂至全裂;块根富含淀粉,供食用或工业用,但含氰酸,食前必须浸水去毒。

橡胶树(*Hevea brasiliensis* Muell.-Aug.),乔木,有乳汁,掌状三出复叶;乳汁含橡胶,是最好的橡胶植物,我国华南有栽培。

巴豆(*Croton tiglium* L.),灌木或小乔木,蒴果。种子为著名的泻药,有剧毒,也是防治蚜虫、二十八星瓢虫及飞蝗、野蚕等的特效药。

13. 蔷薇科(Rosaceae)

草本、灌木或乔木,常具刺;单叶或复叶,多互生,常具托叶,托叶有时早落

图 9-13　蓖麻
A. 枝　B. 雄花　C. 雌花　D. 子房的横切
E. 果实　F. 种子　G. 雌花花图式　H. 雄花花图式

或连生叶柄。花两性,辐射对称,单生或排成伞房、圆锥花序;花托凸起或凹陷;花被与雄蕊下半部分愈合成碟状、杯状、坛状或壶状的花筒(亦称萼筒或托杯),花萼、花瓣和雄蕊着生于花托或看起来像从花筒的边缘长出;萼裂片、花瓣常为5片,覆瓦状排列;雄蕊常多数,花丝分离;心皮多数至1枚,离生或合生,子房上位至下位,每心皮有1至多数胚珠。果实为蓇葖果、瘦果、梨果、核果,稀为蒴果;种子无胚乳。

本科约124属、3300种,广布世界各地,是被子植物中的一个大科。我国约50多属、1000余种。

本科根据花扦、花筒、雌蕊心皮数目、子房位置和果实类型分为四个亚科(图9-14)。

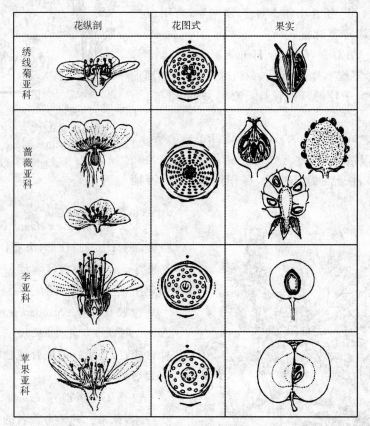

	花纵剖	花图式	果实
绣线菊亚科			
蔷薇亚科			
李亚科			
苹果亚科			

图9-14　蔷薇科四亚科比较

(1)绣线菊亚科(Spiraeoideae)　灌木,多无托叶,花筒微凹成盘状,心皮通常5,分离,子房上位,蓇葖果。

常见观赏植物有:麻叶绣线菊(*Spiraea cantoniensis* Lour.),单叶,无托叶,花色洁白,盛开如积雪。珍珠梅[*Sorbaria kirilowii* (Regel.) Maxim.],奇数羽状复叶,

托叶线状披针形,大型圆锥花序。白鹃梅[*Exochorda racemosa* (Lindl.) Rehd.],单叶,无托叶,花大,蒴果具 5 棱,可作庭园观赏植物。

(2)蔷薇亚科(Rosoideae)　灌木或草本,多为羽状复叶或深裂,互生,托叶发达。花托凸起或花筒壶状;心皮多数,离生,子房上位。聚合瘦果或聚合小核果。

可食用的有:草莓(*Fragaria ananassa* Drch.),多年生草本,具匍匐茎,掌状三出复叶。副萼与萼片近等长,花瓣白色,聚合瘦果。花托肉质多汁,味甜酸,可生食,并可制果酱和罐头,全国各地均有栽培。茅莓(*Rubus parvifolius* L.),落叶灌木,有皮刺,花粉红色或紫红色,聚合小核果,可生食或酿酒。刺梨(缫丝花)(*Rosa roxburghii* Tratt.),灌木,聚合瘦果包于肉质花筒内(蔷薇果),呈扁球形,绿色,外面密生皮刺,现已开发制作饮料。常见观赏植物有:月季(*Rosa chinensis* Jacq.),常绿或半落叶灌木,具皮刺,花大,重瓣,原产我国,全世界广泛栽培,品种极多,花姿各异。玫瑰(*R. rugosa* Thunb.),落叶直立灌木,有皮刺或针刺,奇数羽状复叶,小叶 5~9;花瓣紫红色,稀为白色,花供观赏或提取香精。蔷薇(多花蔷薇)(*R. multiflora* Thunb.),落叶灌木,枝细长,上升或蔓生,有钩状皮刺,顶生圆锥花序,花柱合生。常栽培供观赏或作绿篱。入药的种类有:地榆(*Sanguisorba officinalis* L.),多年生草本,顶生穗状花序,萼片 4,花瓣状,暗紫红色,无花瓣。根为收敛止血药,全株可提栲胶。龙芽草(仙鹤草)(*Agrimonia pilosa* Ledeb.),多年生草本,奇数羽状复叶,小叶大小不等,顶生总状花序,花黄色。全草可入药,能止血。杂草有:委陵菜(*Potentilla chinensis* Ser.)、翻白草(*P. discolor* Bge.)、朝天委陵菜(*P. supina* L.)。

(3)李亚科(Prunoideae)　灌木或小乔木,单叶互生,有托叶;花筒杯状,单雌蕊,子房上位,核果。

李属(*Prunus* L.)落叶灌木或小乔木,单叶互生,托叶小,萼片、花瓣各 5,雄蕊多数,生花筒边缘,单雌蕊 1 个,子房上位,1室,具 2 胚珠,常仅一枚发育,核果。本属有许多经济果树,如桃[*P. persica* (L.) Batsch.](图 9-15),小乔木,叶卵状披针形,花粉红色,核果有纵沟,内果皮(核)表面具沟孔和皱纹,果大多汁而甜,可食用。梅[*P. mume* (Sieb.) Sieb. et Zucc.],小枝细长,绿色,叶卵形,长尾尖,花白色或淡红色,味香。我国原产,久经栽培,花供观赏,果可

图 9-15　桃

A. 花枝　B. 果枝　C. 花的纵切　D. 花药
E. 核　F. 果实纵切,示果肉及果核

食用。杏（*P.armeniaca* L.），叶卵形，先叶开花，核果熟时黄色，无柄，具沟，果核平滑，两侧扁；我国广布，品种很多，果供生食与制杏脯、杏干等，种仁供食用及药用。李（*P.salicina* Lindl.），叶片倒卵形至椭圆状倒卵形，花瓣白色，核果，有光泽，外被蜡粉，果核有皱纹；果可鲜食也可作脯干或酿酒。樱桃（*P. pseudocerasus* Lindl.），叶卵形或椭圆状卵形，边缘为重锯齿，核果球形，鲜红而光亮，味美而适口。观赏树种有日本樱花（*P.yedoensis* Matsum.）、榆叶梅（*P.triloba* Lindl.）等。

（4）苹果亚科（Maloideae）　乔木，单叶互生，有托叶；萼片、花瓣各为5；雄蕊多数，心皮2～5，合生，子房下位，梨果。

苹果（*Malus pumilla* Mill.）（图9-16），小乔木，叶椭圆形；伞房花序，花粉红色或白色，花柱基部合生；果扁球形，两端凹，萼宿存，果柄短粗；果鲜食或制果脯、果酱等，全国都有栽培。同属植物有：花红（沙果）（*M.asiatica* Nakai.），其叶缘锯齿较前种尖，果柄较长，萼洼微突，果实较小，味较酸，可供鲜食或制果干或果脯，并可酿酒。

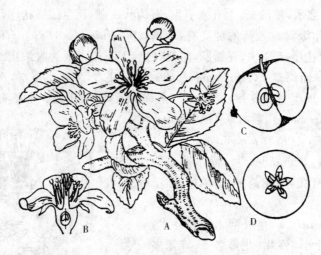

图 9-16　苹　果
A. 花枝　B　花纵切面　C. 果纵切面　D. 果横切面

白梨（*Pyrus bretschneideri* Rehd.），叶缘有具刺芒状的锯齿；伞形总状花序，花白色，花柱分离，梨果多黄绿色或黄色，萼片脱落，果食用。著名品种有北京鸭梨、山东莱阳的慈梨、河北的雪花梨等。同属植物有：沙梨［*P.pyrifolia*（Burm. f.）Nakai.］，叶片基部圆形或近心形，梨果褐色。著名品种有浙江诸暨的黄樟梨、安徽巢县的雪梨等。洋梨（西洋梨）（*P.communis* L.），叶缘锯齿钝，果萼宿存，果柄长，梨果倒卵形或近球形，绿色、黄色或带红晕；果肉柔软多汁，采收后须经后熟，方可食用。著名品种有巴梨、茄梨等。

本亚科果品类还有:山楂 (*Crataegus pinnatifida* Bge.),枝端刺状,叶羽状深裂,伞房花序,花白色;果小,红色,味酸,可做果酱,果干后入药。其变种山里红(红果) (*C. pinnatifida* var. *major* N. E. Br.),叶裂较浅,枝不具刺,果形较大,华北、东北普遍栽培;果富含维生素 C,可助消化、降血压,能生食或制果脯和果酱等。枇杷 [*Eriobotrya japonica* (Thunb.) Lindl.] 常绿小乔木,叶革质,披针形或倒披针形,上面多皱;梨果黄或橘红色,可生食或酿酒;叶入药,治咳嗽。

14. 豆科(Leguminosae)

草本、灌木或乔木,亦有藤本;常具根瘤,羽状复叶或 3 出复叶,稀为单叶;叶柄基部常有叶枕和托叶。花两性,常两侧对称,少辐射对称;萼 5 裂,花瓣 5,分离,少合生,花冠多为蝶形或假蝶形,具有旗瓣 1,翼瓣 2,龙骨瓣 2;雄蕊多数至定数,通常 10 枚,成二体雄蕊 (9 枚合生,1 枚分离);雌蕊 1 心皮,子房上位,1 室,含多数或 1 个胚珠。荚果,种子无胚乳。

本科约 600 属,15000 余种,广布世界,为双子叶植物第二大科,被子植物的第三大科。我国约有 130 属,1130 种以上,分布全国。本科分为 3 个亚科。

(1)含羞草亚科 (Mimosoideae) 花辐射对称,花瓣镊合状排列,基部常连合,雄蕊常多数。

合欢 (*Albizia julibrissin* Durazz.),乔木,二回偶数羽状复叶,头状花序集成伞房状;花小,萼片、花瓣均 5 数,合生;雄蕊多数,花丝细长,淡红色,下部稍合生,荚果扁。可供观赏,树皮和花药用。含羞草 (*Mimosa pudica* L.),多年生草本,二回偶数羽状复叶,触之,小叶闭合下垂,供观赏。

(2)云实亚科 (Gaesalpinioideae) 多为木本,常为偶数羽状复叶,稀单叶;花稍两侧对称,花瓣常成上升覆瓦状排列,即最上 1 瓣在最内,形成假蝶形花冠;雄蕊 10 或较少,多分离。

紫荆 (*Gercis chinensis* Bge.),灌木,单叶,圆心形;花簇生,紫色,先于叶开放,为春天观花灌木。

此外还有:皂荚 (*Gleditsia sinensis* Lam.),落叶乔木,具分枝刺,荚果浸汁可代肥皂。决明 (*Cassia tora* L.),种子入药。云实 (*Caesalpinia sepiaria* Roxb.),根、果药用。苏木 (*C. sappon* L.),枝干可提取紫色染料。羊蹄甲 (*Bauhinia variegate* L.),叶先端二裂似羊蹄状,是优美的行道树。凤凰木 (*Delonix regia* (Bojea) Raf.),我国广东、广西有引种,也是优美的行道树。

(3)蝶形花亚科 (Papilionoideae) 草本、灌木或乔木,有时为藤本,羽状复叶或三出复叶,稀为单叶,具托叶和小托叶,叶枕发达,顶端小叶有时形成卷须。花两侧对称;花萼有不整齐 5 齿,蝶形花冠,下降覆瓦状排列,最上 1 片为旗瓣在最外方,两侧两片为翼瓣,最内两片稍合生为龙骨瓣;雄蕊通常 10 枚,结合成(9)＋1 的二体雄蕊,稀 10 枚分离或全合生或成(5)＋(5)的二体。

本亚科的植物种类甚多,包括:豌豆(*Pisum sativum* L.)(图 9-17),一年生栽培作物,偶数羽状复叶,叶轴顶部有分枝的卷须;托叶大,叶状。花白色或紫色,旗瓣大,圆形,花柱内侧有毛。荚果长椭圆形,背部直,种子数粒,圆珠状,黄色。嫩苗、嫩荚(荷兰豆)作蔬菜,种子食用。

大豆[*Glycine max* (L.) Merr.],一年生直立草本,全株有毛,三出复叶,小叶卵形。总状花序,花小淡紫色;荚果黄色,种子黄绿色。原产我国,主产东北,为我国重要油料和粮食作物。种子含丰富的蛋白质和脂肪,除榨油外,可制豆浆、豆腐,榨油后的豆饼可作饲料和肥料。

落花生(*Arachis hypogaea* L.),一年生草本,偶数羽状复叶,小叶 2 对。花黄色,受精后雌蕊柄迅速伸长,弯向地面,使子房插入土中,膨大而成荚果。种子富含蛋白质和脂肪,为重要食用油和工业用油。

此外,作蔬菜用的还有:菜豆(*Phaseolus vulgaris* L.)、豇豆[*Vigna unguiculata* (L.)Walp.]、扁豆(*Dolichos lablab* L.)等。作粮食用的还有:蚕豆(*Vicia faba* L.)、赤豆(红小豆)[*Vigna angularis* (Willd.)Ohwi]、绿豆[*V. radiate* (Jacq.)Benth.]、饭豆[*V. unguiculata* (L.)Walp. ssp. *cylindrica* (L.)Verdc.]等,豆薯[*Pachyrhizus erosus* (L.)Urban.]的块根肉质,可生食或熟食,并作工业原料用。麻类作物有:菽麻(*Crotalaria juncea* L.),南方广为栽培,茎韧皮纤维可制各种麻织品,并为良好的饲料和绿肥植物。此外,还有不少种可作牧草和绿肥,常见的有:紫苜蓿(*Medicago sativa* L.),荚果螺旋状卷曲,茎、叶为优良饲草,也可作绿肥。红三叶(红车轴草)(*Trifoleum pratense* L.),掌状三出复叶,花紫红色,栽培优良牧草。紫云英(*Astragalus sinicus* L.),花簇生于花序顶端,为优良绿肥和饲料。紫穗槐(*Amorpha fruticosa* L.),灌木,奇数羽状复叶,花紫色,花冠仅具 1 旗瓣,为良好的绿肥,又可做保土、固沙造林和防风林低层树种,田菁[*Sesbania cannabina* (Retz.)Pers.],茎叶作绿肥及牛马饲料,茎韧皮

图 9-17　豌　豆

A. 叶枝　B. 花　C. 花冠展开

D. 雄蕊和雌蕊　E. 雄蕊　F. 花图式

G. 荚果

纤维可代麻,种子可用于石油工业。草木樨(*Melilotus suaveolens* ledeb.),可作牧草和绿肥。绣球小冠花(*Coronilla varia* L.),可作饲料,又可美化环境。药用植物有:甘草(*Glycyrrhiza uralensis* Fisch.),多年生草本,根入药,能清热解毒,润肺止咳,调和诸药。内蒙黄芪(*Astragalus mongolicus* Bge.)和黄芪(膜荚黄芪)(*A. membranaceus* (Fisch.) Bge.)的根入药,有滋补强壮功效。槐(国槐)(*Sophora japonica* L.),乔木,为观赏树种,槐角、花蕾及花入药。苦参(*S. flavescens* Ait.),亚灌木或多年生草本,根入药。葛[*Pueraria lobata* (Willd). Ohwi],多年生草质藤本,全株有黄褐色硬毛,葛根能解热生津。材用的有紫檀(*Pterocarpus indicus* Willd.)、花梨木(*Ormosia henryi* Prain.)、黄檀(*Dalbergia hupeana* Hance.),均为名贵的硬木家具用材。

15. 杨柳科(Salicaceae)

落叶乔木或灌木。单叶互生,有托叶。花单性,多为雌雄异株,柔荑花序,常先叶开花;每花基部具 1 苞片,无花被,有由花被退化而来的花盘或蜜腺;雄花具 2 至多数雄蕊;雌花子房上位,1 室,由 2 个合生心皮组成,侧膜胎座。蒴果,2~4 瓣裂;种子小,具由珠柄上长出的许多柔毛;胚珠直生,无胚乳。

杨属(*Populus* L.),具顶芽;芽鳞多片,柔荑花序下垂,苞片具裂,花具花盘,风媒花,雄蕊多数。蒴果 2 裂,种子具丝状毛。常见的树种有毛白杨(*P. tomentosa* Carr.)(图 9-18)树皮灰白色,叶三角状卵形,幼时叶背密被白色绒毛。木材纹理细,供建筑、家具、造纸、胶合板、人造纤维等用,又为防护林和庭园行道树种。小叶杨(*P. simonii* Carr.),树皮灰绿色,叶常菱状倒卵形,蒴果 2~3 裂。木材接近于毛白杨,用途相同。山杨(*P. davidiana* Dode.),叶卵圆形,叶缘具浅齿。木材较软,可用于造纸、火柴杆及民用建筑等。胡杨(*P. diversifolia* Schrenk.),木材供建筑、家具等用,叶可作家畜饲料。加拿大杨(*P. canadensis* Moench.),叶三角状卵形,木材供造纸、箱板、家具等用,常栽作行道树,为良好行道树种。柳属(*Salix* L.),无顶芽,芽鳞 1 片;柔荑花序直立,苞片全缘,雄蕊常 2,花具蜜腺,虫媒花。旱柳(*S. matsudana* Koidz.)(图 9-19),枝直立,叶披针形,雌花和雄花均有 2 腺体,蒴果 2 裂。为北方早春的主要蜜源植物、用材树和庭园、行道、固堤树种。垂柳(*S. babylonica* L.),枝细软下垂,叶狭披针形。雄花有 2 个腺体,雌花只有 1 个腺体,蒴果 2 裂,根系发达,保土力强,可作固堤和造林树种。杞柳(*S. purpurea* L.),灌木,小枝细韧,绿色或紫红色,供编织筐、篓等用,茎韧皮纤维还可供制人造棉或造纸。

图 9-18 毛白杨
A. 叶 B. 雄花序 C. 苞片和雄花 D. 苞片和雌花
E. 雌花纵切面 F. 成熟果实 G. 雄花图式
H. 雌花图式

图 9-19 旱柳
A. 叶枝 B. 雌花枝 C. 雄花枝 D. 雄花
E. 雄花图式 F. 雌花 G. 雌花图式

16. 壳斗科(Fagaceae)

常绿或落叶木本。单叶互生,常为革质,羽状脉,托叶早落。花单性,雌雄同株;雄花成柔荑花序,花萼 4～8 裂,无花瓣;雄蕊与萼片同数或较多,常具退化雌蕊;雌花单生或 2～3 朵簇生于花后增大的总苞中,花萼 4～8 裂,无花瓣;萼片与下位子房合生,3～6 室,每室具 2 个胚珠,常仅有 1 个发育。坚果外包壳斗(木质化的总苞)。

本科中许多植物为森林主要树种,栗属和栎属的经济价值很高。

栗属(Castanea Mill.),落叶乔木,雄花序为直立的柔荑花序;雌花单生或 2～5 朵生于壳斗内,壳斗全包(封闭)坚果,外被密生的针状刺。板栗(C. mollissima Bl.)(图 9-20),每个壳斗内具 2～3 个坚果,原产我国,坚果富含淀粉、糖、蛋白质、脂肪,为重要的木本粮食作物。木材纹理直,耐腐性强,树皮和壳斗可提栲胶。

栎属（*Quercus* L.），多为落叶乔木，雄花序下垂，壳斗半包一个坚果，苞片为鳞片状或狭披针形。栓皮栎（*Q. vaniabilis* Bl.），树皮灰色，木栓层发达；叶背面密生灰白色星状毛，具叶脉刺，坚果具半苞的壳斗。木材纹理直，较坚硬，可作器具，木栓层厚的可作软木塞；叶可饲柞蚕。麻栎（*Q. acutissima* Carr.），叶幼时有短绒毛，种子含淀粉，壳斗含鞣质，木材可作建筑材料。

此外还有栲树（丝栗栲）（*Castanopsis fargesii* Franch.），常绿乔木，果肉可生食。石栎（柯）[*Lithocarpus glabra* (Thunb.) Nakai]，常绿乔木，种子含淀粉和油脂，作饲料用。

17. 桑科（Moraeeae）

木本。常具乳汁，单叶互生，托叶早落。花单性，同株或异株，常集成柔荑、穗状、头状或隐头花序；花单被；萼

图9-20　板　栗
A. 花枝　B. 果枝　C. 雄花

片4个；雄蕊与萼片同数而对生；雌蕊由2个合生心皮组成，子房上位，1室，1胚珠。果多为聚花果（复果）。

桑（*Morus alba* L.）（图9-21），落叶乔木，叶卵形，叶缘具锯齿。雌雄异株；雄花为下垂的柔荑花序；雌花结聚花果（桑椹）。桑叶饲蚕，桑椹可食，茎韧皮纤维可造桑皮纸，根皮、枝、叶、果入药，清肺热、祛风湿、补肝肾。

此外还有构树[*Broussonetia papyrifera* (L.) Vent.]，落叶乔木，叶被粗绒毛。雌雄异株，雄花序为柔荑花序；雌花序头状，聚花果球形，成熟时子房柄伸长、肉质化、红色，从花被裂片中伸出。果、根皮入药，茎韧皮纤维是高级的造纸原料。柘树[*Cudrania tricuspidata* (carr.)Bur.]，落叶小乔木或灌木，

图9-21　桑
A. 雌花枝　B. 雄花序　C. 雄花
D. 雄花图式　E. 雌花　F. 雌花图式
G. 聚花果

枝具硬刺,叶卵形至倒卵形,有时 3 裂;茎韧皮纤维可造纸,聚花果可食或酿酒,根皮入药。无花果(*Ficus carica* L.),落叶灌木,叶掌状,隐头花序发育为隐花果;果可食或制保健饮品,药用有润肝、止咳之效。榕树(*F. microcarpa* L.),常绿大乔木,气生根发达,叶革质,椭圆形。气生根、树皮和叶芽为清热解表药。印度橡胶树(*F. elastica* Roxb.),常绿乔木,叶为长圆形或椭圆形,厚革质,侧脉平行;乳汁可制硬性橡胶,庭院花圃栽培,供观赏。木波罗(*Artocarpus heterophyllus* Lam.),常绿乔木,聚花果重达 20 kg,为著名热带果树。

18. 大麻科(Cannabinaceae)

直立或缠绕草本。无乳汁,单叶互生或对生,多为掌状分裂。花单性,雌雄异株;雄花序为顶生圆锥花序,花被片 5,雄蕊 5;雌花序腋生穗状,每苞片内生一朵雌花,花被退化,膜质,紧包子房,子房球形,柱头 2。瘦果为宿存的苞片所包。

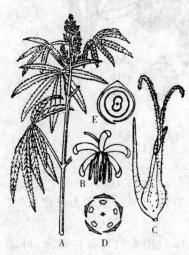

图 9-22　大　麻
A. 雌花枝　B. 雄花　C. 雌花
D. 雄花图式　E. 雌花图式

本科植物中栽培作纤维用的有:大麻(*Cannabis sativa* L.)(图 9-22),一年生草本,有特殊气味;叶掌状全裂,裂片叶缘具锯齿,互生,下部有的对生。原产中亚和印度,我国各地均有栽培,常逸为野生,茎韧皮纤维强韧优良,供纺织、绳索用,为重要的纤维作物之一;种子含油量为 30.3%,榨油可供工业用,但有毒不可食用。此外,还有啤酒花(*Humulus lupulus* L.),果穗含香蛇麻腺,具特殊的芳香和苦味,用作制啤酒的芳香原料和苦味剂。葎草[*H. scandens* (Lour.)Merr.],一年生缠绕草本,茎和叶柄密生倒钩刺,叶掌状 3～7 深裂,叶缘具粗锯齿。为田间杂草,茎韧皮纤维可作造纸原料。

19. 鼠李科(Rhamnaceae)

乔木或灌木。常具刺,单叶,通常互生,有托叶,有时变为刺状。花小,常两性,辐射对称,多排成聚伞花序;花萼 4～5 裂,较大;花瓣小,4～5 片或无;雄蕊和花瓣同数并对生;花盘肉质;子房上位或一部分埋于花盘内,2～4 室,每室有 1 个基生胚珠。核果,有时为蒴果或翅果状。

枣(*Zizyphus jujube* Mill. var. *inermis* Rehd.)(图 9-23),落叶乔木,单叶互生,3 出脉,有托叶刺。花黄绿色,花盘大而明显,核果长圆形;果味甜,富含维生素 C;木材坚硬可制器具或雕刻用,也是良好的蜜源植物。原种酸枣(*Z. jujuba* Miss.),灌木,叶与果实均较小,核果球形,味酸,酸枣仁为传统中药。

此外还有：北枳椇（拐枣）（*Hovenia dulcis* Thunb.），乔木，核果球形，果熟时果序柄肉质扭曲，红褐色，味甜美，可作水果食用，也可作酿酒原料。种子作枳椇子入药。铜钱树（*Paliurus hensleyana* Rehd.），落叶乔木，核果周围有木栓质宽翅，近圆形；树皮含鞣质，可提取栲胶。鼠李（*Rhamnus davurica* Pall.），灌木，小叶近对生，种子可榨润滑油，树皮和果实作黄色染料，嫩叶及芽供食用及代茶。冻绿（*R. utilis* Decne.），灌木，枝端具刺，种子油可作润滑油，果实和叶可作绿色染料。

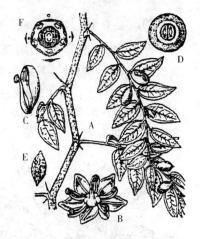

图 9-23　枣
A. 果枝　B. 花　C. 雄蕊和花瓣
D. 果的横切面　E. 果核　F. 花图式

20. 葡萄科（Vitaceae）

木质或草质藤本。茎卷须与叶对生，单叶或复叶，互生。花通常两性，辐射对称，排成聚伞花序或圆锥花序，花序与叶对生；花萼 4～5 裂，细小，不明显；花瓣大，4～5，镊合状排列，分离或顶端结合成帽状；花盘盘状或分裂；雄蕊 4～5，和花瓣对生；心皮 2，合生，子房上位，通常 2 室，中轴胎座，每室有胚珠 2 个。浆果。

葡萄（*Vitis vinifera* L.）（图 9-24），为落叶大藤本，叶掌状 3～5 深裂，圆锥花序，花萼裂片小，5 数，花瓣顶部相连，成帽状脱落，有花盘；浆果圆球形或较长，熟时暗紫色或绿色。果可生食，又可制葡萄酒、葡萄干等，富有营养。同属植物尚有刺葡萄（*V. davidii* Foex.）、秋葡萄（*V. romanetii* Roman.）、毛葡萄（*V. quinquangularis* Rehd.）、野葡萄（*V. adstricta* Hance.）等，果实可食或酿酒。

此外还有：白蔹 [*Ampelopsis japonica*（Thunb.）Makino]，具块根，三出复叶，叶轴有宽翅，浆果白色或蓝色，块根入药。爬山虎 [*Parthenocissus tricuspidata*（Sieb. et Zucc.）Planch.]，落叶大藤本，卷须顶端形成吸盘，叶常 3 裂，浆果蓝色。常攀援墙壁及岩石上，为城市立体绿化优良树种。

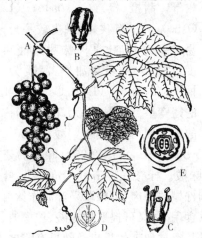

图 9-24　葡萄
A. 果枝　B. 将开放的花　C. 花冠脱落后
见雌雄蕊、花盘及雄蕊间的蜜腺　D. 果实纵剖面
E. 花图式

21. 芸香科(Rutaceae)

乔木、灌木,稀草本,有时具刺,全体含挥发油,散发香气。叶常互生,多为羽状复叶或单身单叶,稀单叶,具透明油腺点,无托叶,花两性,稀单性,辐射对称,萼片4~5常合生;花瓣4~5,离生,稀无瓣;雄蕊8~10,常2轮,而外轮对瓣;具雄蕊内下位花盘;心皮常4~5,多合生,子房上位,4~5室,中轴胎座,每室常具1~2胚珠,稀更多。多为柑果,也有蒴果、蓇葖果、核果、浆果等。

图 9-25 酸 橙
A. 花枝 B. 花的纵切面 C. 子房横切面
D. 果实横切面 E. 果实纵切面 F. 种子 G. 花图式

柑橘属(*Citrus* L.),常绿木本,常具枝刺,叶为仅1枚小叶的单身复叶(由三出复叶的2枚侧生小叶退化形成,小叶与叶柄间具关节,叶轴常具翅)革质。花两性;萼片5,合生;花瓣5,分离;雄蕊多数,结合成多体,子房8~15室,每室胚珠多个,柑果。本属有多种重要果树,经济价值很高。柑(*C. reticulata* Blanco)叶柄细长,翅甚窄至仅具痕迹,果皮易剥离。秦岭以南广泛栽培,变种或品种很多,著名的有蕉柑、温州蜜柑、椪柑等。甜橙(橙)(*C. sinensis* (L.) Osh.),叶柄有狭翅,果皮较平滑,不易与果肉分离,果肉味甜或酸甜适度,以广东的新会甜橙,品质为佳。柚[*C. grandis* (L.) Osb.],叶柄的翅宽呈倒心形,果大,种子扁,广西的沙田柚享有盛誉。酸橙(*C. aurantium* L.)(图 9-25),叶柄的翅较大,叶片质地较厚,果皮紧贴果肉,难剥离,果肉味酸。柠檬(*C. limon* Burm.),叶柄的翅甚窄至仅具痕迹,果椭圆形,味甚酸,酸橙和柠檬的果肉,可榨取果汁制作饮料或加工为蜜饯。柑橘类为我国南方著名水果,除供食用外,又可提取枸橼酸、柠檬油、橙皮油、橙皮甙等,用于兴奋剂、香料、调味品及药用,经过加工的果皮及幼果有陈皮、青皮、橘红、枳壳、枳实等,都为常用中药。

此外还有:黄皮[*Clausena lansium* (Lour.) Skeels],常绿小乔木;肉质浆果,酸甜可食;根、叶、果、核入药,能解表行气、健胃、止痛。花椒(*Zanthoxylum bungeanum*

Maxim.），灌木，具皮刺，奇数羽状复叶；花单性，蓇葖果。果皮作调味料，可提取芳香油，种子可榨油。黄檗(黄柏)（*Phellodendrom amurense* Rupr.），落叶大乔木，树皮厚、内层黄色，小枝黄色，奇数羽状复叶；核果。树皮含小檗碱，可药用，能清热泻火、燥湿解毒。金橘［*Fortunella margarita* (Lour.) Soingle]，果小，金黄色，可生食或制蜜饯，入药能理气止咳。枸桔(枳)［*Poncirus trifoliate* (L.) Raf.），三出复叶，在柑橘类中最耐寒，产我国中部，广泛栽种作绿篱。

22. 无患子科(Sapinaceae)

乔木、灌木，稀为藤本；多为羽状复叶，少为单叶，互生。花小，两性或单性，杂性，总状花序、圆锥花序或聚伞花序；萼片和花瓣均 4～5，有时缺花瓣；花盘发达，雄蕊 8～10，2 轮；子房上位，常 3 室，每室 1～2 个胚珠。蒴果、核果、浆果或翅果。种子无胚乳，间有假种皮。本科植物多分布热带、亚热带，我国主要分布于长江以南各省区。

图 9-26　荔　枝
A. 果枝　B. 花

本科中的重要果树有荔枝（*Litchi chinensis* Sonn.）（图 9-26），常绿乔木，叶为偶数羽状复叶，互生，小叶 2～4 对，薄革质，多为披针形或长椭圆形。顶生圆锥花序，花杂性，淡黄绿色；花萼杯状，有毛，萼片 4；无花瓣；雄蕊常为 8；子房倒心形。核果球形或卵形，成熟时鲜红色或红紫色，果皮有小瘤状突起；种子长椭圆形，黑褐色，为肉质、白色、多浆的假种皮所包被。果熟时假种皮味香甜适口。龙眼［*Euphoria longan* (Lour.) Steud.]，形态似荔枝，但树皮较疏松，通常带黑褐色，小叶数较多，一般为 4～5 对。有花瓣，果较小，成熟时黄褐色，果供生食，并可晒干作滋补品。无患子（*Sapindus mukorossi* Gaertn.），乔木，根和果均入药，种子可榨油。文冠果（*Xanthoceras sorbifolia* Bunge)，特产我国北部，种子油食用或工业用。

23. 胡桃科(Juglandaceae)

落叶乔木，稀灌木，枝常具片状髓，叶互生，奇数羽状复叶，无托叶。花单性，雌雄同株；雄花成下垂的柔荑花序，雄花被 2～5 裂，与苞片合生，雄蕊 3 至多数；雌花单生或成总状或穗状排列，苞片和小苞片与子房互相分离或多少结合，花被 4 裂，与子房合生，雄蕊由 2 心皮合生，子房下位，1 室，1 胚珠。核果状坚果或翅果，种子无胚乳，子叶褶曲,肉质,含油多。

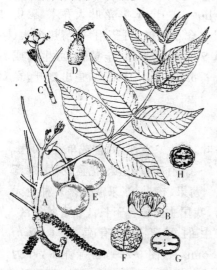

图 9-27　胡　桃
A. 雄花序枝　B. 雄花　C. 雌花序枝
D. 雌花　E. 果枝　F. 果实　G. 果核纵剖面
H. 果核横剖面

24. 伞形科(Umbelliferae)

草本,具分泌腔,常含芳香油。茎多中空,叶互生,常为羽状裂叶或羽状复叶;叶柄基部膨大,常成鞘状抱茎。复伞形花序,稀为伞形花序,基部具总苞苞片或缺;花小,两性,常辐射对称;花萼和子房结合,萼齿 5 或不明显;花瓣 5;雄蕊 5,与花瓣互生,着生于上位花盘的周围;雌蕊由 2 心皮组成,子房下位,2 室,每室有 1 胚珠,子房顶端有上位花盘,花柱 2。双悬果成熟时从 2 心皮合生面分离成2 分果,悬在心皮柄上。种子胚小,有胚乳。

胡萝卜(*Daucus carota* var. *sativus* Hoffm.)(图 9-28),二年生草本,具肉质直根,叶片 2～3 回羽状全裂,密生毛茸。复伞形花序,总苞片叶状羽状分裂,小总苞片多数,线形;花瓣 5,先端内卷白色,具辐射瓣;上位花盘短圆锥形。双悬果,果外有刺毛,肉质直根作蔬菜和多汁饲料,含胡萝卜素,营养价值高。

胡桃(*Juglans regia* L.)(图 9-27),乔木,枝有片状髓,奇数羽状复叶。雌雄同株;坚果呈核果状,"外果皮"由苞片、小苞片及花被发育而成,未成熟时肉质不开裂,完全成熟时不规则开裂,内果皮木质,有雕纹,不完全 2～4 室。种子含油多,可食用和榨油,或为制作糕点的原料。

此外还有:山核桃（小核桃）(*Carya cathayensis* Sarg.),髓部实心,小叶 5～7,坚果为核果状,"外果皮"干后革质,4 瓣裂开。核仁可食用和榨油,浙江名产干果"小核桃"即为山核桃的果实。化香树(*Platycarya strobilacea* Sieb. et Zucc.),落叶小乔木,髓实心,小坚果。果序及树皮富含单宁,可制染料。枫杨(*Pterocarya stenoptera* C. DC.),乔木,髓部薄片状,裸芽,羽状复叶,叶轴有狭翅。雌雄同株,翅果,可作为行道树及胡桃的砧木。

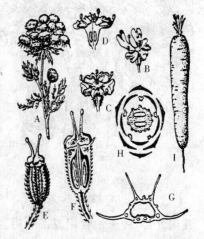

图 9-28　胡萝卜
A. 花序枝　B. 边缘具辐射瓣花　C. 花
D. 花纵剖　E. 果　F. 果纵剖　G. 一个
双悬果横切　H. 花图式　I. 圆锥根

　　此外,可作蔬菜的还有:茴香(*Foeniculum vulgare* Mill.),叶 3～4 回羽状全裂,最终裂片丝状;复伞形花序大,无总苞和小苞片,花黄色;双悬果侧扁。嫩茎叶作蔬菜,果实可作调味料,并可入药,有驱风祛痰、散寒、健胃之效。芫荽(香菜)(*Corian-drum sativum* L.),叶裂片卵形或条形,有小总苞,花白色或粉红色,双悬果球形。茎、叶作蔬菜或调味用。芹菜(*Apium graveolens* L.)和生于低湿地或水沟中的水芹[*Oenathe javanica* (BL.) DC.]. 它们的嫩茎、叶均可作蔬菜用。药用植物有当归[*Angelica sinensis* (Oliv.) Diels],多年生草本,根粗短,具香气。药用能补血活血、调经、润肠。北柴胡(*Bupleurum chinense* DC.),根入药,发表退热,疏肝解郁。防风[*Saposhnikovia divaricata* (Turcz.) Schischk.],根入药,可解热镇痛。白芷[*Angelica dahurica* (Fisch.) Benth. et Hook. ex Fravch. et Savat]、川芎(*Ligusticum wallichii* Franch.)、独活(*Heracleum hemsleyanum* Diels)、珊瑚菜(北沙参)(*Glehenia littoralis* F. Schmidt. ex Miq.)和前胡[*Peucedanum decursivum* (Miq.) Maxim.],均为常用药用植物。杂草有野胡萝卜(*Daucus carota* L.),其形态近似胡萝卜,唯其根较细小。窃衣[*Torilis japonica* (Houtt.) DC.],双悬果卵形,密生具钩的皮刺。

25. 柿树科(Ebenaceae)

　　木本,单叶互生,全缘,革质,无托叶。花单生或排成聚伞花序,花常单性,辐射对称;雄花的花萼、花冠常 3～7 裂,雄蕊常为花冠裂片的 2～4 倍,着生在花冠筒的基部;雌花的花萼与花冠裂片数和雄花相同,常具退化雄蕊,子房上位,2～16 室,每室有胚珠 1～2 个,中轴胎座。浆果、萼宿存,果期增大,种子富含胚乳。

　　柿树(*Diospyros kaki* L.)(图 9-29),乔木,树皮鳞片状开裂,小枝和叶背面均有褐色柔毛,叶椭圆状卵形。雄花成短聚伞花序,雌花单生叶腋,花萼 4 裂,果时增大;花冠黄白色,4 裂;雌花中有 8 个退化雄蕊。浆果卵圆形或扁球形,橙黄色或鲜黄色。全国广泛栽培,果实富含葡萄糖和果糖,成熟时鲜食,味甜可口,也可制柿饼、柿糕,有润肺、止咳之效;柿叶中含维生素 C 较多,具有软化血管的作用。同属植物有君迁子(黑枣)(*D. lotus* L.),小乔木,浆果球形,蓝黑色,有白蜡层。幼株可作柿树的砧木,果实可生食或酿酒、制醋,种子可入药。老鸦柿(*D. rhombifolia* Hemsl.),灌木,小枝有刺,叶

图 9-29　柿树
A. 雌花花枝　B. 雄花　C. 雄花花冠纵剖,示花冠 4 裂,雄蕊 8 枚,着生于花冠基部　D. 雌花纵剖面　E. 剖开的雌花花冠,示退化雄蕊　F. 果实　G. 种子　H. 雄花图式　I. 雌花图式

多为卵状菱形。果制柿漆,根、枝药用,活血利肾。

26. 菊科(Compositae)(图 9-30)

草本、稀灌木,有的具乳汁。叶互生,稀对生、轮生,无托叶。头状花序,在花序基部是由多数苞片组成的总苞;头状花序可再集成总状、穗状、伞房状或圆锥状的复花序。花两性,少有单性或中性,辐射对称或两侧对称。花萼常退化成冠毛或鳞片。花冠合瓣,常又分两大类:①管状花,辐射对称,先端 5 裂;②舌状花,两侧对称,花冠连合成舌状,先端具 5 齿或 3 齿。头状花序上有的全为舌状花或管状花,或花序边缘的花为舌状花,花序中央的花(盘花)为管状花。雄蕊 5 枚,花药相互连接成为聚药雄蕊,着生在花冠管上;雌蕊 2 心皮,合生,子房下位,1 室,1 胚珠。瘦果,顶端常有宿存冠毛或鳞片。

菊科是被子植物中最大的一个科,约有 1000 属,25000~30000 种,广布世界各地;我国有 230 属,约 2300 种,全国均有分布。

(1)管状花亚科(Tubuliflorae)　头状花序具同型小花(全为管状花)或异型小花(有管状花和舌状花),植物体无乳汁。

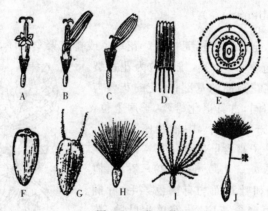

图 9-30　菊　科

A. 管状花　B. 舌状花(花冠 5 裂齿)　C. 假舌状花(花冠 3 裂齿)　D. 聚药雄蕊展开
E. 花图式　F. 无冠毛瘦果　G. 瘦果具倒刺芒冠毛　H. 瘦果具简单冠毛
I. 瘦果具羽状冠毛　J. 瘦果具喙

向日葵(*Helianthus annuus* L.)(图 9-31),一年生高大草本,常不分枝;叶互生,卵圆形。头状花序大,外被数层叶质苞片组成的总苞;边花舌状,黄色,中性(无性);盘花管状,黄色,5 裂,两性;每花下有 1 苞片(托片),萼片为 2 鳞片状,早落;聚药雄蕊。瘦果。种子油质优良,为著名油料作物之一,种仁可生食或炒食。同属植物菊芋(洋姜)(*H. tuberosus* L.),多分枝,块茎含菊糖、淀粉,可盐渍,供食用。

本亚科的常见观赏植物有菊花
[*Dendranthema morifolium*（Ramat.）
Tzvel.]，舌状花冠白色、黄色、淡红色或
淡紫色；管状花黄色，叶羽状深裂或浅
裂，为著名观赏植物，花亦可入药。大丽
花（*Dahlia pinnata* Cav.），有纺锤状块
根，叶对生，头状花序大，舌状花通常 8
朵，白色、红色或紫色，管状花黄色，为全
世界栽培最广的观赏植物之一。此外，
矢车菊（*Centaurea cyanus* L.）、非洲菊
（扶郎花）（*Gerbera jamesonii* Bolus ex
Gard.）、雏菊（*Bellis perennis* L.）、金鸡
花[*Coreopsis basalis*（Dietr.）Blake.]、万

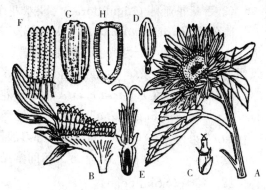

图 9-31　向日葵
A. 花序　B. 花序的纵切　C. 管状花　D. 舌状花
E. 管状花的纵切　F. 聚药雄蕊　G. 果实
H. 果实的纵切面

寿菊（*Tagetea erecta* L.）等均为常见的观赏花草。药用植物有黄花蒿（*Artemisia annua*
L.），叶 3 次羽状分裂，花冠鲜黄色；全草可提取青蒿素，对治疗疟疾有疗效。茵陈蒿
（*A. capillaries* Thunb.），多年生草本，茎生叶裂片毛发状；幼嫩茎叶入药，治疗肝
炎。除虫菊（*Pyrethrum cinerariifolium* Trey.），花叶干后制成粉末，制蚊香，是有
名的药用植物。红花（*Carthamus tinctorius* L.），花入药，可活血通经；种子油为高
级食用油。紫菀（*Aster tataricus* L. f.），根入药，能润肺、化痰、止咳。水飞蓟[*Sily-*
bum marianum（L.）Gaertn.]，种子、叶和根皆可入药，种子为提取西利马灵（Silyma-
rin）的主要原料，可治疗肝胆疾病。油料植物除向日葵外，还有小葵子（*Guizotia ab-*
yssinica Cass.），一年生草本，种子含油量达 39％～41％，其中脂肪酸的主要成分是
亚油酸，常被用于降低胆固醇的药物，是一种理想的食用油料作物。可作蔬菜的有茼
蒿（*Chrysanthemum spatiosum* Bailey.），叶边缘有不规则大锯齿或羽状浅裂，南方各
省常见蔬菜。蒿子秆（*C. carinatum* Schousb.），叶二回羽状分裂，花黄色，北方作蔬
菜栽培。菜蓟（洋蓟）（*Cynara scolymus* L.），肉质总苞和花托为鲜美的西餐蔬菜，开
花前，富含淀粉，柔嫩细致，近年用本种提取蓟素，治疗肝病。此外，本亚科还有甜叶
菊（*Stevia rebaudiana* Bertoni），其叶内含 6％～12％糖甙，甜度为蔗糖的 300 倍，可
作食品调味剂。串叶松香草（*Silphium perfoliatum* L.），为一种营养价值高的栽培
牧草，是近年来广泛利用的新饲料作物。田间杂草有刺儿菜（*Cirsium segetum*
Bunge.），叶缘具刺，头状花序，全为管状花，花紫红色，具细长匍匐根状茎，为田间恶
性杂草之一；嫩茎、叶可作猪饲料。苍耳（*Xanthium sibiricum* Patrinex Widder）和鳢
肠（旱莲草）[*Eclipta prostrata*（L.）L.]为田间常见杂草。三裂叶豚草（*Ambrosia*
trifida L.）和豚草（*A. artemisiifolia* L.）繁殖力强，是危害性检疫杂草。

（2）舌状花亚科（Liguliflorae） 头状花序全为舌状花,植物体具乳汁。

蒲公英（*Taraxacum mongolicum* Hand-Mazz.），多年生草本,叶基生,阔倒披针形。头状花序单生,全为黄色舌状花,先端5齿。瘦果具长喙,喙顶具伞状冠毛,可随风飘扬传播,为常见杂草,亦供药用。

还有莴苣（生菜）（*Lactuca sativa* L.），花黄色,为栽培蔬菜,主食其叶。变种莴笋（*L. sativa* var. *angustata* lrish.），茎肥厚肉质,为其食用部分。苦菜（山苦菜）[*Ixeris chinensis*（Thunb.）Nakai]、剪刀股[*I. debilis*（Thunb.）A. Gray]、黄鹌菜[*Youngia japonica*（L.）DC.]等为田间常见杂草。

27. 茄科（Solanceae）

草本或灌木,具双韧维管束。叶互生,无托叶。花两性,辐射对称,常为聚伞花序或丛生,稀单生;花萼常5裂,宿存;合瓣花冠常5裂,辐射状;雄蕊与花冠裂片同数且互生,着生于花冠筒基部,花药常靠合,2室,纵裂或孔裂,心皮2,合生,子房上位,2室,稀因胎座延伸分成假多室,中轴胎座;胚珠多数。浆果或蒴果,种子具肉质胚乳。

马铃薯（*Solanum tuberosum* L.）（图9-32），草本,奇数羽状复叶。花萼、花冠、雄蕊均5数,花药顶孔开裂。浆果小,球形;块茎富含淀粉,是重要粮食作物,且为蔬菜,又可制淀粉、糖浆、酿酒等。同属植物还有茄（*S. melongena* L.），为一年生草本,全株具星状毛,叶卵状椭圆形,边缘波状。花紫色,单生,浆果为重要蔬菜之一。龙葵（*S. nigrum* L.），叶卵圆形,花白色,腋外生聚伞花序,浆果黑色。全草入药,可解毒散结、利湿消肿。

此外还有:烟草（*Nicotiana tabacum* L.），一年生草本,植物体有腺毛,叶披针状长椭圆形,茎生叶基部抱茎,全缘。花粉色,漏斗状,蒴果。叶可制卷烟,全株含烟碱（尼古丁）,有剧毒,亦可制杀虫药或药用。番茄（*Lycopericon esculentum* Mill.），多年生草本,栽培为一年生,被腺毛,羽状复叶。聚伞圆锥花序,花黄色,浆果多汁,子房常因胎座延伸成假多室。果富含维生素,营养价值很高,为重要蔬菜和水果。辣椒（*Capsicum annuum* L.），一年生栽培蔬菜,浆果中空。果实可作蔬菜和调味品,种子油可食用。曼陀罗（*Datura stramonium* L.），草本,叶卵形。花大,单生,白色,具长筒部,蒴果具刺。花可入药,称洋金花,有麻醉、止痛、止咳、平喘作用。枸杞（*Lycium chinense* Mill.），具刺小灌木,叶卵状披针形。花淡紫色,浆果红色。果入药,称枸杞子,能滋补、明

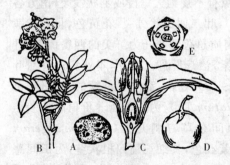

图9-32 马铃薯
A. 块茎 B. 花枝 C. 花纵切面
D. 果实 E. 花图式

目,根皮称地骨皮,能清热凉血。

28. 旋花科(Convolvulaceae)

多为缠绕草本,常具乳汁,茎具双韧维管束。单叶互生,无托叶。花两性,辐射对称;萼片5,常宿存;花冠漏斗状,5浅裂,在芽内呈旋转排列;雄蕊5,着生在花冠管基部,与花冠裂片互生;常具环状或杯状花盘;心皮常为2,合生,子房上位,常2室,每室具2胚珠。果常为蒴果。

甘薯[*Ipomoea batatas* (L.)Lam.](图 9-33),一年生蔓生草本,茎具乳汁,茎节常生不定根,单叶全缘或3~5裂。块根发达,可作粮食,还可制淀粉或酿酒及作工业原料,茎、叶可作饲料。同属的蕹菜(空心菜)(*I. aquatica* Forsk.),为水生或陆生草本,茎中空,无毛;茎叶用作蔬菜。

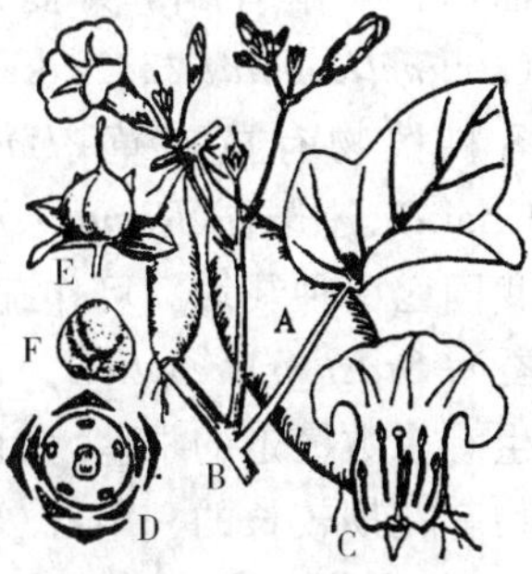

此外还有:圆叶牵牛[*Pharbitis purpurea* (L).Voigt.]和茑萝[*Quamoclit pennata* (Desr.)Bojer.),为庭园观赏植物。打碗花(*Caleystgia hederacea* Wall. ex Roxb.)和田旋花(箭叶旋花)(*Convolvulus arvensis* L.),为农田常见杂草。菟丝子(*Cuscuta chinensis* Lam.),一年生寄生植物,常寄生在豆类作物上,危害性大。其缠绕茎纤细,黄色,具吸器,无叶,花小,白色,蒴果近球形。种子入药,具补肝肾、益精、明目和止泻的药效。

图 9-33　甘　薯
A. 块根　B. 花枝　C. 花的纵切
D. 花图式　E. 果实　F. 种子

29. 唇形科(Libiatae)

通常草本,植株常含挥发油,有芳香气味。茎常四棱,单叶对生,无托叶。花序常腋生,聚伞式排列成假轮生,称轮伞花序,再组成总状、圆锥状;花两性,两侧对称;萼常5齿裂,宿存;花冠唇形,上唇2裂,下唇3裂;雄蕊4,2长2短,成二强雄蕊,有时2个,着生在花冠筒部;子房下具肉质花盘;子房上位,由2个心皮构成,4深裂为4室,每室1胚珠,花柱生于子房的基部。果为4个小坚果。

益母草(*Leonurus japonicus* Houtt.)(图 9-34),二年生草本,茎四棱,披白毛,茎生叶3全裂或深裂。花腋生,淡紫红色;萼钟形,5裂;花冠唇形,上唇全缘,下唇3裂;子房4深裂,具蜜腺盘,结成4小坚果,有时仅2~3发育。茎叶入药,可活血调经、祛淤生新;种子名茺蔚子,能清肝明目。

本科药用植物还有丹参(*Salvia miltiorrhiza* Bge.),多年生草本,根红色,奇数羽状复叶,对生,轮伞花序集生茎顶成总状,花蓝紫色。根入药,能活血调经、祛淤生新,近年用为治疗冠心病的良药。薄荷(*Mentha haplocalyx* Briq.),多年生,具根茎,叶长圆形,各地野生或栽培。全草入药,可镇痉,发汗和解热,或作香料及食品添加剂。黄芩(*Scutellaria baicalensis* Georgi)，根可入药，治疗上呼吸道感染、急性肠胃炎，叶可代茶用。藿香〔*Agastache rugosa*（Fisch et Meyer）O. Ktze)，全草入药，可消暑止吐，果作香料，茎叶作芳香油原料，嫩叶食用。紫苏(*Perilla frutescens*（L.）Britt.)种子可以榨油，叶可作香料，供食用和药用。夏枯草(*Prunella asiatica* Nakai)，全草入药。著名香料植物有薰衣草(*Lauandula officinalis* Chaix)、迷迭香(*Rosmarinus officinalis* L.)，我国已引种栽培。可作蔬菜的有甘露子(草石蚕)(*Stachys sieboldii* Miq.)，茎基部数节上

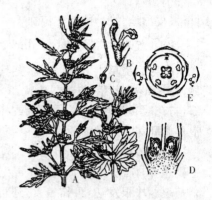

图 9-34 益母草
A. 植株 B. 花 C. 雌蕊
D. 花基部示花柱基生 E. 花图式

生有多数横走的根茎，白色，顶端肥大，成念珠状块茎，块茎可作酱菜或泡菜。观赏植物有花期较长的一串红(*Salvia splendens* Ker-Gawl.)、夏秋盛花的假龙头花(芝麻花、如意草)(*Physostegia uirginiana* Benth.)、叶斑斓多彩的五彩苏(锦紫苏)〔*Coleus scutellarioides*（L.）Benth.〕等。杂草有夏至草〔*Lagopsis supina*（Steph.）IK.-Gal. ex Knorr.〕、宝盖草(*Lamium amplexicaule* L.)、水苏(*Stachys japonica* Miq.)等。

30. 玄参科(Scrophulariaceae)

草本，稀木本，单叶，对生，少数轮生或互生，无托叶。花两性，多为两侧对称，花萼 4～5 裂，宿存；花冠合瓣，二唇形，裂片 4～5；雄蕊 4，二强雄蕊，稀 2 或 5 枚；花盘常存在；心皮 2，子房上位，2 室，每室具多数胚珠。蒴果。

图 9-35 泡桐
A. 叶 B. 花序 C. 花的解剖
D. 示雌蕊 E. 果实 F. 种子

泡桐〔*Paulownia tomentosa*（Thunb.）Steud.〕(图 9-35)，落叶乔木，幼枝密生腺毛，单叶对生，心形。圆锥花序；花萼 5 裂；花冠淡紫色，稍 2 唇形；二强雄蕊。蒴果。产黄河流域至华南，为绿化造林的良好速生树种。

玄参(*Scrophularia ningpoensis* Hemsl.)，高大草本，花紫褐色，主产于浙江，分布于陕、冀各省。块根入药，含生物碱等，能滋阴清火，生津润肠、行淤散结。

此外，本科药用植物还有北玄参(*S. buergeriana* Miq.)，主产东北，干块根也可入药，药效同玄参。

地黄〔*Rehmannia glutinosa*（Gaertn.）Libosch. ex Fisch. et Mey），多年生草本，根茎为补血强壮药，含地黄素和甘露醇等。毛地黄（*Digitalis pur-purea* L.），又名洋地黄，草本，花大，原产欧洲，叶含强心甙，为强心药。

本科观赏植物有：金鱼草（*Antirrhinum majus* L.），花冠有各种颜色，呈筒状形，基部略成囊状。荷包花（*Calceolaria crenatiflora* Cav.），花冠拖鞋状，黄色、粉红色。二者均为常见栽培草花。

本科杂草有婆婆纳（*Veronica didyma* Tenore）、水苦荬（*V. anagallis-aquatica* L.）、通泉草〔*Mazus japonicus*（Thunb.）O. kuntze〕和陌生菜〔*Lindernia procumbens*（Kroek.）Philcox〕等。

三、单子叶植物纲（Monocotyledoneae）

单子叶植物种子的胚具一片子叶。主根不发达，多为须根系。维管束散生，无形成层；叶多为平行脉或弧形脉。花通常 3 基数，稀为 4 基数。

1. 百合科（Liliaceae）

多为多年生草本。地下具根茎、鳞茎或块茎；单叶互生、少对生或轮生，或退化为鳞片状；茎直立或攀援，有时成为叶状枝。花两性，少单性，辐射对称；花被片通常 6，排成 2 轮，雄蕊 6；子房上位，稀半下位，由 3 心皮构成，中轴胎座。蒴果或浆果；种子有胚乳。

本科广布世界各地；以西南地区为盛。本科中有许多药材、花卉和经济植物。

百合（*Lilium brownii* F. E. Brown var. *viridulum* Baker）（图 9-36），具鳞茎；花大，呈漏斗状；蒴果。鳞茎富含淀粉，可食用，具滋补、安神、润肺等药效。

葱（*Allium fistulosum* L.），植株常丛生，鳞茎呈棒状，叶片管状中空，几与花茎等长；花茎粗壮；伞形花序近球形，有膜质总苞片包住，花白色，蒴果，可作蔬菜或调味品。

洋葱（*Allium cepa* L.）（图 9-37），植株常单生，鳞茎较大，鳞叶肉质肥厚；鳞茎和叶可供食用。

蒜（*Allium sativum* L.），鳞茎（蒜头）球形至扁球形，由数个或单个小鳞茎（俗称蒜瓣）组成，外由多层膜质鳞片包裹。基生叶带状，扁平；花茎圆柱状，称蒜苔。蒜头、蒜苔、蒜叶均可食用或当调味品。植物体含有大蒜素，有防治多种传染病的效用。

葱属内还包括韭菜（*Allium tuberosum* Rottl. ex Spreng.）等常见蔬菜。另外小根蒜（薤白）（*A. macrostemon* Bunge）是常见旱地杂草，也可作为野菜食用。

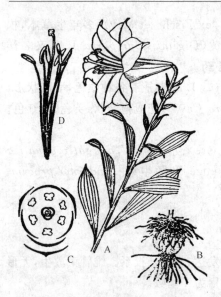

图 9-36　百　合
A. 地上部分,示花叶　B. 地下部分,
示鳞茎与根　C. 花图式　D. 雄雌蕊
（引自顾德兴）

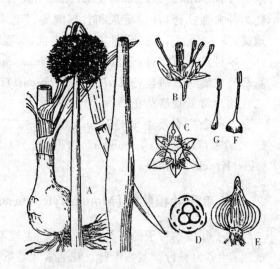

图 9-37　洋　葱
A./植株及花序　B. 花　C. 花的正面　D. 花图式
E. 鳞茎　F. 内轮雄蕊　G. 外轮雄蕊
（引自顾德兴）

黄花菜(*Hemerocallis citrina* Baroni),多年生草本;叶基生。花黄色;花芽可食,干制后称"黄花菜"或"金针菜"。

本科中还有郁金香(*Tulipa gesneriana* L.)、文竹[*Asparagus setaceus* (Kunth) Jessop]、吊兰[*Chlorophytum comosum* (Thunb.) Jacques]、萱草(*Hemerocallis fulva* L.)、玉簪[*Hosta plantaginea* (Lam.) Aschers.]、黄精(*Polygonatum sibiricum* Delar. Redouté)、玉竹[*P. odoratum* (Mill.) Druce]、知母(*Anemarrhena asphodeloides* Bunge)等。

2. 禾本科 (Gramineae)

除竹子是木本外,都为草本。秆圆形,多中空,少实心,节和节间明显。单叶互生,2 列,具叶片和叶鞘;叶片狭长,叶脉纵向平行;叶鞘包秆,多开放;叶片和叶鞘连接处常具叶耳、叶舌。花小,多为两性;每朵小花由外稃和内稃各 1、浆片 2、雄蕊 3 或 6、雌蕊 1 所组成,子房上位,2 裂羽毛状柱头。小花组成小穗,每一小穗基部有颖片 2,位于下方称第一颖,位于上方称第二颖（图 9-38）。由小穗组成种种花序。颖果。

禾本科是被子植物的第四大科,通常分为竹亚科和禾亚科。

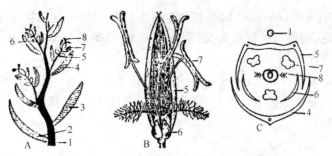

图 9-38　禾本科小穗、花的典型结构和花图式
A. 小穗的模式图　B. 花的模式图　C. 花图式：1. 小穗柄及小穗轴
2. 第一颖　3. 第二颖　4. 外稃　5. 内稃　6. 浆片　7. 雄蕊　8. 雌蕊
（引自顾德兴）

　　水稻(*Oryza sativa* L.)（图 9-39），一年生草本，圆锥花序下垂，小穗有 3 朵小花，下面 2 朵退化，只存退化外稃；顶端 1 朵具外稃和内稃，浆片 2，雄蕊 6，雌蕊 1；颖果。颖果为全球主要食粮。

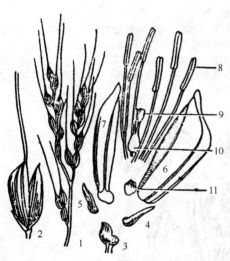

图 9-39　水　稻
1. 花序枝　2. 小穗　3. 颖片　4、5. 两朵不孕花
的外稃　6. 结实花的外稃　7. 结实花的内稃
8. 雄蕊　9. 柱头　10. 子房　11. 浆片
（引自顾德兴）

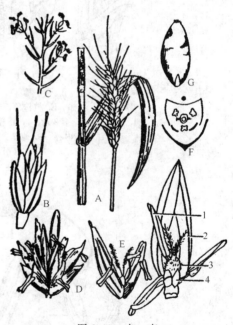

图 9-40　小　麦
A. 植株的一部分及花序　B. 小穗　C. 小穗的
模式图　D. 开花的小穗　E. 小花　F. 花图式
G. 颖果　1. 雄蕊　2. 柱头　3. 子房　4. 浆片
（引自顾德兴）

　　小麦(*Triticum aestivum* L.)，二年生草本(图 9-40)。复穗状花序直立,每小穗有 3～5 朵小花,内稃与外稃几等长;浆片 2,雄蕊 3,雌蕊 1,颖果。世界各地广为栽培,是主要粮食作物。

　　玉米(*Zea mays* L.)(图 9-41),一年生高秆草本,实心。花单性同株,秆顶生雄性的圆锥花序,每 1 小穗含 2 小花;雌花序由叶腋内抽出,圆柱状,外有苞片数层。颖果。是重要粮食。

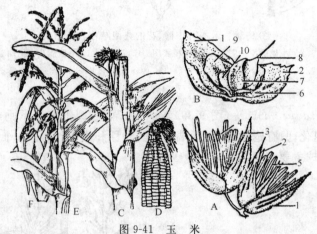

图 9-41　玉　米

A. 雄小穗　B. 雌小穗　C. 植株中部,示腋生的雌性穗状花序
D. 果穗上半部　E. 植株顶部,示顶生的雄性圆锥花序　F. 雌花序
1. 第 1 颖　2. 第 2 颖　3. 外稃　4. 内稃　5. 雄蕊　6. 结实花外稃
7. 结实花内稃　8. 雌蕊　9. 不孕花外稃　10. 不孕花内稃
(引自顾德兴)

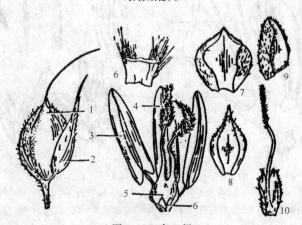

图 9-42　高　粱

1. 结实小穗　2. 不孕小穗　3. 雄蕊　4. 柱头　5. 子房
6. 浆片　7. 第一颖　8. 第二颖　9. 第一外稃　10. 第二外稃
(引自顾德兴)

高粱(*Sorghum vulgre* Pers.)(图9-42)，一年生高大草本，圆锥花序顶生。小穗分有柄和无柄，有柄小穗雄性或中性；无柄小穗两性。颖果。颖果供食用。

甘蔗(*Saccharum sinense* Roxb.)，多年生高大草本，圆锥花序顶生，茎粗壮，含糖量高。原产亚洲南部，为重要糖源植物。

薏苡(*Coix lacryma-jobi* L.)(图9-43)，茎粗壮高大，多分枝。小穗单性；雌小穗包藏于骨质的总苞内；雄小穗位于总苞口外，形成穗状花序。子实称薏米，供食用或药用。

稗[*Echinochloa crusgalli* (L.)Beaw.]，为水田中最常见杂草。一年生草本，圆锥花序。颖果。

粮食作物还有大麦(*Hordeum vulgare* L.)、粟[*Setaria italica* (L.)Beauv.]等。蔬菜有菰[*Zizania caducciflora* (Turcz.)Hand.-Mazz.]和竹笋。牧草有鹅冠草属(*Roegneria*)、雀麦属(*Bromus*)、黑麦属(*Lolium*)、燕麦属(*Avena*)、鸭茅属(*Dactylis*)、羊茅属(*Festuca*)等。芦竹(*Arundo donax* L.)、荻[*Miscanthus sacchariflorus* (Maxim)Hack]、芦苇(*Phragmites communis* Trin)可供造纸等。狗牙根(*Cynodon doctylon* (L.)Pers)、结缕草(*Zoisia japonica* Steud)等可作草坪草。此外，本科还有有毒植物和常见杂草等。

图9-43　薏　苡

1.植株　2.雌小穗　3.二退化雌小穗　4.第二颖(雌小穗)　5.第一外稃　6.第二稃(雌花)　7.第二内稃(雌花)　8.雌蕊及退化的3枚雄蕊
(引自顾德兴)

第三节　被子植物的生活史

被子植物生活史是指被子植物个体的生活周期。其特点是从种子萌发开始，形成具有根、茎、叶的植物体，经过一段营养生长，然后在一定部位形成花芽，再发育成花朵。经过开花、传粉、受精后，子房发育成果实，胚珠发育成新一代种子。通常将这种以上一代种子开始至新一代种子形成所经历的周期，称为被子植物的生活史。

被子植物生活史包括两个基本阶段。二倍体阶段是以受精卵开始，直到胚囊母细胞和花粉母细胞分裂前为止。这一阶段细胞内染色体的数目为二倍体，称为二倍体阶段(或称孢子体阶段、孢子体世代)。它在被子植物生活史中所占时间很长。单倍体阶段是从胚囊母细胞和花粉母细胞经过减数分裂分别形成单核胚囊(大孢子)和单核花粉粒(小孢子)开始,直到各自发育为含卵细胞的成熟胚囊和含精细胞的成熟花粉粒为止。此时,有关结构细胞内染色体的数目是单倍体,称单倍体阶段(或称配子体阶段、配子体世代)。它在被子植物生活史中所占的时间很短,也不能独立生活,须附属在二倍体上,以吸取营养物质来营造自身。在生活史中,孢子体世代(2N)与配子体世代(N)有规律的相互交替完成生活史的现象,称为世代交替。在被子植物生活史中,减数分裂和双受精作用是整个生活史的两个关键环节。被子植物的生活史见图 9-44。

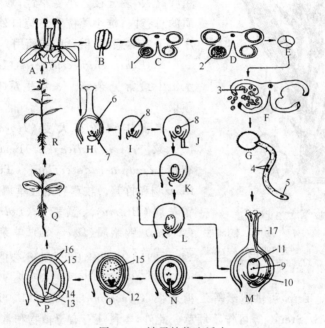

图 9-44　被子植物生活史

A. 花　B. 雄蕊　C. D. 花药横切　E. 四分体　F. 花粉粒成熟,花药裂开　G. 花粉粒萌发　H-L. 胚囊的发育
M. 花粉粒在柱头上萌发　N. 双受精过程　O. 胚与胚乳的发育　P. 种子的形成　Q. 幼苗　R. 成熟植株
　1. 花粉母细胞　2. 四分体　3. 成熟花粉粒　4. 精子　5. 营养核　6. 胚珠　7. 胚囊母细胞　8. 胚囊
　9. 极核　10. 卵　11. 反足细胞　12. 胚　13. 胚根　14. 子叶　15. 胚乳　16. 种皮　17. 花粉管

(引自刘贵林)

思考题

　1. 比较双子叶植物纲和单子叶植物纲的区别。

　2. 简述木兰科、毛茛科、蔷薇科、豆科、十字花科、唇形科、菊科、禾本科、百合科的识别要点和常见植物。

第十章　裸子植物

第一节　裸子植物的主要特征

裸子植物最显著的特征是产生种子,属于种子植物,但胚珠和种子裸露,没有心皮和果皮包被,不形成果实。孢子体特别发达,绝大多数是常绿木本植物,有形成层和次生生长。除买麻藤纲外,木质部中只有管胞而无导管和纤维;韧皮部中只有筛胞而无筛管和伴胞。大多数种类的雌配子体中,尚有结构简化的颈卵器。有些种类的雄配子体形成了花粉管,花粉管可以把精子直接送到颈卵器中受精,使受精作用脱离了水的限制。少数种类仍有多数鞭毛的游动精子。种子植物与蕨类植物有性生殖结构上的两套名词关系密切,对照如下:

蕨类植物	种子植物
孢子叶球	花
小孢子叶	雄蕊
小孢子囊	花粉囊
小孢子母细胞	花粉母细胞
小孢子	花粉粒(单细胞期)
雄配子体	花粉粒(2 细胞或 3 细胞期)和花粉管
大孢子叶	珠鳞(裸子)心皮(被子)
大孢子囊	珠心
大孢子母细胞	胚囊母细胞
大孢子	单核胚囊
雌配子体	成熟胚囊

第二节　裸子植物的分类和常见科属代表

裸子植物可分为5纲:苏铁纲、银杏纲、松柏纲、红豆杉纲和买麻藤纲。

一、苏铁纲(Cycadopsida)

常绿乔木,茎粗壮,常呈圆柱形。叶螺旋状排列,有鳞叶和营养叶,二者相互成环着生;鳞叶小,营养叶大,羽状复叶,集生于茎的顶部。孢子叶球亦生于茎顶,雌雄异株。游动精子有多数鞭毛。

本纲植物在古生代末期二叠纪兴起,中生代的侏罗纪相当繁盛,以后逐渐趋退,现存仅有1目,1科,10属,110种。我国有苏铁科(Cy-cadaceae)、苏铁属(Cycds),8种。常见的是苏铁(*Cycas revoluta* Thunb.)。

苏铁雌雄异株,大小孢子叶球均生茎顶。小孢子叶球长椭圆形,由鳞片状的小孢子叶螺旋状排列而成,叶的背面生有许多由3~5个小孢子囊组成的小孢子囊群。大孢子叶球呈球形。大孢子叶两侧有2~6枚胚珠,一层珠被,珠心顶端有储粉室,珠心中的大孢子母细胞经减数分裂形成胚囊(大孢子),进而胚囊发育成2~5个颈卵器,颈部由2细胞组成,颈卵器中的细胞分裂为2个,上有1个腹沟细胞,不久解体,其下有1个卵。小孢子叶上有小孢子囊(花粉囊),其中的小孢子母细胞经减数分裂,形成小孢

植株

小孢子叶　　　　　大孢子叶
聚生小孢子囊

胚珠纵切面　　珠心及雌配子体部分放大

雌配子体(三细胞期)

受精前的珠心及雌配子体

图10-1　苏　铁

1.珠孔　2.颈卵器　3.雌配子体　4.珠心　5.珠被　6.花粉室
7、8.花粉管细胞及2精子　9.卵核　10.颈细胞　11.花粉母细胞
12.生殖细胞　13.原叶细胞
(引自吴国芳)

子。成熟的小孢子,进入花粉室,生出花粉管,在花粉管中形成 2 个陀螺形、有多数鞭毛的精子。精卵结合后形成合子,继而发育为胚(图 10-1)。

二、银杏纲(Ginkgopsida)

本纲现仅残存 1 目,1 科,1 属,1 种,即银杏科(Ginkgaceae)的银杏(*Gingo biloba* L.)(图 10-2)。为我国特产,国内外已广为栽培。银杏为落叶乔木,枝条有长枝和短枝之分,叶折扇形,具分叉的脉序,在长枝上螺旋状互生,在短枝上簇生。球花单性,雌雄异株。小孢子叶球呈柔荑花序状,生于枝顶端的鳞片内。小孢子叶有一短柄,柄端有 2 个小孢子囊组成的悬垂的小孢子囊群。大孢子叶球结构简单,通常具 1 长柄,柄端有 2 个环形的大孢子叶,称珠领。其上各生 1 个直生胚珠、但常 1 个成熟。珠被 1 层,珠心中央凹陷为贮粉室。雌配子体发育近似苏铁,但珠被发育时含有叶绿素,并有显著的腹沟细胞。雄配子体的发育和受精过程也近似苏铁。具鞭毛能游动的精子是受精需水的遗迹,是苏铁与银杏所共有的原始形状。银杏种子

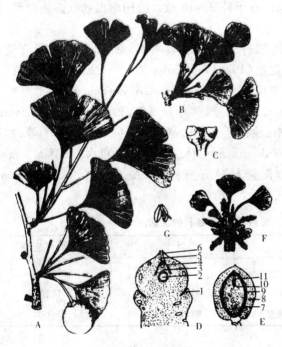

图 10-2　银　杏

A. 长短枝及种子　B. 生雌球花的短枝　C. 雌球花　D. 胚珠和珠领纵切面　E. 种子纵切面　F. 生雄球花的短枝　G. 小孢子叶
1. 珠领　2. 雌配子体　3. 珠心　4. 贮粉室　5. 珠孔　6. 珠被
7. 内种皮　8. 外种皮　9. 中种皮　10. 胚乳　11. 胚
(引自周云龙,1999)

核果状,有 3 层种皮,具丰富的胚乳(图10-2)。

三、松柏纲(Coniferopsida)

为常绿或落叶乔木,稀为灌木。茎多分枝,常有长短枝之分;次生木质部有管胞,无导管;具树脂道。叶单生或成束,针形、鳞形、钻形、条形或刺形,螺旋着生、交互对生或轮生。

孢子叶大多数聚生成球果状的孢子叶球。孢子叶球单性同株或异株。小孢子叶（雄蕊）聚生成小孢子叶球（雄球花）。小孢子叶下面有贮藏小孢子（花粉）的小孢子囊（花粉囊）。小孢子有气囊或无气囊，精子无鞭毛。大孢子叶（心皮）聚生成大孢子叶球（雌球花）。每个大孢子叶也称珠鳞（果鳞、种鳞）。珠鳞的上面生有 2 个胚珠，下面连有 1 片苞鳞（盖鳞）。种鳞与苞鳞离生（或基部合生）、半合生（顶端分离）及完全合生。种子有翅或无翅，有丰富的胚乳，有子叶 2～10 枚。松柏纲植物叶多为针形，称针叶树。

本纲植物全国广布，分为松科、柏科、杉科和南洋杉科（表 10-1）。松科有油松（*Pinus tabuaeformis* Carrb.）、白皮松（*Pinus bungeana* Zucc. ex Endl.）、雪松（*Cedrus deodara*（Roxb.）G. Don）、华山松（*Pinus armandii* Franch.）、华北落叶松（*Larix principi-rupprechtii* Mayr.）、云杉属和冷杉属等；柏科有侧柏（*Platycladus orientalis*（Linn.）Franco）、圆柏（桧柏）〔*Sabina chinensis*（Linn.）Ant.〕等；杉科有柳杉（*Cryptomeria fortunei* Hooibrenk ex Otto et Dietr.）和水杉（*Metasequoia glyptostrobides* Hu et Cheng）等；南洋杉科有南洋杉（*Araumaria cunninghamii* Sweet）等。

表 10-1　　松科、柏科和杉科的区别

	叶的形态	叶序	种鳞与苞鳞
松科	针形或条形	螺旋状	离生
柏科	鳞形或刺形	对生或轮生	完全合生
杉科	披针形、钻形、条和鳞形	螺旋或二列	半合生

四、红豆杉纲（Taxopsida）（图 10-3）

常绿乔木或灌木，多分枝。叶为条形、披针形、鳞形、钻形或退化为叶状枝。孢子叶球多为单性异株；胚珠生于盘状或漏斗状的珠托上，或由囊状或杯状的套被包围；种子具肉质的假种皮或外种皮。

红豆杉纲有红豆杉（*Taxus chinensis*（Pilger）Rehd.）、罗汉松（*Podocarpus macrophyllus*（Thunb.）D. Don）、三尖杉（*Cephalotaxus fortunei* Hook. f.）、粗榧〔*Cephalotaxus sinensis*（Rehd. et. Wils.）Li〕和矮紫杉（*Taxus caspidata* var. Nana Rehd.）等。

五、买麻藤纲（Gnetopsida）（盖子植物纲）（图 10-4）

灌木或木质藤本。次生木质部有导管（进化特征），无树脂道。单叶对生，孢子叶

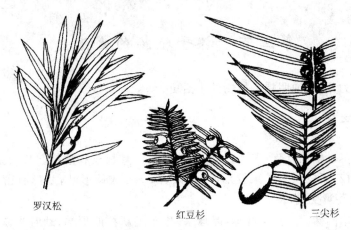

罗汉松　　　　　　红豆杉　　　　　三尖杉

图 10-3　红豆杉纲

（引自关雪莲）

球单性,异株或同株,或有两性的痕迹,孢子叶球有类似于花被的盖被(进化特征);珠被 1～2 层;精子无鞭毛;颈卵器极其退化或无(进化特征)。种子包于盖被发育而成的假种皮中(进化特征),种皮 1～2 层,胚乳丰富,胚具 2 子叶。

本纲植物共有 3 目 3 科 3 属,约 80 种。我国有 2 目 2 科 2 属,19 种,分布全国。属于裸子植物中最进化的类群。常见的有草麻黄(*Ephedra sinica* Stapf.)、买麻藤(*Gnetum montanum* Markgr.)和百岁兰(*Welwitchia bainesii*(Hk. f.)Carr.)等。

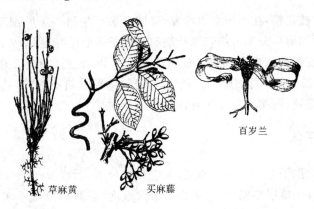

草麻黄　　　　　买麻藤　　　　　百岁兰

图 10-4　买麻藤纲

（引自关雪莲）

第三节　裸子植物的生活史

以松属为代表,说明裸子植物的生活史。

一、孢子体

常绿乔木。单轴分支,主干直立,旁枝轮生。具长枝和短枝。长枝上着生鳞叶。叶腋内生短枝,短枝顶生 1 束针形叶,每束含 2～5 枚针形叶,基部有薄膜状的叶鞘 8～12 枚(由芽鳞变成)。

松属雌雄同株。大孢子叶球(雌球果)生于近新枝的顶端,幼时为紫红色。大孢子叶球是由大孢子叶螺旋排列而成,大孢子叶(珠鳞)下面有苞鳞。珠鳞的腹面基部长有 1 对胚珠(大孢子囊)。胚珠由 1 层珠被和珠心组成,在珠心里形成大孢子母细胞,减数分裂后形成大孢子。大孢子在春天形成,秋天才发育成雌配子体。

小孢子叶球(雄球果),生于新枝基部,黄褐色,由许多小孢子叶螺旋排列构成的。小孢子叶的背面,有两个小孢子囊,囊内的小孢子母细胞经减数分裂形成小孢子,小孢子发育为雄配子体。

二、雄配子体

小孢子(单核花粉)在小孢囊内萌发,细胞分裂产生第一原叶细胞(营养细胞)和胚性细胞,胚性细胞再分裂为第二原叶细胞和精子器原始细胞(中央细胞),精子器原始细胞分裂为管细胞和生殖细胞。成熟的雄配子体(花粉粒)含 2 个退化的原叶细胞、1 个生殖细胞和 1 个管细胞。成熟的雄配子体(即成熟花粉粒)具有外壁和内壁,外壁上有网状花纹,两侧突起成气囊,称为翅。

三、雌配子体

大孢子在大孢子囊(珠心)内萌发,先进行核分裂,形成具 10～32 个游离核。雌配子体的四周具一薄层细胞质,中央为 1 个大液泡,游离核分布于细胞质中,冬季雌配子体进入休眠期。第二年春天,雌配子体的游离核继续分裂,使其数目显著增加、体积增大。以后游离核周围开始形成细胞壁,珠孔端有些细胞明显膨大,成为形成颈卵器的原始细胞。原始细胞进行分裂,形成几个颈卵器,成熟的雌配子体包含 2～7 个颈卵器和大量的单倍体胚乳。

四、传粉与受精

传粉于晚春开始,此时大孢子叶球稍伸长,使苞鳞和珠鳞略微张开。小孢子囊背面裂一直缝,花粉逸出。花粉借风力传到大孢子叶球上,被珠孔溢出的传粉滴(一种黏液)将其吸引而进入珠孔。以后珠鳞闭合。花粉粒中的生殖细胞分裂为管细胞和柄细胞。管细胞长出花粉管。直到第二年春季或夏季颈卵器分化形成后,花粉管才继续伸长,体细胞再分裂形成 2 个精细胞。传粉在第一年的春季,受精在第二年夏季。这时大孢子叶球已长大并达到或将达到其最大体积,颈卵器已完全发育。花粉管到达颈卵器内,先端破裂,2 个精子,管细胞及柄细胞都一起流入卵细胞的细胞质

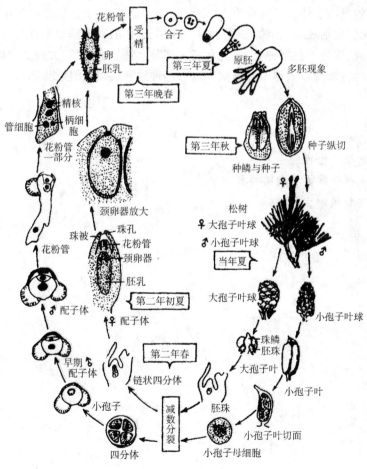

图 10-5 松属生活史

(引自周云龙,1999)

中,其中 1 个具功能的精子随即向中央移动,最后与卵融合形成受精卵,这个过程称为受精。

五、种子的形成

卵受精后开始发育,经过 4 次分裂,形成了 4 层 16 个细胞的前胚。从上到下,第 1 层为开放层,有吸收作用,不久即解体。第 2 层为莲座层。第 3 层为胚柄层,形成初生胚柄。第 4 层为顶端层,发育为几层细胞。接近初生胚柄的一层为次生胚柄,强烈伸长而彼此分离;最前端的 4 个细胞,各自发育成胚。这种由 1 个受精卵因细胞分离产生多数的胚,称裂生多胚现象。由于雌胚子体内有几个颈卵器,其中的卵都可以受精,松属的雌胚子体常可发育成 10 多个幼胚。通常只有 1 个正常发育,成为有效胚。成熟的胚包括胚根、胚轴、胚芽、子叶。雌配子体的其他部分发育为胚乳;珠被发育成种皮。松属种子包括种皮、胚乳和胚 3 部分。种子成熟后,大孢子叶球的珠鳞木质化成为种鳞(果鳞),大孢子叶球成为球果。种鳞开裂,种子散出(图10-5)。

思考题

1. 简述裸子植物的主要特征。
2. 简述裸子植物各纲的特征和常见植物。
3. 简述松属的生活史。

第十一章　植物的抗逆性

逆境(或称环境胁迫)是指不适于植物正常生活的不良环境,包括干旱、洪涝、高热、冻害、冷害、盐害、病虫害和有毒物质的污染等。世界上每年都发生不同程度的自然灾害,直接威胁人们的生活和生存。植物对于逆境具有一定限度的忍受、抵抗能力与适应性,称为抗逆性。

抗逆性包括两方面:一是避逆性,是植物物体和逆境之间产生某种障碍,从而避开或部分避开不良环境的影响,如气孔关闭,叶子表面的角质、蜡质增厚等,即通过植物形态结构的变化来抗逆。二是耐逆性,是指植物承受全部或部分的不良环境作用而没有引起伤害或只引起相对比较小的伤害。耐逆性与植物生理生化变化有关。由于环境变化而使植物产生适应的过程,叫做抗逆性锻炼(如抗旱、抗寒、抗盐等)。

植物不同生长发育时期的抗逆性有很大差异。休眠期间,抗逆性最强;生长旺盛时期抗逆性弱。营养生长时期,抗逆性较生殖生长时期要强。生长健壮的植株要比衰弱植株的抗逆性强。

第一节　植物的抗旱性

一、干旱类型及对植物的危害

环境中水分过度缺乏,以致不能维持植物正常的生命活动的现象称为干旱。植物对旱害的抵抗能力称为抗旱性。我国西北、华北有大片干旱或半干旱区,严重影响农业发展。

1. 干旱的类型

干旱可分为土壤干旱、大气干旱和生理干旱。

(1)大气干旱 是由于高温和空气过度干燥(空气相对湿度低于 20%)造成大气干旱。此时,蒸腾过强,根系吸收水分不能补偿蒸腾所失去的水分,体内水分平衡破坏。大气干旱表现为热风。我国西北地区就常出现大气干旱。

(2)土壤干旱 土壤干旱是指土壤中可利用水分缺乏,不能弥补蒸腾的损失。因此植物体缺水,不能维持植物正常的生命活动,甚至死亡。

(3)生理干旱 由于植物蒸腾作用不断进行,致使根系的正常生理活动受到阻碍,尽管土壤中有水,根系也不能吸收水分而使植物受旱现象,称为生理干旱。

植物在水分亏缺严重时,细胞失去紧张度,叶片和茎的幼嫩部分下垂,这种现象称为萎蔫。萎蔫可分永久萎蔫和暂时萎蔫。例如,炎热的白天,蒸腾强烈、水分暂时供应不足时,叶片和嫩茎萎蔫;到晚间,蒸腾下降,继续吸水,消除水分亏缺,即使不浇水叶片也能恢复原状称为暂时萎蔫。如果由于土壤已无可供植物利用的水,虽然降低蒸腾,但仍不能消除水分亏缺,叶片难以恢复原状,称为永久萎蔫。永久萎蔫时间过长会导致植物死亡。

2. 干旱对植物的危害

(1)各部位间水分重新分配 水分不足,不同器官或不同组织的水分,按各部位的水势大小重新分配。水势低的部位向水势高的部位夺取水分。例如干旱时幼叶向老叶夺水,使老叶死亡。

(2)改变各种生理过程 当水分不足时气孔关闭,叶绿体受到伤害,光合作用显著下降,最后则完全停止;光合产物输出受阻。严重干旱会使原生质体过度缺水,使原生质胶体分散程度下降,透性增加,细胞内的物质大量外渗;干旱还使蛋白质分解形成游离氨基酸,主要是脯氨酸,其累积量的多少是植物缺水的一个指标。此时呼吸速率增强,但它的百分比值下降,氧化磷酸化解偶联。

二、提高植物抗旱性的途径

1. 抗旱植物的形态特征

一般抗旱性较强的植物根系发达,根冠比较大,能有效地利用土壤水分,特别是土壤深处的水分。沙漠中的小灌木骆驼刺根的直径 8~10 cm,长度深达 30 m,深达地下水层;高粱号称"植物界的骆驼",其根深入土层 1.4~1.7 m;玉米根深入土层 1.4~1.5 m,因此高粱比玉米抗干旱。另外,抗旱植物叶片的细胞体积小(可以减少细胞膨胀或收缩时产生的细胞损伤);叶片上有许多气孔,使叶片蒸腾加快以利于吸水;叶脉较密(输导组织发达),叶表皮细胞角质层或蜡质层较厚。这样的结构有利于水分贮藏与供应。

2. 抗旱植物的生理特征

抗旱植物细胞的原生质的弹性与黏性表现在束缚水含量上。如果束缚水含量高,自由水含量低,原生质黏性就大。原生质黏性大,其保水能力强。遇干旱时,黏性大的原生质失水少,不发生凝集变性,保持正常的生命代谢活动。

因抗旱植物在干旱条件下的同化能力、光合作用与酶活性均不下降,使蛋白质、淀粉等主要干物质合成不受影响。因此,选育抗旱品种是提高植物抗旱性的基本措施。

人们在生产实践中,运用植物对外界刺激发生一定反应的能力,发明了许多提高抗旱能力的方法,例如"蹲苗"可使植物根系发达,叶片保水力较强,抗旱能力增强。合理施用磷、钾肥也能提高植物的抗旱性。施用植物生长延缓剂,也能提高植物的抗旱性。

三、水分过多对植物的危害及植物抗性

1. 湿害

水分不足固然对植物不利,但水分过多同样会伤害植物。一般旱地植物在土壤水分饱和的情况下,就会发生湿害。湿害使植物根系生长受到抑制,甚至腐烂死亡;地上部分叶片萎蔫,植物生长发育不良,严重时整个植株死亡。

土壤水分过多会导致土壤中缺乏氧气,根部呼吸困难,影响矿质吸收。与此同时还产生一些有毒物质,如 H_2S、FeO 等。可通过深挖沟降低地下水位和高畦栽培等措施来避免湿害。

2. 涝害

陆生植物的地上部分如果全部或局部被水淹没,即发生涝害。涝害使植物生长发育不良甚至死亡。这是由于淹水缺氧,抑制有氧呼吸,导致无氧呼吸加大,贮存物质大量消耗,积累酒精。另外光合作用能力大大下降,甚至完全停止,分解大于合成,使生长受阻,产量下降。同时无氧呼吸使根缺乏能量,从而降低根对水分和矿质的吸收,使正常代谢不能进行。严重缺氧时,蛋白质分解,原生质体结构遭到破坏以至死亡。因此,植物受涝后应加速排涝,并结合洗苗,除去堵塞气孔和粘贴叶面的泥沙,以加强呼吸作用和光合作用。此外还必须适当施肥使植物恢复生势。

第二节　植物的抗寒性

低温对植物的危害,按低温程度和植物受害情况可分为冷害和冻害。冷害又称寒害,是指零度以上低温对植物所造成的伤害;冻害是指零度以下低温对植物所造成的伤害,霜冻也属于冻害。冷害和冻害都属于寒害。

一、植物冻害类型

由于温度下降程度和速度的不同,植物体内结冰方式不同,其受害情况也不一样。

1. 细胞间结冰

当温度逐渐下降,致使植物组织内的温度降到冰点以下时,细胞间隙的水开始结冰。其伤害程度主要与原生质脱水程度及冰核大小有关,与植物种类以及低温持续时间和解冻速度也都有关系。

2. 细胞内结冰

当温度急剧下降时,细胞内的水分往往来不及转移到细胞外,就在细胞内结冰。细胞内结冰时,将对原生质的理化性状及结构产生严重的破坏作用。

在自然条件下,从秋季到冬季温度是逐渐下降的,因此一般不易发生胞内结冰,但如遇骤然寒流,温度突然下降到$-35\sim-40℃$时,也可出现细胞内结冰。

二、植物对冻害的生理适应

植物在长期进化过程中,对冬季的低温,在生长习性和生理生化方面都具有特殊的适应方式。例如一年生植物要以干燥种子形式越冬;大多数多年生草本植物越冬时地上部都死亡,而以埋藏在土壤的延存器官(如鳞茎、块茎等)度过冬天;大多数木本植物或冬季作物除了在形态上形成保护组织(如芽鳞片、木栓层等),有落叶现象外,生理生化方面也发生变化以适应低温环境。

植物在冬季来临之前,随着气温的逐渐降低,体内发生了一系列适应低温的生理生化变化,抗寒能力逐渐加强。这种提高抗寒能力的过程,称为抗寒锻炼。尽管植物抗寒性强弱是植物长期对不良环境适应的结果,是植物的本性。但应指出,即使是抗寒性很强的植物,在未进行抗寒锻炼之前,对寒冷的抵抗能力还是很弱的。例如,针叶树的抗寒性很强,在冬季可以忍耐$-30℃$到$-40℃$的严寒,而在夏季若处于人为的$-8℃$下便会冻死。

植物在经过抗寒锻炼以后：①植株含水量下降，细胞内胶体亲水性加强，使束缚水含量相对提高，总含水量减少。束缚水相对增多，有利于植物抗寒性的加强。②呼吸减弱，代谢活动弱，有利于对不良环境的抵抗。③保护性物质增多，在温度下降时，淀粉水解成糖的速度加快，使植物越冬时体内淀粉含量减少，可溶性含量增加。糖是植物抗寒性的主要保护物质。脂肪也是保护物质之一。④脱落酸含量增多，使植物生长停止，进入休眠（植物在休眠阶段抗寒能力强）。

三、影响植物抗寒性的因素

1. 内部因素

各种植物的原产地不同，生长期的长短不同，对温度条件的要求也不一样，因此抗寒能力也不同。例如，生长在北方的桦树、黑松树能安全度过$-30℃～-40℃$严寒；而温室花卉多起源于南方，须在温室内方能过冬。同一植物品种之间的抗寒性差别也是很明显的。

2. 外界条件

抗寒性强弱与植物所处休眠状态及抗寒锻炼的情况有关，所有影响休眠和抗寒锻炼的环境条件，对植物抗寒性均产生影响。

(1)温度　秋季温度逐渐降低，植株逐渐进入休眠状态，抗寒性也逐渐提高；春季温度升高，植株从休眠状态转入生长状态，抗寒性逐渐降低。

(2)光照　光照长短同样影响植物休眠，从而影响抗寒能力。我国北方，秋季日照渐短，是严冬即将来临的信号，所以短日照促使植物进入休眠状态，提高抗寒力。长日照的作用则相反。光照强度也影响抗寒能力。光合作用强，积累糖分多，有利于抗寒，反之，光照不足，光合速率低，积累糖分少，抗寒性差。

(3)土壤含水量　土壤水分过多细胞吸水就多，植物锻炼不够，抗寒力差。秋季，土壤水分不易过多。

寒害主要是引起细胞膜系统损坏，使细胞透性增加。此外，也有不少研究表明，细胞含水量也与植物的抗寒性密切相关。提高植物抗寒性的主要途径，是培育出抗寒性较强的品种。控制栽培措施及其他外界条件，也能提高植物的抗寒能力。

第三节　植物的抗盐性

一、盐分过多对植物的危害

土壤盐分过多,特别是易溶解的盐类(如 $NaCl$、Na_2CO_2 和 Na_2SO_4 等)过多时,对大多数植物都是有害的,其主要表现在以下 3 个方面。

1. 生理干旱

由于土壤中盐分过多,降低了土壤水势,使植物吸水困难,严重时使细胞组织内水分外渗,造成生理干旱。

2. 单盐毒害作用

虽然土壤中含有各种盐类,但主要以一种盐类为主,形成不平衡溶液,使细胞原生质过多积累这种盐分,导致单盐毒害作用,造成植物死亡。

3. 破坏正常代谢

土壤盐分过多可影响植物各种代谢,特别是细胞内积累过量 Cl^- 和 Mg^{2+} 时,使原生质凝聚,抑制叶绿素合成,影响光合作用和呼吸作用,蛋白质合成受阻,而分解加快(有些蛋白质分解产物对植物有毒害作用)。

二、提高植物抗盐性措施

1. 提高植物的抗盐能力

植物抗盐能力是植物在个体发育过程中形成的对盐渍化的适应。植物在幼龄期,可塑性大,适应能力强。在生产上常可用一定浓度的盐溶液处理吸水膨胀的种子,以提高植物的抗盐性。例如,用 3‰ $NaCl$ 溶液处理棉花和玉米种子 1 小时后,用流水冲洗 1.5 小时,然后再播种,结果它们的出苗率、抗盐性和产量都有所提高。

2. 改善土壤条件

利用种植绿肥或施用有机肥等方法是改良土壤的最佳途径。种植绿肥,使土壤表面由绿肥覆盖,水分散失降低,地下水分增多,减少表土盐化。有机肥分解后产生各种有机酸,可以增加土壤中盐类的溶解度,并中和土壤碱性。磷肥可加速植物生长发育,促进蛋白质合成,提高细胞原生质的保水能力,从而间接提高植物的抗盐性。

3. 培育抗盐性高的植物品种

不同植物品种经受锻炼提高其耐盐性的潜力是不同的。因此可以通过选种、育种方法培育耐盐性高的品种。常见的抗盐性强的植物有盐角草、碱蓬、柽柳、胡杨、艾属和胡子属的植物。在栽培植物中,苦楝、臭椿、乌桕、洋槐、紫槐、泡桐等都具有一定抗盐性。

第四节　环境污染与植物

随着工农业生产的不断发展,排放到环境中的污染物日益增加,大大超过了生态系统(大气、水系和土壤)自然净化的能力,造成环境污染。环境污染可分为大气污染、水质污染和土壤污染。

一、大气污染对植物的危害

大气污染主要是化学燃料燃烧时排出的废气及工业生产过程中排出的有害气体。其污染物种类很多,主要有硫化物、氟化物、氯化物、氮氧化物等。大气污染对植物的危害可分为急性危害、慢性危害和不可见危害。急性危害是在污染浓度高的情况下,短时间内对植物造成的危害,如叶片出现伤斑、枯萎、脱落,甚至整株死亡。慢性危害是指低浓度污染物在长时间作用下对植物造成的危害,如叶片退绿、生长发育受影响。不可见危害是对植物造成生理障碍,抑制其生长。在大气污染中,气体危害主要是堵塞叶面气孔,遮盖叶面,从而影响了植物的蒸腾作用和光合作用的正常进行。

植物对大气污染有一定的抗性,主要视植物的形态结构与体内生理生化作用而定。一般地说,植物对大气污染的抗性木本植物大于草本植物,阔叶树大于针叶树,常绿树大于落叶树,幼龄和新生叶大于老树老叶等。

二、植物在环境保护中的作用——净化环境

减少环境污染的根本措施在于严格控制工矿业生产排放到环境中的污染物质。其中也可以利用植物防治环境污染,因为有些植物具有吸收、累积和分解污染物的能力,有一定的净化作用,某些植物还可以作为监测预报污染状况的指示植物。

在二氧化硫污染区,种植大叶黄杨、女贞、桧柏、梧桐、柳杉、云杉、垂柳、臭椿、丁香等植物既可美化环境,又可吸收二氧化硫。据研究,柳杉林生长的叶片,一年可吸收 720 kg 二氧化硫;洋槐、油茶、柑橘、梧桐等植物具有很强的吸收氟化物的能力,其叶内含氟量高出正常值几倍到十几倍时,还能正常生长。

叶面粗糙、密生茸毛的植物具有过滤空气和吸附粉尘的能力,是天然吸尘器,在有森林的地方,空气含尘量可减少 22%。

　　水生植物如葫芦、浮萍、黑藻等,有吸收水中酚类、氰化物以及汞、铅等重金属的能力。但对已积累了污染物的水生植物,不宜再做禽畜饲料和绿肥,以免影响人畜健康和扩散污染。

思考题

1. 干旱对植物的伤害有哪些? 如何提高植物的抗旱性?
2. 植物的抗寒性、抗冻性与植物生物膜的组分有何关系?
3. 大气、水和土壤污染对植物有哪些危害?
4. 植物在环境保护中有何作用?

实 验 指 导

实验一　显微镜的结构、使用及保养

一、实验目的

了解显微镜的结构,能正确地使用显微镜观察植物材料,掌握显微镜的保养方法。

二、实验仪器与材料

1. 实验材料:植物切片。
2. 实验仪器:显微镜、擦镜纸、软布、二甲苯。

三、实验方法与步骤

1. 显微镜的结构:通常使用的生物显微镜可分为机械装置和光学系统两大部分。

2. 显微镜的使用方法

(1)取镜　拿取显微镜时,必须一手紧握镜臂,一手平托镜座,使镜体保持直立。放置显微镜时要轻,避免震动,应放在身体的左前方,离桌子边 6～7 cm 左右。检查镜的各部分是否完好。镜体用软布擦试,镜头必须用擦镜纸擦拭。

(2)对光　使用时,先将低倍接物镜头转到载物台中央,正对通光孔。用左眼接近接目镜观察,同时用手调节反光镜和集光器,使镜内光亮适宜。镜内所看到的范围叫视野。

(3)放片　把切片放在载物台上,使要观察的部分对准物镜头,用压夹或十字移动架固定切片。

(4)低倍物镜的使用　转动粗调节轮,使镜筒缓慢下降,至物镜接近切片时为止。然后用左眼从目镜向内观察,并转动粗调节轮使镜筒缓慢上升,直至看到物象为止(显微镜内的物像是倒像),再转动细调节轮,将物像调至最清晰。

(5)高倍物镜的使用　在低倍物镜下观察后,如果需要进一步使用高倍物镜观察,先将要放大的部位移到视野中央,再把高倍物镜转移至载物台中央,对正通光孔,一般可粗略看到物像。然后,再用细调节轮调至物像到最清晰。如镜内亮度不够,应增加光强。

(6)镜检结束　使用显微镜,先将接物镜移开,再取出切片。把显微镜擦拭干净,恢复原位,使低倍接物镜转至中央通光孔,下降镜筒,使接物镜接近载物台。将反光镜转直,放回箱内并上锁。

3. 显微镜的保养

(1)使用显微镜时必须严格按照操作规程进行。

(2)不能在显微镜之间随意调换镜头或其他零部件,更不得随意拆卸显微镜。

(3)如镜头沾有不易除去的污物,先用擦镜纸蘸少量二甲苯擦拭,再换用干净的擦镜纸擦干净。

(4)显微镜要放置在固定地方,防止震动。

4. 生物绘图法:在进行植物形态结构观察时,要能够正确地反映出观察材料的形态结构特征,常需要绘图。绘图需要注意以下几点:

(1)绘图要用黑色硬铅笔,不要用软铅笔或有色铅笔,一般用 2H 铅笔为宜。

(2)图的大小及在纸上分布的位置要适当,比例要正确,特别注意准确与科学性。

(3) 绘出的图要与实物相符,观察时要把混杂物、破损、重叠等现象区别清楚,不要把这些现象绘在图上。

四、作业

1. 显微镜的结构分哪几部分? 各部分有什么作用?

2. 使用低倍接物镜及高倍接物镜观察切片时应特别注意什么问题?

实验二　　植物根的形态与构造

一、实验目的

了解不同类群植物根系的基本形态和结构特点,掌握根尖的外形及内部构造。

二、实验仪器与材料

1. 仪器:显微镜、解剖针、镊子、刀片、载玻片、培养皿、盖玻片、擦镜纸、酒精灯。
2. 材料:蚕豆幼苗、大麦幼苗、玉米种子、蚕豆幼根横切制片、玉米根尖纵切制片、玉米根横切制片、棉花老根横切制片。

三、实验步骤

1. 根系的类型

(1)直根系　　蚕豆幼苗有一条自胚根发育而来的明显的主根,其上有多条逐级分枝的侧根。

(2)须根系　　小麦幼苗没有明显的主根,主要由粗细相差不多的不定根组成。不定根上也有逐级分枝的侧根。

2. 根尖的外形及内部构造

(1)根尖的外形

①材料的培养:取玉米种子置于垫铺潮湿滤纸的培养皿内并加盖(以保持一定的湿度),放入恒温培养箱中进行人工培养,温度以 15~25℃为宜,时间为 5~7 天,根长到 2~3 cm 待用。

②根尖的外形观察:选取生长良好的幼根,截取前端 1 cm 于载玻片上,用肉眼或放大镜观察。根的最先端略为透明的部分为根冠,呈帽状,罩在略带黄色的分生区外;分生区上方洁白而光滑的部分为伸长区;密布白色绒毛区域为根毛区。

(2)根的初生构造

①双子叶植物根的初生构造:取蚕豆幼根的横切制片观察,在低倍镜下区分表皮、皮层和维管柱 3 部分,再转高倍镜从外向内仔细观察。

②单子叶植物根的初生构造(一般只有初生构造):取玉米根的横切制片观察。从外向内可分为表皮、皮层和维管柱 3 部分,注意与双子叶植物根的初生构造相比较。

(3)双子叶植物根的次生构造　　取棉花老根的横切制片观察,从外向内依次为:

周皮[木栓层、木栓形成层、栓内层(次生皮层)],次生维管组织(韧皮部、形成层、木质部)。

(4)侧根的形成　观察蚕豆植株的直根系,主根上所生长的侧根排列成四纵行,这些侧根发生的位置是对着初生木质部的,初生木质部为四原型,故侧根有四纵行。

取蚕豆根具有侧根的横切制片观察,看到侧根正对着初生木质部的中柱鞘细胞。因此,侧根为内起源。

四、作业

1. 简述根尖各区的细胞特点;每区选 2~3 个典型细胞,绘图表示。
2. 绘图表示根的初生构造。
3. 绘简图表示双子叶植物根的次生构造。

实验三　植物茎的形态与初生结构

一、实验目的

掌握枝与芽的形态特征和类型,了解茎尖的外形及内部构造。

二、实验材料、仪器与试剂

1. 材料:梨、桑的三年生枝条;玉米等茎尖的纵切制片;向日葵、蚕豆幼茎的横切制片;玉米茎的横切制片;小麦茎的横切制片。
2. 仪器:显微镜、解剖镜、解剖针、镊子、刀片、载玻片、盖玻片、培养皿、擦镜纸、酒精灯等。
3. 试剂:蒸馏水、浓盐酸、水合氯醛、间苯三酚试液。

三、实验步骤

1. 枝与芽的形态特征和类型
(1)枝的基本形态　取三年生梨(或桑)的枝条,区分顶芽、侧芽、节、节间、叶痕、叶迹、皮孔及芽鳞痕。
(2)芽的类型　按芽着生的位置、性质,区别不同类型的芽。

取梨树枝上两种外观不同的芽,首先观察它们的外部形态有什么区别;然后,在解剖镜下解剖观察,它们各自是什么性质的芽。

2. 茎的初生结构

(1)双子叶植物茎的初生结构　取向日葵或菜豆幼茎(成熟区)的横切制片(或进行徒手横切,以水合氯醛液透化后,滴加间苯三酚和浓盐酸制片),先肉眼观察从外至内大体可分为表皮、皮层和维管柱 3 部分,维管束呈环列,束间有髓射线,中央有宽大的髓。再置显微镜下进行详细观察。

(2)单子叶植物茎的初生结构　取玉米茎的横切制片,先肉眼观察从外至内大体可分为表皮、基本薄壁组织和维管束 3 部分,维管束呈散列,无髓射线和髓之分。再在显微镜下进行详细观察。

四、作业

1. 绘简图表示单子叶植物玉米茎的初生结构(横切面),注明各部分名称。
2. 比较双子叶植物茎与根在初生结构上的异同点。
3. 比较双子叶植物茎与单子叶植物茎在初生结构上的异同点。

实验四　植物叶片的形态与结构

一、实验目的

掌握双子叶植物叶片的显微结构,了解不同生境植物叶片的结构特点。

二、实验材料、仪器与试剂

1. 材料:棉花、蚕豆、油菜、桃、玉米、小麦等的叶片,棉花叶片、小麦叶片和松针叶的横切面制片。
2. 仪器:显微镜、解剖针、镊子、刀片、载玻片、盖玻片、培养皿、擦镜纸、酒精灯等。
3. 试剂:蒸馏水、浓盐酸、水合氯醛、间苯三酚试液。

三、实验步骤

1. 叶的形态:观察棉花、蚕豆、油菜、桃、玉米、小麦等的叶,注意其叶的组成、叶的形状、叶脉等有何不同。
2. 双子叶植物叶片的显微结构:取大豆或棉花叶片的横切制片,先在低倍镜下分清上下表皮、叶肉和叶脉 3 部分,然后置高倍镜下详细观察。

3. 单子叶植物(禾本科)叶片的显微结构:取玉米叶片的横切制片观察:表皮、叶肉、叶脉。

四、作业

1. 绘双子叶植物叶片的横切结构详图,注明各部分名称。
2. 比较双子叶植物叶片和单子叶植物(禾本科)叶片的结构异同点。

实验五　花药、花粉粒及子房结构的观察

一、实验目的

了解花药、花粉粒和子房的基本构造。

二、实验材料、仪器与试剂

1. 材料:各类固定标本、干制标本或新鲜标本及玻片标本。
2. 仪器:显微镜、解剖针、镊子、刀片、培养皿、擦镜纸等。
3. 试剂:0.1%~0.2%蔗糖、0.1%硼酸、醋酸洋红、棉蓝等。

三、实验步骤

1. 百合花药横切面永久制片观察

(1)取百合花药(花粉母细胞时期)横切面制片观察　花药横切面呈蝴蝶形,左右两侧各有2个花粉囊或药室,中间有药隔相连,药隔中有一维管束穿过,周围为薄壁组织。

(2)取百合花药(成熟时期)横切面制片观察　花粉囊壁已简化,表皮层仍存在;药室内壁有交织纤维状的细胞壁增厚,又称纤维层,中层已基本退化解体,绒毡层细胞壁不明显至完全解体;花药一侧的两个药室间的隔膜已解体,相互连通为一体并出现裂口,花粉即由此散出。

2. 花粉粒的形态观察:取百合花药1个,置载玻片上用镊子轻压,使花粉粒黏附在玻片上,用0.1%~0.2%蔗糖溶液装片观察:花粉粒呈黄色,长椭圆形,原生质浓厚;花粉壁具有两层,外层壁厚,有网状雕纹,并有一萌发沟,内层壁薄;内壁以内有两个核,其中1个大的为营养细胞,另1个呈纺锤形,为生殖细胞。

3. 子房的基本构造:取百合子房横切面永久制片观察,百合子房横切面近圆

形,由三心皮连合构成的 3 个子房室,每一心皮的边缘向中央合拢形成中轴胎座,横切面上每室有 2 个倒生的胚珠着生在中轴上;子房壁有内、外表皮之分,胚珠着生于内表皮上,中间为圆球形的薄壁细胞;心皮的背缝线和腹缝线处有不甚发达的维管束。

在低倍镜下选取纵切较完整的胚珠,转换高倍镜下仔细观察其基本结构。

四、作业

1. 绘百合花药横切面部分详图,示花药构造和花粉粒。
2. 绘百合胚珠纵切面构造,注明各主要部分。

实验六　蛋白质含量的测定
——考马斯亮蓝 G-250 染色法

一、实验目的

学习掌握考马斯亮蓝 G-250 法测定蛋白质含量的原理和方法。

二、实验原理

考马斯亮蓝 G-250 染料,在游离状态下呈棕红色,与蛋白质结合后则呈现蓝色。蛋白质含量在 $0 \sim 1000$ μg 范围内,蛋白质－染料复合物溶液在 595 nm 下的吸光度与蛋白质含量成正比,可用比色法进行定量测定。本法试剂配制简单,操作简便快捷,灵敏度高,稳定性好,是一种较好的蛋白质常用分析方法。

三、实验材料、仪器及试剂

1. 实验材料:新鲜绿豆芽。
2. 实验仪器:722 分光光度计、研钵、天平、试管、移液管、离心机。
3. 实验试剂

(1)标准牛血清蛋白质溶液　100 $\mu g/ml$ 牛血清蛋白:称取牛血清蛋白 25 mg,加水溶解并定容至 100 ml,吸取上述溶液 40 ml,用蒸馏水稀释至 100 ml 即可。

(2)考马斯亮蓝 G-250 溶液　称取 100 mg 考马斯亮蓝 G-250,溶于 50 ml 90% 的乙醇中,加入 100 ml 85%(W/V)的磷酸,再用蒸馏水定容到 1 L,贮于棕色瓶中。常温下可保存 1 个月。

四、实验步骤

1. 标准曲线的绘制：取 6 支具塞试管，按表 1 加入试剂，混合均匀后，向各管中加入 5 ml 考马斯亮蓝 G-250 溶液，摇匀，并放置 5 分钟左右，用 1 cm 光径比色测定吸光度。以蛋白质浓度为横坐标，以吸光度为纵坐标绘制标准曲线。

2. 样品的提取：准确称取鲜样 2 g，用 2 ml 蒸馏水在冰浴中研成匀浆，转移到 25 ml 容量瓶中并定容。在 8000 rpm 冷冻离心 10 分钟，取上清液待测。

3. 样品中蛋白质含量的测定：另取一支试管，加入 0.2 ml 样品提取液，加入 0.8 ml 蒸馏水和 5 ml G-250 溶液，充分混合，放置 5 分钟后在 595 nm 下比色，测定吸光度，并通过标准曲线查得蛋白质含量。

表 1　不同蛋白质含量的牛血清蛋白质溶液配制表

试　剂	管　号					
	1	2	3	4	5	6
标准蛋白质溶液(ml)	0	0.2	0.4	0.6	0.8	1.0
蒸馏水量(ml)	1.0	0.8	0.6	0.4	0.2	0
G-250 试剂(ml)	5	5	5	5	5	5
蛋白质含量(μg)	0	20	40	60	80	100

五、结果计算

$$样品中蛋白质含量(\mu g/g \cdot FW) = \frac{C \times V_T}{V_S \times W_F \times 1000}$$

式中：C 为查标准曲线值(μg)；V_T 为提取液总体积(ml)；V_S 为测定时加样量(ml)；W_F 为样品鲜重(g)。

实验七　　植物体内游离脯氨酸含量的测定

一、实验目的

植物在正常条件下，游离脯氨酸含量很低，但遇到干旱、低温、盐碱等逆境时，游离脯氨酸便会大量积累，并且积累指数与植物的抗逆性有关。因此，脯氨酸可作为植物抗逆性的一项生化指标。

二、实验原理

采用磺基水杨酸提取植物体内的游离脯氨酸,不仅大大减小了其他氨基酸的干扰,快速简便,而且不受样品状态(干样或鲜样)限制。在酸性条件下,脯氨酸与茚三酮反应生成稳定的红色缩合物,用甲苯萃取后,此缩合物在波长 520 nm 处有一最大吸收峰。脯氨酸浓度的高低在一定范围内与其光密度成正比。

三、实验材料、仪器及试剂

1. 实验材料:小麦叶片。

2. 实验仪器:分光光度计、水浴锅、漏斗、20 ml 大试管、25 ml 具塞刻度试管 9 支、5~10 ml 注射器或滴管。

3. 实验试剂

(1)3％磺基水杨酸水溶液;甲苯。

(2)2.5％酸性茚三酮显色液 冰乙酸和 6 mol/L 磷酸以 3：2 混合,作为溶剂进行配制,此液在 4℃下 2~3 天有效。

(3)脯氨酸标准溶液 称取 25 mg 脯氨酸,蒸馏水溶解后定容至 250 ml,其浓度为 100 μg/ml。再取此液 10 ml 用蒸馏水稀释至 100 ml,即成 10 μg/ml 的脯氨酸标准液。

四、实验步骤

1. 标准曲线制作

(1)取 7 支具塞刻度试管按表 1 加入各试剂。混匀后加玻璃球塞,在沸水中加热 30 分钟。

(2)取出、冷却后向各管加入 5 ml 甲苯充分振荡,以萃取红色物质。静置待分层后,吸取甲苯层以"0"管为对照,在波长 520 nm 下比色。

(3)以光密度值为纵坐标,脯氨酸含量为横坐标,绘制标准曲线,求线性回归方程。

表 1 各试管中试剂加入量

管 号	0	1	2	3	4	5	6
标准脯氨酸量(ml)	0	0.2	0.4	0.8	1.2	1.6	2.0
H_2O(ml)	2.0	1.8	1.6	1.2	0.8	0.4	0
冰乙酸(ml)	2.0	2.0	2.0	2.0	2.0	2.0	2.0
显色液(ml)	3.0	3.0	3.0	3.0	3.0	3.0	3.0
脯氨酸含量(μg)	0	2	4	8	12	16	20

2. 样品测定

（1）脯氨酸提取　取不同处理的剪碎混匀小麦叶片 0.2～0.5 g（干样根据水分含量酌减），分别置于大试管中，加入 5 ml 3％磺基水杨酸溶液，管口加盖玻璃球塞，于沸水浴中浸提 15 分钟。

（2）取出试管，待冷却至室温后，吸取上清液 2 ml，加 2 ml 冰乙酸和 3 ml 显色液，于沸水浴中加热 40 分钟。

（3）取出冷却后向各管加入 5 ml 甲苯充分振荡，以萃取红色物质。静置待分层后吸取甲苯层，以空白管为对照，在波长 520 nm 下比色测定。

（4）结果计算　从标准曲线中查出测定液中脯氨酸浓度，按下式计算样品中脯氨酸含量的百分数：

$$脯氨酸（％）（\mu g/g \cdot FW 或 DW）= \frac{C \times V}{a \times W \times 10^6} \times 100\%$$

式中：C 为提取液中脯氨酸含量（μg），由标准曲线求得；V 为提取液总体积（ml）；a 为测定时所吸取提取液的体积（ml）；W 为样品重（g）。

四、注意事项

样品测定时若气温较低，萃取物分层不清晰，可将试管置 40 ℃左右的水浴中快速测定；或静置后测定。

实验八　维生素 C 含量的测定
——2,6-二氯酚靛酚滴定法

一、实验目的

本实验要求学生掌握实验测定原理和实验技术。

二、实验原理

维生素 C 在体内是一种较强的还原剂，利用染料 2,6-二氯酚靛酚作氧化剂，可将还原态的维生素 C 氧化成脱氢，而染料本身还原成无色的衍生物。

2,6-二氯酚靛酚在酸性条件下呈红色。在滴定终点之前，滴下的 2,6-二氯酚靛酚立即被还原成无色。当溶液从无色转变成微红色时，即为滴定终点。

三、实验材料、仪器及试剂

1. 实验材料：水果或蔬菜。

2. 实验仪器：微量滴定管、量瓶、三角瓶、研钵、量筒、刻度吸管。

3. 实验试剂

(1)2％草酸　称取 10 g 草酸溶于少量蒸馏水中，定容至 500 ml。

(2)0.001 mol/L 2,6-二氯酚靛酚钠溶液　称取干燥的 2,6-二氯酚靛酚钠 60 mg，放入 200 ml 量瓶中，加热蒸馏水 100～150 ml，滴加 0.01 mol/L NaOH 4～5 滴，强烈摇动 10 分钟，冷却后加水到刻度。摇匀后用紧密滤纸过滤于棕色瓶中，贮于冰箱中备用，有效期限为一周。使用前需标定。

四、实验步骤

1. 样品的处理和提取：称取 4.0 g 新鲜样品，置研钵中，加 5 ml 2％草酸，研成匀浆。通过漏斗将样品提取液转移到 50 ml 容量瓶中。残渣再用 2％草酸提取 2～3 次，提取液及残渣一并转入容量瓶。2％草酸总量为 50 ml，最后以 2％草酸定容。摇匀，过滤，滤液备用。

2. 样品的测定：吸取滤液 10 ml，放入 50 ml 三角瓶中，立即用 2,6-二氯酚靛酚钠溶液滴定到出现明显的粉红色在 15 秒内不消失为止。记录所用滴定液体积。（再重复二次）

3. 空白测定：取 2％草酸 10 ml，放入另一 50 ml 三角瓶内，用 2,6-二氯酚靛酚钠滴定到终点，记录染料用量（平行两份）。

五、结果与计算

$$X = \frac{(V_1 - V_2) \times K \times V}{W \times V_3} \times 100$$

式中：X 为 100 g 样品所含维生素 C 毫克数（mg/100 g）；W 为称取样品重（g）；V_1 为滴定样品所用染料 ml 数；V_2 为滴定空白所用染料 ml 数；V_3 为样品测定时所用滤液 ml 数（即 10 ml）；V 为样品提取液稀释之总体积（即 50 ml）；K 为 1 ml 染料液所能氧化维生素 C 之毫克数，可由标定算出。

实验九　硝酸还原酶活性的测定

一、实验目的

学习掌握硝酸还原酶的测定原理及方法。

二、实验原理

硝酸还原酶是植物氮代谢中的关键性酶。植物吸收的硝酸根离子,首先通过硝酸还原酶的催化,被还原成亚硝酸根离子。产生的亚硝酸根离子可以从组织内渗到外界溶液中,测定反应液中亚硝酸含量,通过一定公式计算就可得硝酸还原酶活性的大小。

亚硝酸离子的测定用比色法,反应生成的红色偶氮化合物在 520 nm 波长比色,其光密度值与 NO_2^- 含量成正比。

三、实验材料、仪器及试剂

1. 实验材料:待测植物组织。

2. 实验仪器:分光光度计、真空泵、扭力天平、保温箱、真空干燥器、试管 9 支、移液管、烧杯、吸水纸。

3. 实验试剂

(1)0.2 mol/L 硝酸钾　溶解 10.11 g 硝酸钾于蒸馏水中,定容至 500 ml。

(2)0.1 mol/L 磷酸盐缓冲液,pH7.5。

a 液:0.2 mol/L NaH_2PO_4。取 NaH_2PO_4 27.8 g,配成 1000 ml。

b 液:0.2 mol/L Na_2HPO_4。取 Na_2HPO_4 • $12H_2O$ 71.7 g,加蒸馏水配成 1000 ml。

取 a 液 16 ml,b 液 84 ml,混合,用蒸馏水稀释至 200 ml。

(3)对氨基苯磺酸(或磺胺)1 g,加 3 mol/L 盐酸溶解后,用蒸馏水稀释至 100 ml。

(4)盐酸萘乙二胺水溶液 0.02%。

(5)亚硝酸钠标准液　称取 AR 级 $NaNO_2$ 0.1 g,用蒸馏水溶解并定容至 100 ml。然后吸取 5 ml,再用蒸馏水稀释至 1000 ml,即为 $NaNO_2$ 标准液 5 $\mu g/ml$。

四、实验步骤

1. 取样:随机取样 5～10 株,选取叶片,剪下,水洗。用吸水纸擦干表面水分,用剪刀剪成长约 0.5 cm 的切段,在蒸馏水中冲洗 2～3 次,吸干水分,迅速称取 4 份各 0.5 g,分别置于 4 支试管,编号,以 1、2 管作对照,各加 5 ml pH7.5 缓冲液和 5 ml 蒸馏水,以 3、4 管作处理,各加 5 ml pH7.5 缓冲液和 5 ml 0.2 mol/L 的硝酸钾,然后将试管置于真空干燥器中,接上真空泵,抽气 10～15 分钟,放气后,叶片浸入溶液中,将试管置于 35℃ 恒温培养箱中,准确记时,使酶在暗处反应 30 分钟。

2. $NaNO_2$ 含量测定:反应 30 分钟后,分别取出反应液 1 ml 于试管中,加入对氨基苯磺酸或磺胺 2 ml,混匀。再加入盐酸萘乙二胺或 α-萘胺 2 ml,再混匀。在 35℃ 恒温培养箱中保温 30 分钟。用分光光度计以绘制标准曲线的 1 号管作空白,在 520 nm 波长比色。记录光密度,从标准曲线上查 $NaNO_2$ 含量;换算为 NO_2^- 含量,再按一定公式计算酶的活性,以每小时每克鲜重生成的 NO_2^- 微克数表示。

3. 绘制标准曲线:取 7 支试管,编号,按表 1 顺序加入试剂,每加完一种试剂,摇动试管,使之均匀。待所有试剂加完后,将各试管置于 35℃ 恒温箱中保温 30 分钟,立即于 520 nm 波长进行比色,1 号管为空白。记录光密度,以光密度为纵坐标,$NaNO_2$ 含量为横坐标,绘标准曲线。

表 1

试管号 试剂(ml)	1	2	3	4	5	6	7
$NaNO_2$ 标准液(5 μg/ml)	0	0.1	0.2	0.4	0.6	0.8	1
蒸馏水	1	0.9	0.8	0.6	0.4	0.2	0
对氨基苯磺酸(或磺胺)	2	2	2	2	2	2	2
盐酸萘乙二胺(或 α-萘胺)	2	2	2	2	2	2	2
每管含 $NaNO_2$ 的微克数	0	0.5	1	2	3	4	5

五、注意事项

1. 亚硝酸的磺胺比色法比较灵敏,显色速度受温度和酸度等因素的影响。因此,标准液与样品液的测定应在相同条件下进行,方可比较。

2. 取样前,叶子需进行一段时间的光合作用,以积累碳水化合物,否则酶活性偏低。水稻中缺乏硝酸还原酶,可在取样前一天用 50 mmol/L KNO_3 或 $NaNO_3$ 加在培养液中,以诱导硝酸还原酶的生成。

实验十　　植物组织含水量的测定

一、实验目的

学习测定植物不同组织的含水量，了解植物的生理活动。

二、实验原理

测定植物组织含水量经典的方法是烘干法，于 105℃ 烘箱中烘至恒重，失去的水分则代表组织的含水量。

三、实验材料、仪器及试剂

1. 实验材料：小麦种子、玉米种子、黄瓜、地瓜（根、茎、叶）、白菜。
2. 实验仪器：分析天平、称量瓶、干燥器、烘箱。

四、实验步骤

1. 称量瓶的恒重：将洗净的两个称量瓶编号，放在 105℃ 恒温烘箱中，烘 2 小时左右，取出放入干燥器中冷却至室温后，在分析天平上称重，再于烘箱中烘 2 小时，重复两次（两次称量误差不得超过 0.002 g），求得平均值，将称量瓶放入干燥器中待用。

2. 将待测种子或其他植物材料研成粗粒或剪碎，用已称重的称量瓶在分析天平上准确称取约 2.5 g（此数量视组织含水量多少而适当调整），放置在烘箱中，打开瓶盖，在 105℃ 下干燥 4～6 小时，加瓶盖后取出称量瓶，放在干燥器中冷却至室温，再用分析天平称量，然后再放到烘箱中 2 小时，在干燥器中冷却到室温再称重，这样反复两次，直至最后两次称重误差不超过 0.002 g 为止。

五、结果计算

含水量以水分占植物组织鲜重百分数计算。

$$含水量（占鲜重比例）=\frac{干燥前样品重量-干燥后样品重量}{干燥前样品重量}×100\%$$

六、作业

1. 各种植物含水量有何差异,为什么?
2. 测植物含水量时为何要在105℃烘箱中烘干?

实验十一 液体交换法测定植物组织水势
——小液流法

一、实验目的

了解植物与环境之间水分移动与植物组织水势的关系,掌握小液流法测定植物组织水势的基本方法。

二、实验原理

小液流法以比重大小测定蔗糖溶液浓度变化,因此又称为比重法。当植物组织与外界溶液接触时,若组织水势小于外液水势,水分进入植物组织,外液浓度增高;相反,组织水分进入外液,使外液浓度降低;若二者水势相等,组织不吸水也不失水,外液浓度不变。溶液浓度不同,比重不同。取浸过组织的蔗糖溶液一小滴(为便于观察加入少许甲烯蓝),放入未浸植物组织的原浓度溶液中,观察有色溶液的沉浮。若液滴上浮,表示浸过样品后的溶液浓度变小;液滴下沉,表示浸过样品后的溶液浓度变大;若液滴不动,表示浓度未变,该溶液水势即等于植物组织水势。实际测定时,常常不易找到有色液滴不动的溶液,而是取接近组织水势的相邻两种溶液浓度的平均值。

三、实验材料、仪器及试剂

1. 实验材料:植物组织(胡萝卜肉质根或其他作物的叶片)。
2. 实验仪器:水势测定取样箱、青霉素瓶或小试管(12 mm×10 mm)6 支、大试管(15 mm×150 mm)、毛细移液管、试管架、打孔器、干净硬纸片、镊子、温度计、解剖针。
3. 实验试剂
(1)蔗糖溶液　配制 1 mol/L 蔗糖溶液。
(2)甲烯蓝(研成粉末)。

四、实验方法

1. 1.00 mol/L 蔗糖溶液为母液,依照公式 $C_1V_1=C_2V_2$ 配置一系列不同浓度的蔗糖溶液(0.05 mol/L,0.1 mol/L,0.2 mol/L,0.3 mol/L,0.4 mol/L,0.5 mol/L),取 6 个干净的大试管(15 mm×180 mm),贴上不同浓度(或水势)的标签。向大试管中加入不同蔗糖溶液 4~5 ml。

2. 另取 6 支干净、干燥的小试管或青霉素瓶,编好号,按顺序放在试管架上,作为试验组。然后由对照组的各试管中分别取溶液 1 ml 移入相同编号的试验组试管中,加塞,备用。

3. 取胡萝卜肉质根或剪下具有代表性的新鲜叶片,迅速放入取样箱,用打孔器打成圆片(实验材料的取样部位一定要一致,若为叶片组织要避开大的叶脉部分),分别装入小试管或青霉素底部,一般胡萝卜肉质根放入 8 片(厚约 1 mm)左右,叶片材料放入 20 片左右。分别加入小试管或青霉素瓶,加盖,摇匀,放少许甲烯蓝,静置 20 分钟。

4. 用干净的毛细移液管,吸挤小试管底部蓝色溶液,使其充分混合均匀,并吸取 1~2 滴,小心地插入装着相对应同浓度蔗糖溶液大试管溶液的中部,轻轻地挤出一小滴蓝色溶液,慢慢转动毛细管头部,抽出毛细移液管,观察蓝色液滴流动方向。蓝色溶液不动的试管或蓝色液滴上浮、下沉的两个相邻试管蔗糖浓度的平均值,即为等势点。

五、结果计算

如蔗糖溶液按水势值配制,测出的结果不必再进行运算。

若蔗糖溶液按摩尔浓度配制,按下式计算植物组织水势。

$$\Psi_{cell}=\Psi_{out}=-iCRT$$

式中:Ψ_{cell} 为植物组织水势;Ψ_{out} 为外界溶液渗透势,单位为大气压,最后换算成标准单位 MPa。1 大气压=1.013 巴=1.013×10⁵ Pa;C 为等势点的蔗糖浓度(摩尔/升);R 为气体常数[0.082 大气压·升/(摩尔·开尔文)];T 为绝对温度,即 273+t(t 为当时摄氏温度);i 为解离常数(蔗糖为 1)。

六、注意事项

1. 小液流法中,用滴管挤出液滴及向外抽出滴管时,用力一定要小、要慢。

2. 折射仪法前后两次测定溶液的折光系数时的温度必须一致。

七、思考题

用小液流法测定植物组织的水势与质壁分离法测定植物细胞的渗透势都是以外界溶液的溶质势算出植物组织的水势,它们之间的区别何在?

实验十二　叶绿体色素的提取、分离和理化性质

一、实验目的

了解叶绿体色素在植物光合作用的光能吸收、传递和转换中的重要作用;掌握叶绿体色素提取分离的方法并了解它们的重要理化性质。

二、实验原理

1. 提取分离:植物叶绿体色素是吸收太阳光能进行光合作用的重要物质,它一般由叶绿素 a、叶绿素 b、胡萝卜素和叶黄素等组成。从植物叶片中提取和分离色素是认识叶绿体色素的前提。利用叶绿体色素不易溶于水而溶于有机溶剂的特性,可用丙酮等有机溶剂提取。

2. 色素分离:分离叶绿体色素的方法有多种,纸层析是最简便的一种。当溶剂不断地从纸上流过时,由于混合物中各成分在两相(即流动相和固定相)间具有不同的分配系数,所以它们的移动速度不同,因而使样品混合物分离。

3. 荧光现象:叶绿素分子吸收光量子,由基态上升到激发态,激发态不稳定,有回到基态的趋向,当由第一单线态回到基态时发射出的光称为荧光。

4. 取代反应:叶绿素中的镁可以被 H^+ 所取代而形成褐色的去镁叶绿素。去镁叶绿素遇铜则成为铜代叶绿素,铜代叶绿素很稳定,在光下不易被破坏,故常用此法制作绿色多汁植物的浸渍标本。

5. 皂化反应:叶绿素是一种二羧酸叶绿酸与甲醇和叶绿醇形成的复杂酯,故可与碱起皂化反应而形成醇(甲醇和叶绿醇)和叶绿酸的盐,产生的盐能溶于水中,可用此法将叶绿素与类胡萝卜素分开。

三、实验材料、仪器及试剂

1. 实验材料:新鲜植物叶片。
2. 实验仪器:大试管、软木塞、大头针、滤纸、天平、漏斗、烧杯、量筒、研钵、毛细

管、分光镜、分液漏斗、表面皿、吸耳球、试管、移液管、剪刀。

3. 实验试剂：丙酮、汽油或四氯化碳、无水碳酸钠、碳酸钙、石英砂、苯、乙醚、氢氧化钾、甲醇、醋酸铜、醋酸、氢氧化铵。

四、实验步骤

1. 色素的提取：称取新鲜植物叶片 5 g，放入研钵中加丙酮 5 ml 及少许碳酸钙和石英砂，研磨成匀浆，再加丙酮 5 ml，研磨至丙酮染成深绿色，然后以漏斗过滤之，即为叶绿体色素提取液。

2. 叶绿素的荧光现象：取上述色素丙酮提取液于试管中，在反射光和透射光下，观察提取液的颜色，反射光观察到的溶液颜色，即为叶绿素产生的荧光颜色。

3. H^+ 和 Cu^{2+} 对叶绿素分子中 Mg^{2+} 的取代作用：取上述色素提取液少许于试管中，一滴一滴加入 50％醋酸，直至溶液出现褐色，此时叶绿素中 Mg^{2+} 被 H^+ 所取代，形成去 Mg 叶绿素。加入醋酸铜晶体一小块，渐渐加热溶液，则又产生鲜亮的绿色，即表明铜又替代去 Mg 叶绿素分子中氢的位置，形成了铜代叶绿素。

4. 黄色素和绿色素的分离

(1)取上述色素丙酮提取液 10 ml，加到盛有 20 ml 乙醚的分液漏斗中，摇动分液漏斗，并沿漏斗边缘加入 30 ml 蒸馏水，轻轻摇动分液漏斗，静置片刻，溶液即分为两层，色素全部转入上层乙醚时，弃去下层丙酮和水，再用蒸馏水冲洗乙醚溶液一、二次。再往色素乙醚溶液中加入约 5 ml 30％ KOH 甲醇溶液，用力摇动分液漏斗，静置约 10 min。然后再加入蒸馏水约 10 ml 及乙醚 5 ml（乙醚也可以不加），摇动后静置分离，则得黄色素层和绿色素层，分别置于试管中保存。

(2)用刻度吸管吸取叶绿体色素提取液 5 ml 放入试管中，再加入 5 ml 20％的 KOH 甲醇溶液，充分摇匀。

片刻后，加入 5ml 苯，摇匀，再沿试管壁慢慢加入 1～1.5 ml 蒸馏水，轻轻混匀（勿激烈摇动），于试管架上静置，可看到溶液逐渐分为两层：下层是稀的乙醇溶液，其中溶有皂化叶绿素 a 和 b（以及少量叶黄素）；上层是苯溶液，其中溶有黄色的胡萝卜素和叶黄素。

五、注意事项

低温下发生皂化反应的叶绿体色素溶液，易乳化而出现白色絮状物，溶液浑浊，且不分层，可激烈摇荡，放在 30～40℃水浴中加热，溶液很快分层，絮状物消失，溶液变得清澈透明。

六、思考题

1. 用不含水的有机溶剂如无水乙醇、无水丙酮等提取植物材料,特别是干材料的叶绿体色素往往效果不佳,原因何在?

2. 研磨提取叶绿素时加入 $CaCO_3$、石英砂各有什么作用?

实验十三　　叶绿体色素的定量测定
——紫外分光光度计法

一、实验目的

学习叶绿体色素的提取和定量测定的方法,并掌握分光光度计的使用。

二、实验原理

根据叶绿体色素提取液对可见光谱的吸收,利用分光光度计在某一特定波长下测定其光密度,即可用公式计算出提取液中各色素的含量。

根据朗伯-比尔定律,某有色溶液的光密度 D 与其中溶质浓度 C 和液层厚度 L 成正比,即

$$D=kCL$$

式中: k 为比例常数。当溶液浓度以百分浓度为单位,液层厚度为 1 cm 时, k 为该物质的比吸收系数。各种有色物质溶液在不同波长下的比吸收系数可通过测定已知浓度的纯物质在不同波长下的光密度而求得。

如果溶液中有数种吸光物质,则此混合液在某一波长下的总光密度等于各组分在相应波长下光密度的总和,这就是光密度的加和性。测定叶绿体色素混合提取液中叶绿素 a、b 及类胡萝卜素的含量,只需测定该提取液在三个特定波长下的光密度 D,并根据叶绿素 a、b 及类胡萝卜素在该波长下的比吸收系数即可求出其浓度。在测定叶绿素 a、b 时,为了排除类胡萝卜素的干扰,所用单色光的波长选择叶绿素在红光区的最大吸收峰。

已知叶绿素 a、b 的 80% 丙酮提取液在红光区的最大吸收峰分别为 663 nm 和 645 nm,又知在波长 663 nm 下,叶绿素 a、b 在该溶液中的比吸收系数分别为 82.04 和 9.27,在波长 645 nm 下分别为 16.75 和 45.60,可根据加和性原则列出以下关系式:

$$D_{663} = 82.04C_a + 9.27C_b \tag{1}$$
$$D_{645} = 16.75C_a + 45.60C_b \tag{2}$$

式中：D_{663} 和 D_{645} 为叶绿素溶液在波长 663 nm 和 645 nm 时的光密度，C_a、C_b 分别为叶绿素 a 和 b 的浓度，以 mg/L 为单位。解方程组(1)、(2)，得：

$$C_a = 12.72D_{663} - 2.59D_{645} \tag{3}$$
$$C_b = 22.88D_{645} - 4.67D_{663} \tag{4}$$

将 C_a 与 C_b 相加即得叶绿素总量(CT)：

$$C_T = C_a + C_b = 20.2D_{645} + 8.05D_{663} \tag{5}$$

另外，由于叶绿素 a、b 在 D_{652} nm 的吸收峰相交，两者有相同的比吸收系数(均为 34.5)，也可以在此波长下测定一次(D_{652})，而求出叶绿素 a、b 总量：

$$C_T = (D_{652} \times 1000)/34.5 \tag{6}$$

在有叶绿素存在的条件下，用分光光度法可同时测出溶液中类胡萝卜素的含量。Lichtenthaler等对 Amon 法进行了修正，提出了 80％丙酮提取液中三种色素含量的计算公式：

$$C_a = 12.21D_{663} - 2.81D_{645} \tag{7}$$
$$C_b = 20.13D_{645} - 5.03D_{663} \tag{8}$$
$$C_{x \cdot c} = (1000D_{470} - 3.27C_a - 104C_b)/229 \tag{9}$$

式中：C_a、C_b 分别为叶绿素 a、b 的浓度；$C_{x \cdot c}$ 为类胡萝卜素的总浓度；D_{663}、D_{645}、D_{470} 分别为叶绿体色素提取液在波长 663 nm、645 nm、470 nm 下的光密度。

由于叶绿体色素在不同溶剂中的吸收光谱有差异，因此，在使用其他溶剂提取色素时，计算公式也有所不同。叶绿素 a、b 在 95％乙醇中最大吸收峰的波长分别为 665 nm 和 649 nm，类胡萝卜素为 470 nm，可据此列出以下关系式：

$$C_a = 13.95D_{665} - 6.88D_{649} \tag{10}$$
$$C_b = 24.96D_{649} - 7.32D_{663} \tag{11}$$
$$C_{x \cdot c} = (1000D_{470} - 2.05C_a - 114.8C_b)/245 \tag{12}$$

三、实验材料、仪器及试剂

1. 实验材料：新鲜植物叶片。

2. 实验仪器：紫外分光光度计、研钵 2 套、剪刀 1 把、玻璃棒、25 ml 棕色容量瓶、小漏斗、滤纸、吸水纸、擦镜纸、滴管、电子天平。

3. 实验试剂：80％丙酮、石英砂、碳酸钙粉末。

四、实验方法

1. 取新鲜植物叶片(或其他绿色组织)或干材料，擦净组织表面污物，剪碎(去掉中脉),混均。

2. 称取剪碎的新鲜样品 0.1 g,共 3 份,分别放入研钵中,加少量石英砂和碳酸钙粉及 2~3 ml 80%丙酮研成匀浆,再加 80%丙酮 10 ml;继续研磨至组织变白,静置 3~5 分钟。

3. 取滤纸 1 张,置漏斗中,用 80%丙酮湿润,沿玻璃棒把提取液倒入漏斗中,过滤到 25 ml 棕色容量瓶中,用少量 80%丙酮冲洗研钵、研棒及残渣数次,最后连同残渣一起倒入漏斗中。

4. 用滴管吸取乙醇,将滤纸上的叶绿体色素全部洗入容量瓶中,直至滤纸和残渣中无绿色为止。最后用 80%丙酮定容至 25 ml,摇匀。

5. 把叶绿体色素提取液倒入比色杯内。以 80%丙酮为空白,在波长 652 nm 下测定光密度。

6. 按公式(6)计算叶绿素 a、b 的总量浓度 C(mg/L)。

7. 求得色素的浓度后再按下式计算组织中各色素的含量(用 mg/g 鲜重或干重表示):

$$叶绿体色素含量 = \frac{叶绿素的浓度(C) \times 提取液体积 \times 稀释倍数}{样品鲜重(或干重)}$$

五、注意事项

1. 为了避免叶绿素的光分解,操作时应在弱光下进行,研磨时间应尽量短些。

2. 叶绿体色素提取液不能浑浊。可在 710 nm 或 750 nm 波长下测量光密度,其值应小于当波长为叶绿素 a 吸收峰时光密度值的 5%,否则应重新过滤。

3. 用分光光度计法测定叶绿素含量,对分光光度计的波长精确度要求较高。如果波长与原吸收峰波长相差 1 nm,则叶绿素 a 的测定误差为 2%,叶绿素 b 为 19%,使用前必须对分光光度计的波长进行校正。校正方法除按仪器说明书外,还应以纯的叶绿素 a 和 b 来校正。

六、思考题

1. 叶绿素 a、b 在蓝光区也有吸收峰,能否用这一吸收峰波长进行叶绿素 a、b 的定量分析?为什么?

2. 为什么提取叶绿素时干材料一定要用 80%的丙酮,而新鲜的材料可以用无水丙酮提取?

实验十四　根系活力的测定(TTC 法)

一、实验目的

掌握 TTC 法测定植物根系活力的原理和方法。

二、实验原理

根是植物的重要器官,它不断生长,具有吸收水分和矿物质养分的功能,而且还能进行合成代谢,如氨基酸、植物激素等的合成。所谓根系活力是泛指根的吸收、合成代谢等的能力。根系活力与吸收作用的强弱有直接关系,与脱氢酶系活性的强弱成正比。TTC 法测定根系活力就是根据根系脱氢酶系氧化还原能力强弱而设计的。

氯化苯基四氮唑(TTC)是标准氧化还原电位为 -80 mV 的氧化还原物质。溶于水中为无色溶液,但还原后生成红色不溶于水的三苯基甲腙(TTF)。反应如下:

TTC无色,溶于水　　　　　　　　TTF（三苯基甲腙），不溶于水，红色

生成的三苯基甲腙呈稳定的红色,不会被空气中的氧自动氧化,所以 TTC 被广泛用作脱氢酶的氢受体。植物根系中脱氢酶可引起 TTC 还原,此反应可因加入琥珀酸、延胡索酸、苹果酸等得到加强;而被丙二酸、碘乙酸所严重抑制。在幼根中,脱氢酶活性的强弱与根系活力成正比。所以,通过测定脱氢酶的活性,可由脱氢酶活性代表根系活力。此法既可定性,又可定量测定。

三、实验材料、仪器及试剂

1. 实验材料:萌发的小麦种子。
2. 实验仪器:分光光度计、分析天平、托盘天平、温箱、研钵、漏斗、量筒(10 ml)、刻度移液管、试管(10 ml)、试管架、药勺、石英砂适量、称量瓶(30 mm×60 mm)、容量瓶(100 ml)。
3. 实验试剂
(1)乙酸乙酯(分析纯)。
(2)连二亚硫酸钠($Na_2S_2O_4$),分析纯,粉末。

(3)1％TTC 溶液　准确称取 TTC 1.0 g,溶于少量蒸馏水中,定容至 100 ml。溶液 pH 应在 6.5～7.5,以 pH 试纸试之,如不易溶解,可先加少量酒精,使其溶解后再加水。

(4)0.4％ TTC 溶液　准确称取 TTC 0.4 g,溶于少量蒸馏水中,定容至 100 ml。

(5)磷酸缓冲液(1/15 mol/L,pH 7.0)　配置方法为:A 液,称取分析纯 Na$_2$HPO$_4$・H$_2$O 11.876 g 溶于蒸馏水中,定容至 1000 ml;B 液,称取分析纯 KH$_2$PO$_4$ 9.078 g 溶于蒸馏水中,定容至 1000 ml。用时取 A 液 60 ml、B 液 40 ml 混合即成。

(6)1 mol/L 硫酸　用量筒量取比重 1.84 的浓硫酸 55 ml,边搅拌边加入盛有 500 ml 蒸馏水的烧杯中,冷却后稀释至 1000 ml。

(7)0.4 mol/L 琥珀酸钠　称取琥珀酸钠(含 6 个结晶水)10.81 g,溶于蒸馏水中,定容至 100 ml。

四、实验方法

1. 定性测定

(1)配置反应液　把 1％ TTC 溶液、0.4 mol/L 琥珀酸钠和 1/15 mol/L 磷酸缓冲液按 1∶5∶4 的比例混合,制备反应液 20 ml。

(2)把根仔细洗净,把地上部分从茎基切除,将根放入三角瓶中,倒入反应液,以浸没根为度,置 37℃左右暗处放 40 分钟,以观察着色情况,新根尖端几毫米以及细侧根都明显地变成红色,表明该处有脱氢酶系存在。

2. 定量测定

(1)TTC 标准曲线的制作　吸取 0.25 ml 0.4％ TTC 溶液放入 10 ml 容量瓶,加少许 Na$_2$S$_2$O$_4$ 粉末,摇匀后立即产生红色的 TTF。再用乙酸乙酯定容至刻度,摇匀。然后分别取此液 0.10 ml、0.25 ml、0.50 ml、0.75 ml、1.00 ml 置 10 ml 刻度试管中,用乙酸乙酯定容至刻度,即得到含 TTC 20 μg、50 μg、100 μg、150 μg、200 μg 的标准比色系列,以乙酸乙酯作参比,在 485 nm 波长下测定光密度。以 TTC 还原量为横坐标,光密度为纵坐标,绘制标准曲线。

(2) 剪取植物根尖 1 cm 部分为实验材料,称取根样品 0.5 g,放入刻度试管中(空白试验先加硫酸再加入根样品,其他操作相同),加入 0.4％ TTC 溶液和磷酸缓冲液各 5 ml,把根充分浸没在溶液内,在 37℃下暗处保温 40～60 分钟,植物根尖部分成为红色。之后加入 1 mol/L 硫酸 2 ml,以停止反应。

(3)用镊子把根取出,吸干水分后与乙酸乙酯 3～4 ml 和少量石英砂一起磨碎,以提出 TTF。把红色提取液移入试管,用少量乙酸乙酯把残渣洗涤 2～3 次,直到残渣为白色。皆移入试管,最后加乙酸乙酯使总量为 5 ml,用分光光度计在 485 nm 下比色,以空白作参比读出光密度,查标准曲线,求出 TTC 还原量。

(4)计算　将所得数据带入公式,求出 TTC 还原强度。

$$TTC 还原强度(TTC 还原量 \mu g/g \cdot h) = \frac{TTC 还原量(\mu g)}{根重(g) \times 时间(小时)}$$

五、思考题

反应中加入硫酸、琥珀酸或延胡索酸、苹果酸各起什么作用?

实验十五　植物溶液培养和缺素培养

一、实验目的

本实验学习溶液培养的技术,并证明氮、磷、钾、钙、镁、铁诸元素对植物生长发育的重要性。

二、实验原理

用植物必需的矿质元素按一定比例配成培养液来培养植物,可使植物正常生长发育,如缺少某一必需元素,则会表现出缺素症;将所缺元素加入培养液中,缺素症状又可逐渐消失。

三、实验材料、仪器及试剂

1. 仪器:烧杯 25 ml 和 500 ml、移液管 1 ml 和 5 ml、量筒 1000 ml、培养瓶(可用 600~1000 ml 塑料广口瓶或瓷质、玻璃质培养缸)、黑色蜡光纸或报纸适量、塑料纱网纱布(15 cm×15 cm)1 块、精密 pH 试纸(pH5.4~7.0)、搪瓷盘(带盖)、石英砂适量、陶质花盆、500 ml 试剂瓶。

2. 试剂:硝酸钾、硫酸镁、磷酸二氢钾、硫酸钾、硫酸钠、磷酸二氢钠、硝酸钠、硝酸钙、氯化钙、硫酸亚铁、硼酸、氯化锰、硫酸铜、硫酸锌、钼酸、盐酸、乙二胺四乙酸二钠,以上试剂均需分析纯。

四、实验方法

1. 精选高活力玉米(或番茄)种子为试验材料。

2. 培苗:用搪瓷盘装入一定量的石英砂或洁净的河沙,将已浸种一夜的玉米(或番茄)等种子均匀地排列在沙面上,再覆盖一层石英砂,保持湿润,然后放置在温暖处

表1 大量元素贮备液配制表

营养盐		浓度(g/L)
$Ca(NO_3)_2 \cdot 4H_2O$		236.0
KNO_3		102.0
$MgSO_4 \cdot 7H_2O$		98.0
KH_2PO_4		27.0
K_2SO_4		88.0
$CaCl_2$		111.0
NaH_2PO_4		24.0
$NaNO_3$		170.0
Na_2SO_4		21.0
EDTA-Fe	$EDTA-Na_2$	7.45
	$FeSO_4 \cdot 7H_2O$	5.57

备注:EDTA-Fe 的配制,将 $EDTA-Na_2$ 和硫酸亚铁分别溶解,然后合在一起煮沸,用蒸馏水定容至 1000 ml。

发芽。第一片真叶完全展开后,选择生长一致的幼苗,小心地移植到各种缺素培养液中。移植时注意勿损伤根系。

3. 配制大量元素及铁贮备液:用蒸馏水按表1配制。微量元素贮备液按以下配方配制:称取 H_3BO_3 2.86 g,$MnCl_2 \cdot 4H_2O$ 1.81 g,$CuSO_4 \cdot 5H_2O$ 0.08 g,$ZnSO_4 \cdot 7H_2O$ 0.22 g,$H_2MoO_4 \cdot H_2O$ 0.09 g,上述药品分别溶解后用蒸馏水定溶至 1 L 容量瓶中。

配好以上贮备液后,再按表2配成完全培养液或缺乏某元素的培养液(用蒸馏水)。调节 pH 至 5.5~5.8。

4. 取 7 个 600~1000 ml 塑料广口瓶,分别装入配制的完全培养液及各种缺素培养液 600~900 ml,贴上标签,写明日期。然后把各瓶用黑色蜡光纸或黑纸包起来(黑面向里),或用报纸包三层,用纸壳或 0.3 mm 的橡胶垫做成瓶盖,并用打孔器在瓶盖中间打一圈孔,把选好的植株去掉胚乳,并用棉花缠裹住根基部,小心地通过圆孔固定在瓶盖上,使整个根系浸入培养液中,装好后将培养瓶放在阳光充足、温度适宜(20~25℃)的地方,培养 3~4 周。

5. 实验开始一周后,开始观察。并用精密 pH 试纸检查培养液的 pH 值,如高于6,应用稀盐酸调整到 5~6 之间。为了使根系氧气充足,每天定时向培养液中充气,或在盖与溶液间保留一定空隙,以利通气。培养液每隔一周需更换一次。注意记录缺乏必需元素时所表现的症状和最先出现症状的部位。待各缺素培养液中的幼苗表现出明显症状后,可把缺素培养液一律更换为完全培养液,观察症状逐渐消失的情况,并记录结果。

表2　完全培养液和各种缺素培养液配制表

〔每 100 ml 培养液各种贮备液的用量(ml)〕

贮备液	完全	缺 N	缺 P	缺 K	缺 Ca	缺 Mg	缺 Fe
$Ca(NO_3)_2$	0.5		0.5	0.5		0.5	0.5
KNO_3	0.5		0.5		0.5	0.5	0.5
$MgSO_4$	0.5	0.5	0.5	0.5	0.5		0.5
KH_2PO_4	0.5	0.5			0.5	0.5	0.5
K_2SO_4		0.5	0.1				
$CaCl_2$		0.5					
NaH_2PO_4				0.5			
$NaNO_3$				0.5	0.5		
Na_2SO_4						0.5	
EDTA-Fe	0.5	0.5	0.5	0.5	0.5	0.5	
微量元素	0.1	0.1	0.1	0.1	0.1	0.1	0.1

五、注意事项

蒸馏水的电导率不能超过 40 $\mu S/cm$,否则影响实验效果。

六、思考题

1. 为什么说无土培养是研究矿质营养的重要方法?
2. 比较溶液培养和砂基培养的优缺点。
3. 进行溶液培养或砂基培养有时会失败,主要原因何在?

实验十六　电导法测定植物细胞透性

一、实验目的

学习掌握不良环境对植物细胞的伤害与电导率的关系。

二、实验原理

植物组织在受到各种不利的环境条件(如干旱、低温、高温、盐渍和大气污染)危害时,细胞膜的结构和功能首先受到伤害,细胞膜透性增大。若将受伤害的组织浸入无离子水中,其外渗液中电解质的含量比正常组织外渗液中含量增加。组织受伤害越严重,电解质含量增加越多。用电导仪测定外渗液电导值的变化,可反映出质膜受伤害的程度,也可反映植物组织抗逆性的强弱。

三、实验材料、仪器及试剂

1. 实验材料:油菜。
2. 实验仪器:DDS—11 型电导仪、真空泵、真空干燥器、水浴锅、打孔器、剪刀、洗瓶、试管、移液管、玻璃棒、滤纸、天平。
3. 实验试剂:无离子水。

四、实验步骤

1. 清洗器具
由于电导值变化非常灵敏,稍有杂质即产生很大误差。因此所用玻璃器具均需预先用热肥皂水洗,再用洗液洗涤。然后用自来水冲洗干净,再用无离子水冲四、五遍(最好容器口向下用水冲)。向洗净的试管中加入无离子水,用电导仪测定电导值,检查是否洗净。然后倒立在洁净的滤纸上干燥,或烘干。

2. 取样及处理材料
分别在正常生长和逆境胁迫的植株上取同一部位的功能叶若干片,分成两份。用纱布擦净表面尘土。将其中一份低温处理:放在 -20℃ 左右的温度下冷冻 20 分钟(或高温处理:置 40℃ 左右的恒温箱中处理 30 分钟);另一份裹入潮湿的纱布中放置在室温下作对照。处理后分别用去离子水冲洗两次,用洁净的滤纸吸干,然后用打孔器(1 cm²)将叶片打取 12 个叶圆片,分别放入三角瓶中,准确加入 20 ml 无离子水(设 3~4 个重复),浸没叶片。放于真空干燥器中,用真空泵抽气 10 分钟,以抽出细胞间隙空气。缓慢放入空气,水即渗入细胞间隙,叶片变成透明状,细胞内溶质易于渗出,叶片沉在三角瓶底部。取出三角瓶,间隔几分钟振荡一次,在室温下保持 30 分钟。

3. 用电导仪测定外渗液的电导值
将电导仪的电极插入三角瓶中,测定外渗液初始电导值(S_1)。测定之后,将试管放入沸水中 10 分钟以杀死组织。等冷至室温后,再次测定外渗液的电导值(S_2)。

五、结果计算

按下式计算相对电导度:

$$相对电导度(L) = S_1 / S_2$$

相对电导度的大小表示细胞受伤害程度。

由于对照(在室温下)也有少量电解质外渗,故可按下面公式计算由于高温或低温胁迫而产生的外渗,称为伤害度。

$$伤害度(\%) = (L_t - L_{ck}) / (1 - L_{ck}) \times 100\%$$

式中:L_t 为处理叶片的相对电导度;L_{ck} 为对照叶片的相对电导度。

六、注意事项

1. 所用玻璃器皿一定要洗净。

2. 测电导时,烧杯外面要干燥。

七、思考题

1. 电导法测膜透性的原理是什么? 实验中为什么要抽真空?

2. 抗逆性强的植物材料外渗液中的电导率高还是低,为什么?

参 考 文 献

[1] 潘瑞炽,董愚得. 植物生理学. 北京:高等教育出版社,1995

[2] 王忠. 植物生理学. 北京:中国农业出版社,2000

[3] 周云龙. 植物生物学. 北京:高等教育出版社,2004

[4] 韩锦峰. 植物生理生化. 北京:高等教育出版社,1991

[5] 孟繁镜,刘道宏,苏业瑜. 植物生理生化. 北京:中国农业出版社,2005

[6] 关雪莲. 植物生物学. 北京:气象出版社,2004

[7] 王三根. 植物生理生化. 北京:中国农业出版社,2007

[8] 陈忠辉. 植物与植物生理. 北京:中国农业出版社,2006

[9] 江苏农学院. 植物生理学. 北京:农业出版社,1986

[10] 胡宝忠,胡国宣. 植物学. 北京:中国农业出版社,2002

[11] 贺学礼. 植物学. 北京:高等教育出版社,2004

[12] 姚敦义. 植物学导论. 北京:高等教育出版社,2003

[13] 辽宁省熊岳农业专科学校. 植物及植物生理学(第二版). 北京:农业出版社,1991

[14] 阎毓秀. 植物学. 北京:中国广播电视大学出版社,1995

[15] 王世动. 植物及植物生理学. 北京:中国建筑工业出版社,1999

[16] 北京市园林学校. 植物学. 北京:北京科学技术出版社,1990

[17] 武汉市园林技工学校. 植物生理学. 北京:北京科学技术出版社,1988

[18] 全国中等职业学校种植专业教材编写组. 植物. 北京:高等教育出版社,1993

[19] 北京市农业学校. 植物与植物生理. 北京:农业出版社,1984

[20] 王丽平,贾光宏,陈会军. 植物及植物生理. 北京:化学工业出版社,2005

[21] 北京市园林局教育处. 植物与植物生理(内部发行),2000

[22] 陈有民. 园林树木学. 北京:中国林业出版社,1990

[23] 陈德海,徐虹,连玉武. 现代植物生物学实验. 北京:科学出版社,2006

[24] 郭蔼光,郭泽坤. 生物化学实验指导. 北京:高等教育出版社,2007

[25] 植物生理学实验指导. 北京农学院自编教材. 2005